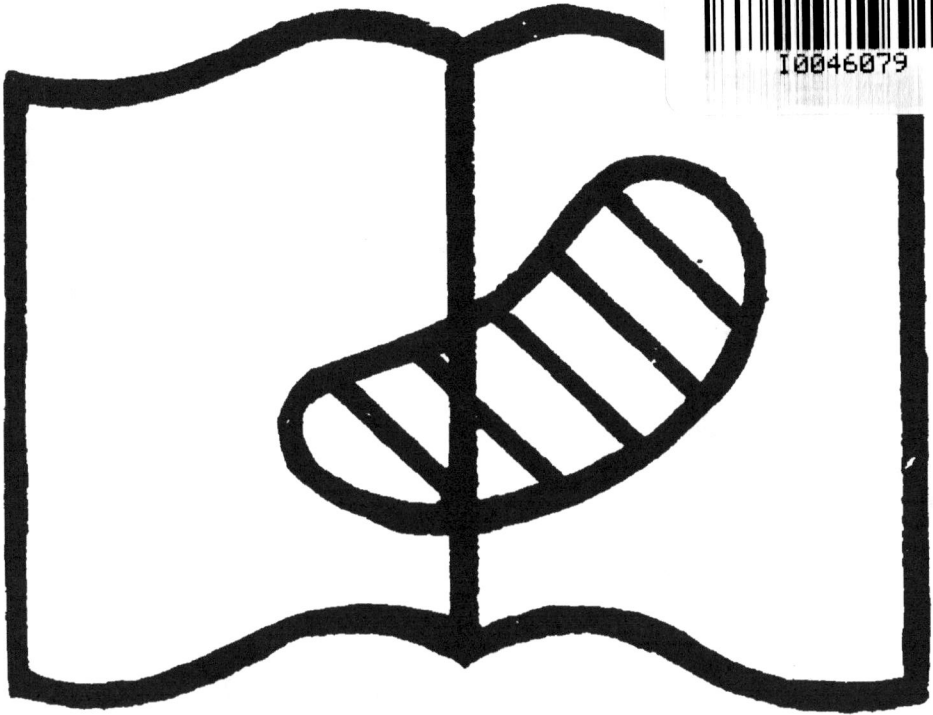

illisibilité partielle

VALABLE POUR TOUT OU PARTIE DU
DOCUMENT REPRODUIT

Début d'une série de documents
en couleur

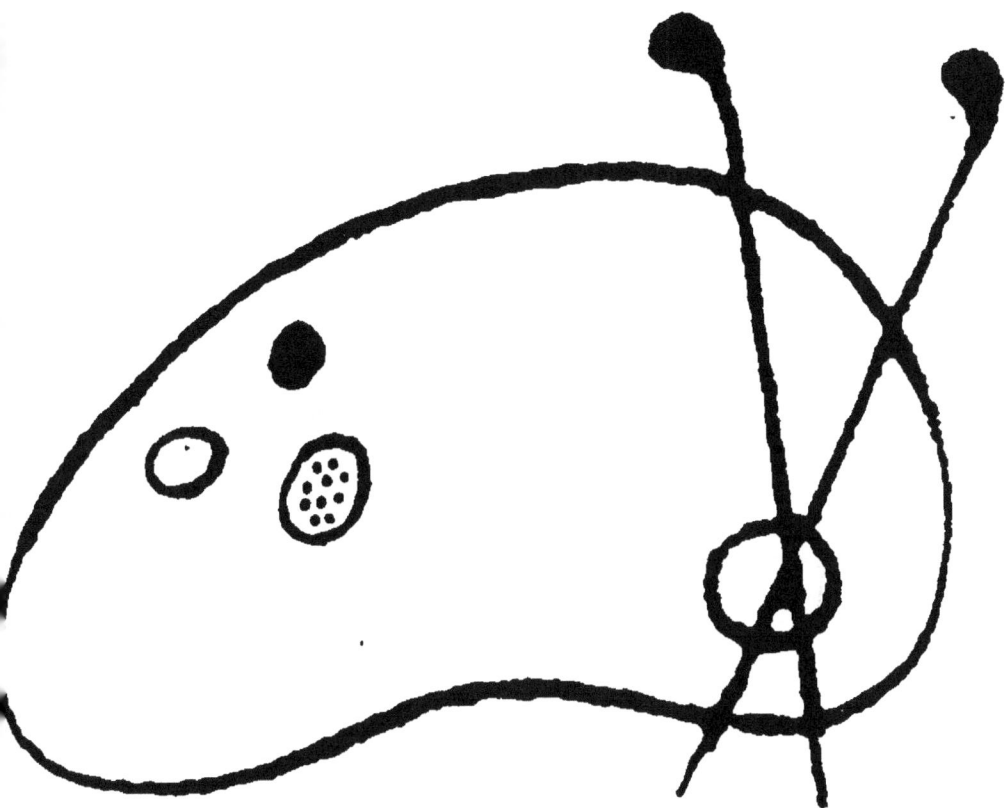

Fin d'une série de documents
en couleur

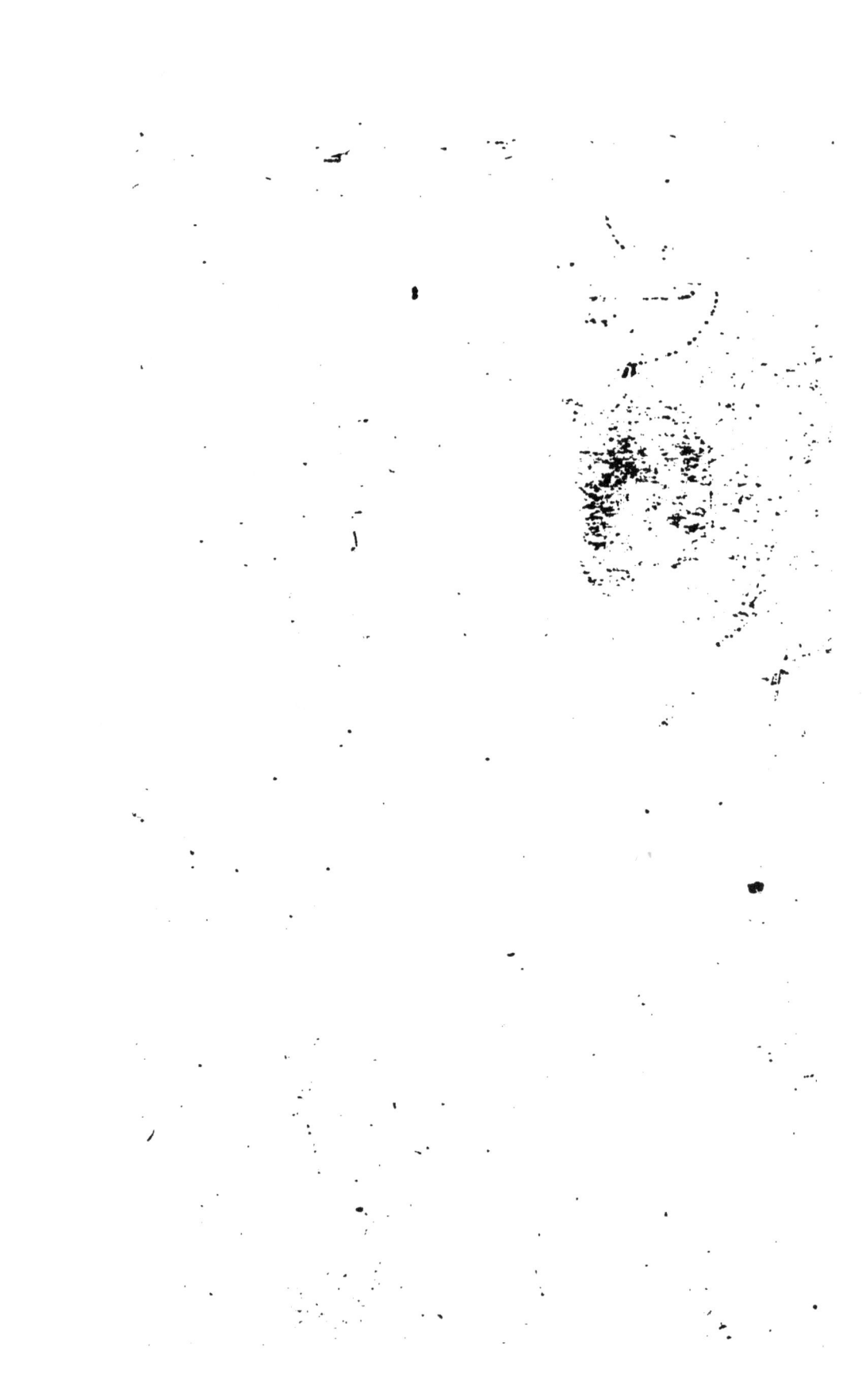

INSTITUTIONS

DE

PHYSIQUE.

INSTITUTIONS

DE

PHYSIQUE.

A PARIS;

Chez PRAULT fils, Quai de Conty, vis-à-vis la
descente du Pont-Neuf, à la Charité.

M. DCC. XL.

Avec Approbation & Privilége du Roi.

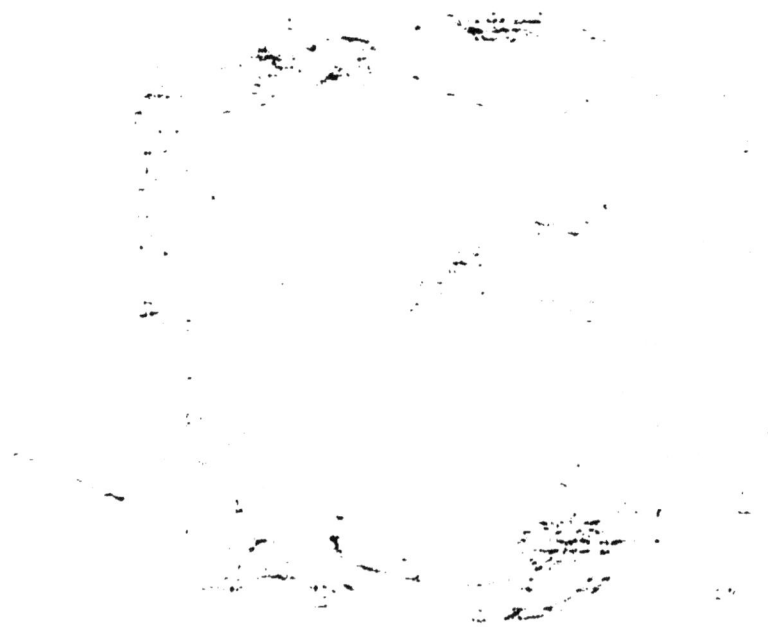

AVERTISSEMENT

DU LIBRAIRE.

CE premier Tome des *Institutions de Physique* étoit prêt
à être imprimé dès le 18. Septembre 1738. comme il paroît
par l'Approbation, & l'Impression
en fut même commencée dans ce
temps - là ; mais l'Auteur ayant
voulu y faire quelques changemens,
mens, me la fit suspendre ; ces
changemens avoient pour objet la
Métaphysique de M. de Leibnits,
dont on trouvera une Exposition
abrégée au commencement de ce
Volume.   *

TABLE
DES CHAPITRES,
Contenus en ce Volume.

CHAP.

INSTITUTIONS

INSTITUTIONS

DE PHYSIQUE.

AVANT-PROPOS.

I.

'A ɪ toujours penſé que le devoir le plus ſacré des Hommes
étoit de donner à leurs Enfans
une éducation qui les empêchât
dans un âge plus avancé de ré-
gleter leur jeuneſſe, qui eſt le ſeul temps où

l'on puisse véritablement s'instruire ; vous étes, mon cher fils, dans cet âge heureux où l'esprit commence à penser, & dans lequel le cœur n'a pas encore des passions assez vives pour le troubler.

C'est peut-être à présent le seul tems de votre vie que vous pourrez donner à l'étude de la nature, bientôt les passions & les plaisirs de votre âge emporteront tous vos momens; & lorsque cette fougue de la jeunesse sera passée, & que vous aurez payé à l'ivresse du monde le tribut de votre âge & de votre état, l'ambition s'emparera de votre ame; & quand même dans cet âge plus avancé, & qui souvent n'en est pas plus mûr, vous voudriez vous appliquer à l'Etude des véritables Sciences, votre esprit n'ayant plus alors cette fléxibilité qui est le partage des beaux ans, il vous faudroit acheter par une Etude pénible ce que vous pouvez apprendre aujourd'hui avec une extrême facilité. Je veux donc vous faire mettre à profit l'aurore de votre raison, & tâcher de vous garantir de l'ignorance qui n'est encore que trop commune parmi les gens de votre rang, & qui est toujours un défaut de plus, & un mérite de moins.

Il faut accoutumer de bonne heure votre esprit à penser, & à pouvoir se suffire à lui-même, vous sentirez dans tous les tems de votre vie quelles ressources & quelles consolations on trouve dans l'Etude, & vous verrez qu'elle peut même fournir des agrémens, & des plaisirs.

II.

DE PHYSIQUE. 5

II.

L'étude de la Physique, paroît faite pour l'Homme, elle roule sur les choses qui nous environnent sans cesse, & desquelles nos plaisirs & nos besoins dépendent : je tâcherai, dans cet Ouvrage, de mettre cette Science à votre portée, & de la dégager de cet art admirable, qu'on nomme Algébre, lequel séparant les choses des images, se dérobe aux sens, & ne parle qu'à l'entendement : vous n'êtes pas encore à portée d'entendre cette Langue, qui paroît plûtôt celle des Intelligences que des Hommes, elle est reservée pour faire l'étude des années de votre vie qui suivront celles où vous êtes ; mais la vérité peut emprunter différentes formes, & je tâcherai de lui donner ici celle qui peut convenir à votre âge, & de ne vous parler que des choses qui peuvent se comprendre avec le seul secours de la Géometrie commune que vous avez étudiée.

Ne cessez jamais, mon fils, de cultiver cette Science que vous avez apprise dès votre plus tendre jeunesse ; on se flatteroit en vain sans son secours de faire de grands progrès dans l'étude de la Nature, elle est la clef de toutes les découvertes ; & s'il y a encore plusieurs choses inexplicables en Physique, c'est qu'on ne s'est point assez appliqué à les rechercher par la Géométrie, & qu'on n'a peut-être pas encore été assez loin dans cette Science.

Utilité de la Géométrie.

A 2   III.

I I I.

Je me fuis fouvent étonné que tant d'habiles gens que la France posséde ne m'ayent pas prévenu dans le travail que j'entreprens aujourd'hui pour vous, car il faut avoüer que, quoique nous ayons plufieurs excellens livres de Phyfique en François, cependant nous n'avons point de Phyfique complette, fi. on en excepte le petit Traité de Rohaut, fait il y a quatre-vingt ans; mais ce Traité, quoique très-bon pour le tems dans lequel il a été compofé, eft devenu très-infuffifant par la quantité de découvertes qui ont été faites depuis: & un homme qui n'auroit étudié la Phyfique que dans ce Livre, auroit encore bien des chofes à apprendre.

Pour moi, qui en déplorant cette indigence fuis bien loin de me croire capable d'y fuppléer, je ne me propofe dans cet Ouvrage que de raffembler fous vos yeux les découvertes éparfes dans tant de bons Livres Latins, Italiens, & Anglois; la plûpart des vérités qu'ils contiennent font connuës en France de peu de Lecteurs, & je veux vous éviter la peine de les puifer dans des fources dont la profondeur vous effrayeroit, & pourroit vous rebuter.

I V.

Quoi que l'Ouvrage que j'entreprens demande bien du tems & du travail, je ne regretterai point la peine qu'il pourra me coûter, & je la croirai bien employée s'il peut vous
inspirer

inſpirer l'amour des Sciences, & le deſir de cultiver votre raiſon. Quelles peines & quels ſoins ne ſe donne-t'on pas tous les jours dans l'eſpérance incertaine de procurer des honneurs & d'augmenter la fortune de ſes enfans ! La connaiſſance de la vérité & l'habitude de la rechercher & de la ſuivre eſt-elle un objet moins digne de mes ſoins ; ſurtout dans un ſiécle où le goût de la Phyſique entre dans tous les rangs, & commence à faire une partie de la ſcience du monde ?

V.

Je ne vous ferai point ici l'hiſtoire des révolutions que la Phyſique à éprouvée, il faudroit pour les rapporter toutes, faire un gros Livre ; je me propoſe de vous faire connoître, *moins ce qu'on a penſé que ce qu'il faut ſçavoir.*

Juſqu'au dernier ſiécle, les Sciences ont été un ſecret impénétrable, auquel les prétendus Sçavans étoient ſeuls initiés, c'étoit une eſpéce de Cabale, dont le chiffre conſiſtoit en des mots barbares, qui ſembloient inventés pour obſcurcir l'eſprit & pour le rebuter.

Deſcartes parut dans cette nuit profonde comme un Aſtre qui venoit éclairer l'univers ; la révolution que ce grand homme a cauſé dans les Sciences eſt ſûrement plus utile, & eſt peut-être même plus mémorable que celle des plus grands Empires, & l'on peut dire que c'eſt à Deſcartes que la raiſon humaine doit le plus ; car il eſt bien plus aiſé de trouver la vérité quand

Combien nous avons d'obligation à Deſcartes.

A 3 on

on eft une fois fur fes traces que de quitter celles de l'erreur. La Géometrie de ce grand homme, fa Dioptrique, fa Méthode, font des
chefs-d'œuvres de fagacité qui rendront fon nom
immortel, & s'il s'eft trompé fur quelques
points de Phyfique, c'eft qu'il étoit homme, &
qu'il n'eft pas donné à un feul homme, ni à
un feul fiécle de tout connoître.

Nous nous élevons à la connaiffance de la
vérité, comme ces Géans qui efcaladoient les
Cieux en montant fur les épaules les uns des
autres. Ce font Defcartes & Galilée qui ont formé les Hughens, & les Leibnits, ces grands
hommes dont vous ne connaiffez encore que
les noms, & dont j'efpére vous faire connaître bientôt les ouvrages, & c'eft en profitant des
travaux de Kepler, & en faifant ufage desThéo-
remes d'Hughens, que Monfieur Newton à découvert cette force univerfelle répanduë dans
toute la Nature,qui fait circuler les Planettes autour duSoleil,&qui opere la péfanteur fur la terre.

V I.

. Les fiftêmes de Defcartes & de Newton partagent aujourd'hui le monde penfant, ainfi
il eft néceffaire que vous connaiffiez l'un &
l'autre; mais tant de fçavans hommes ont pris
foin d'expofer & de rectifier le fiftême de Defcartes, qu'il vous fera aifé de vous en inftruire
dans leurs ouvrages : une de mes vûës dans la
premiere partie de celui - ci eft de vous mettre fous les yeux l'autre partie de ce grand
procès,

procès , de vous faire connoître le fiftême de Monfieur Newton , de vous faire voir jufqu'où la connexion & la vraifemblance y font pouf-fées , & comment les Phenoménes s'expliquent par l'hipothefe de l'attraction.

Vous pouvez tirer beaucoup d'inftructions fur cette matiére, des Elemens de la Philofophie de Newton, qui ont paru l'année paffée; & je fuppri-merois ce que j'ai à vous dire fur cela, fi leur illuftre Auteur avoit embraffé un plus grand terrain; mais il s'eft renfermé dans des bornes fi étroites, que je n'ai pas crû qu'il pût me dif-penfer de vous en parler.

Voltaire

VII.

Gardez-vous, mon fils, quelque parti que vous preniez dans cette difpute des Philofo-phes , de l'entêtement inévitable dans lequel l'efprit de parti entraîne: cet efprit eft dangereux dans toutes les occafions de la vie; mais il eft ridi-cule en Phyfique; la recherche de la vérité eft la feule chofe dans laquelle l'amour de votre païs ne doit point prévaloir, & c'eft affûrément bien mal-à-propos qu'on a fait une efpéce d'affaire nationale des opinions de Newton, & de Def-cartes: quand il s'agit d'un livre de Phyfique il faut demander s'il eft bon, & non pas fi l'Au-teur eft Anglois, Allemand, ou François.

Il me paraît d'ailleurs qu'il feroit auffi injufte aux Cartéfiens de refufer d'admettre l'attraction comme hipothefe , qu'il eft déraifonnable à quelques Newtoniens de vouloir en faire une

Difcuffion fur l'attrac-tion.

A 4 propriété

propriété primitive de la matiere ; il faut avouer
que quelques uns d'entre eux ont été trop loin
en cela, & que c'est avec quelque raison qu'on
leur reproche de ressembler à un homme, aux
mauvais yeux duquel échapperoient les cordes
qui font les vols de l'Opera, & qui diroit en
voyant Bellérophon, par Exemple, se soutenir en l'air : *Bellérophon se soutient en l'air parce qu'il est également attiré de tous côtés par les
Coulisses*, car pour décider que les effets que les
Neutoniens attribuent à l'attraction ne sont pas
produits par l'impulsion, il faudroit connaître
toutes les façons dont l'impression peut être
employée, mais c'est ce dont nous sommes encore bien éloignés.

Nous sommes encore en Physique, comme
cet aveugle né à qui Cheselden rendit la vûe ;
cet homme ne vit d'abord rien que confusé-
ment : ce ne fut qu'en tâtonnant, & au bout
d'un tems considérable qu'il commença à bien
voir ; ce tems n'est pas encore tout-à-fait venu
pour vous, & peut-être même ne viendra-t-il
jamais entierement ; il y a vraisemblablement
des vérités qui ne sont pas faites pour être ap-
perçuës par les yeux de notre esprit, de même
qu'il y a des objets que ceux de notre corps n'ap-
percevront jamais; mais celui qui refuseroit de
s'instruire par cette considération, ressemble-
roit à un boiteux qui ayant la fiévre, ne vou-
droit pas prendre les remédes qui peuvent l'en
guérir, parce que ces remédes ne pourroient
l'empêcher de boiter.   §. 8.

VIII.

Un des torts de quelques Philosophes de ce
tems, c'eſt de vouloir bannir les Hipotheſes de
de la Phyſique ; elles y ſont auſſi néceſſaires que
les Echaffauts dans une maiſon que l'on bâtit ;
il eſt vrai que lorſque le Bâtiment eſt achevé,
les Echaffauts deviennent inutiles, mais on
n'auroit pû l'élever ſans leur ſecours. Toute
l'Aſtronomie, par Exemple, n'eſt fondée que
ſur des Hipotheſes, & ſi on les avoit toujours
évitées en Phyſique, il y a apparence qu'on
n'auroit pas fait tant de découvertes ; auſſi rien
n'eſt-il plus capable de retarder les progrès des
Sciences que de vouloir les en bannir, & de
ſe perſuader que l'on a trouvé le grand reſſort
qui fait mouvoir toute la nature, car on ne
cherche point une cauſe que l'on croit connaître, & il arrive par là que l'application des principes géométriques de la Mécanique aux effets
Phyſiques, qui eſt très-difficile & très néceſſaire, reſte imparfaite, & que nous nous trouvons
privés des travaux & des recherches de pluſieurs
beaux génies qui auroient peut-être été capables
de découvrir la véritable cauſe des Phénoménes.

*Les Hi-
potheſes
ſont néceſ-
ſaires en
Phyſique.*

Il eſt vrai que les Hipotheſes deviennent le
poiſon de la Philoſophie quand on les veut faire paſſer pour la vérité, & peut-être même
ſont-elles plus dangereuſes alors que ne l'étroit
le jargon inintelligible de l'Ecole ; car ce jargon étant abſolument vuide de ſens, il ne falloit qu'un peu d'attention à un eſprit droit pour
en

*Quand
elles peu-
vent deve-
nir dange-
reuſes.*

en appercevoir le ridicule, & pour chercher ailleurs la vérité; mais une Hipothese ingénieuse & hardie, qui a d'abord quelque vraisemblance, interesse l'orgueil humain à la croire, l'esprit s'applaudit d'avoir trouvé ces principes subtils, & se sert ensuite de toute sa sagacité pour les défendre. La plûpart des grands hommes qui ont fait des Systémes nous en fournissent des Exemples, ce sont de grands Vaisseaux emportés par des courans, ils font les plus belles manœuvres du monde, mais le courant les entraîne.

I X.

Souvenez-vous, mon fils, dans toutes vos Etudes, que l'Expérience est le bâton que la nature a donné à nous autres aveugles, pour nous conduire dans nos recherches; nous ne laissons pas avec son secours de faire bien du chemin, mais nous ne pouvons manquer de tomber si nous cessons de nous en servir ; c'est à l'Expérience à nous faire connaître les qualités Physiques, & c'est à notre raison à en faire usage & à en tirer de nouvelles connaissances & de nouvelles lumieres.

X.

Si j'ai crû devoir vous précautionner contre l'esprit de parti, je crois encore plus nécessaire de vous recommander de ne point porter le respect pour les plus grands hommes jusqu'à l'Idolatrie comme font la plûpart de leurs disciples ; chaque Philosophe a vû quelque chose chofe, & aucun n'a tout vû ; il n'y a point de fi mauvais livre où il n'y ait quelque chofe à apprendre , & il n'y en a gueres d'affez bon pour qu'on ne puiffe y rien reprendre. Quand je lis Ariftote, ce Philofophe qui a effuyé des fortunes fi diverfes & fi injuftes, je fuis étonné de lui trouver quelquefois des idées fi faines fur plufieurs points de Phyfique générale, à côté des plus grandes abfurdités, & quand je lis quelques unes des queftions que M. Newton a mifes à la fin de fon Optique, je fuis frappé d'un étonnement bien différent : cet Exemple des deux plus grands hommes de leur fiécle, doit vous faire voir que lorfqu'on a l'ufage de la raifon, il ne faut en croire perfonne fur fa parole, mais qu'il faut toujours examiner par foi-même, en mettant à part la confidération qu'un nom fameux emporte toujours avec lui.

XI.

C'eft une des raifons pour lefquelles je n'ai point chargé ce livre de citations, je n'ai point voulu vous féduire par des autorités ; & de plus, il y en auroit trop eu ; je fuis bien loin de me croire capable d'écrire un livre de Phyfique fans confulter aucun livre, & je doute même que fans ce fecours on en puiffe faire un bon. Le plus grand Philofophe peut bien ajouter de nouvelles découvertes à celles des autres, mais quand une vérité eft une fois trouvée, il faut qu'il la fuive, & il a fallú, par Exemple,

que

que Monfieur Newton commençât par établir
les deux Analogies de Kepler lorfqu'il a voulu expliquer le cours des Planetes, fans quoi il ne
feroit jamais parvenu à cette belle découverte
de la gravitation des Aftres.

La Phyfique eft un Bâtiment immenfe, qui
furpaffe les forces d'un feul homme; les uns y
mettent une pierre, tandis que d'autres bâtif-
fent des afles entieres, mais tous doivent tra-
vailler fur les fondemens folides qu'on a donnés
à cet Edifice dans le dernier fiecle, par le moyen
de la Géométrie, & des Obfervations; il y en
a d'autres qui levent le Plan du Bâtiment, & je
fuis du nombre de ces derniers.

Je n'ai point fongé dans cet Ouvrage à avoir
de l'efprit, mais à avoir raifon; & j'ai fait affez de
cas de la vôtre pour croire que vous étiez capable
de rechercher la vérité indépendamment de
tous les ornemens étrangers dont on l'a acca-
blée de nos jours. Je me fuis contenté d'écarter
les épines qui auroient pû bleffer vos mains dé-
licates, mais je n'ai point crû devoir y fubftituer des fleurs étrangeres, & je fuis perfuadé
qu'un bon efprit, quelque foible qu'il foit encore, trouve plus de plaifir, & un plaifir plus
fatisfaifant dans un raifonnement clair & précis
qu'il faifit aifément, que dans une plaifanterie
déplacée.

XII.

Je vous explique dans les premiers Chapitres les principales opinions de Monfieur
de

de Leibnits fur la Métaphyfique ; je les ai pui-
fées dans les Ouvrages du célébre Wolf *,
dont vous m'avez tant entendu parler avec un
de fes Difciples, qui a été quelque tems chez
moi, & qui m'en faifoit quelquefois des extraits.

Les idées de M. de Leibnits fur la Métaphyfique, font encore peu connues en France,
mais elles méritent affûrément de l'être : malgré les découvertes de ce grand homme, il
y a fans doute encore bien des chofes obfcures
dans la Métaphyfique ; mais il me femble qu'il
nous a fourni dans le principe de la raifon fuffifante, une bouffole capable de nous conduire
dans les fables mouvans de cette fcience.

Les obfcurités dont quelques-unes des parties
de la Métaphyfique font encore couvertes, fervent de prétexte à la pareffe de la plûpart des
hommes pour ne la point étudier, ils fe per-
fuadent que parce que l'on ne fçait pas tout, on
ne peut rien fçavoir ; cependant il eft certain
qu'il y a des points de Métaphyfique fufceptibles
de démonftrations auffi rigoureufes que les démonftrations géométriques, quoiqu'elles foient
d'un autre genre : il nous manque un calcul
pour la Métaphyfique pareil à celui que l'on a

* Voyez l'*Ontologie de Wolf*, & principalement les Chapitres
fuivans : *De Principio Contradictionis , de Principio Rationis Suffi-
cientis, de Poffibili , & Impoffibili , de Neceffario & Contingente ,
de Extenfione, Continuitate, Spatio , Tempore ,* &c.

trouvé

trouvé pour la Géométrie, par le moyen duquel,
avec l'aide de quelques *données*, on parvient
à connoître des *inconnuës*; peut-être quelque
génie trouvera-t'il un jour ce calcul. Monsieur
de Leibnits y a beaucoup pensé, il avoit sur
cela des idées, qu'il n'a jamais par malheur communiquées à personne, mais quand même on
le trouveroit, il y a apparence qu'il y a des in-
connues dont on ne trouveroit jamais l'*équa-
tion*. La Métaphysique contient deux espéces
de choses; la premiere, ce que tous les gens
qui font un bon usage de leur esprit, peuvent
savoir; & la seconde, qui est la plus étendue,
ce qu'ils ne sauront jamais.

Plusieurs vérités de Physique, de Métaphysique, & de Géométrie sont évidemment liées
entre elles. La Métaphysique est le faîte de
l'Edifice; mais ce faîte est si élevé, que la vûe
en devient souvent un peu confuse. J'ai donc
crû devoir commencer par le rapprocher de
votre vûe, afin qu'aucun nuage n'obscurcissant
votre esprit, vous puissiez voir d'une vûe nette
& assurée les vérités dont je veux vous instruire.

CHAPITRE

CHAPITRE PREMIER.

Des Principes de nos Connoiſſances.

I.

TOUTES nos Connoiſſances naiſſent les unes des autres, & ſont fondées ſur de çertains Principes dont on connoît la vérité même ſans y réfléchir, par ce qu'ils ſont évidens par eux - mêmes.

Sur quoi nos Connoiſſances ſont fondées.

Il y a des vérités qui tiennent immédiatement à ces premiers Principes, & qui n'en découlent que par un petit nombre de concluſions ; alors l'eſprit apperçoit aiſément la chaîne qui y conduit ; mais il eſt facile de la perdre de vûë

dans

dans la rëcherche des vérités aufquelles on ne
peut arriver que par un grand nombre de conféquences tirées les unes des autres. Il y en a mille exemples dans la Géometrie ; il eft très-aifé ,
par exemple, de voir que le Diametre du Cercle
le partage en deux parties égales, parce qu'il ne
faut qu'une feule conclufion pour arriver de la
nature du Cercle à cette propriété ; mais on ne
voit pas fi aifément que le quârré de l'ordonnée B M eft égal au rectangle de la Ligne A B
par la Ligne B C, quoique cette propriété découle de la nature du Cercle comme la premiere , parce qu'il faut plufieurs conclufions intermediaires avant d'arriver à cette derniere propriété. Il eft donc très-important de fe rendre
attentif aux Principes , & à la façon dont les vérités en découlent fi l'on ne veut point s'égarer.

I I.

On a beaucoup abufé du mot de Principe , les Scholaftiques qui ne démontroient
rien donnoient pour principes des mots inin-
telligibles. Defcartes qui fentit combien cette
maniere de raifonner éloignoit les hommes du
vrai, commença par établir qu'on ne doit raifonner que fur des idées claires ; mais il pouffa
trop loin ce principe : car il admit que l'on pouvoit s'en rapporter à un certain fentiment vif
& interne de clarté & d'évidence pour fonder
nos raifonnemens.

Ce que c'eft que Principe.

Ce fut en fuivant ce principe que ce Philofophe fe trompa fur l'effence du Corps qu'il
                                        faifoit

faiſoit conſiſter dans l'étenduë ſeulement, parce qu'il croyoit avoir dans l'étenduë, une idée claire & diſtincte du Corps, ſans ſe mettre en peine de prouver la poſſibilité de cette idée que nous verrons bien-tôt être très-incomplette, puiſqu'il y faut ajoûter la force d'inertie, & la force active. Cette méthode, d'ailleurs, ne ſerviroit qu'à éterniſer les diſputes, car ceux qui ont des ſentimens oppoſés, ont chacun ce ſentimentvif & interne de ce qu'ils avancent ; ainſi aucun ne doit ſe rendre, puiſque l'évidence eſt égale des deux côtés ; il faut donc ſubſtituer des démonſtrations aux illuſions de notre imagination, & ne rien admettre comme vrai, que ce qui découle, d'une maniere inconteſtable, des premiers principes que perſonne ne peut révoquer en doute, & rejetter comme faux tout ce qui eſt contraire à ces principes, ou aux vérités que l'on a établies par leur moyen, quoiqu'en puiſſe dire l'imagination.

Abus de ce mot par M. Deſcartes.

§. 3 Un peu d'attention à la maniére dont on procéde dans la Science, où l'incertitude eſt portée à ſon plus haut point, ſuffira pour faire ſentir l'utilité de cette méthode. Il n'y a guéres d'idée plus claire par exemple, que celle de la poſſibilité d'un triangle équilatéral, & que les deux côtés d'un triangle ſont plus longs, pris enſemble, que le troiſiéme : cependant, Euclide, ce ſévére raiſonneur, ne s'eſt point contenté d'en appeller au ſentiment vif & interne que nous

Il faut ſe défier d.: ſon imagination, & ne ſe rendre qu'à l'évidence.

Tome I.   *   B   avons

avons de ces vérités, mais il les a démontrées en rigueur, en faifant voir comment il faut s'y prendre pour conftruire un triangle équilatéral, & qu'il implique contradiction que deux côtés d'un triangle, pris enfemble, ne foient pas plus grands que le troifiéme.

Du princi-pe de con-tradiction.

§. 4. On appelle *contradiction*, ce qui affirme & nie la même chofe en même tems; ce principe eft le premier Axiome, fur lequel toutes les vérités font fondées. Tout le monde l'accorde fans peine, & il feroit même impoffible de le nier fans mentir à fa propre confcience ; car nous fentons que nous ne pouvons point forcer notre efprit à admettre qu'une chofe eft, & n'eft pas en même tems, & que nous ne pouvons point ne pas avoir une idée pendant que nous l'avons, ni voir un Corps blanc comme s'il étoit noir, pendant que nous le voyons blanc. Les Pirrhonniens même qui faifoient profeffion de douter de tout, n'ont jamais nié ce principe ; ils nioient bien à la vérité qu'il y eût aucune réalité dans les chofes, mais ils ne doutoient point qu'ils euffent une idée pendant qu'ils l'avoient.

Il eft le fondement de toute certitude.

Cet Axiome eft le fondement de toute certitude dans les connoiffances humaines ; car fi on accordoit une fois que quelque chofe pût éxifter & n'éxifter pas en même tems, il n'y auroit plus aucune vérité, même dans les nombres, & chaque chofe pourroit être, ou n'être

pas

pas, felon la fantaifie de chacun, ainfi 2 & 2 pourroient faire 4 ou 6. également, & même à la fois.

§. 5. Il découle de ce que l'on vient de dire que l'impoffible eft ce qui implique contradic-tion, & le poffible ce qui ne l'implique point. Plufieurs Philofophes donnent une autre défi-nition du poffible, & de l'impoffible, & re-gardent comme impoffible ce qui ne donne point d'idée claire & diftincte, & comme poffi-ble, ce qu'on peut concevoir, & à quoi répond une idée claire. Cette définition bien expliquée, pouroit être admife; mais il faut bien prendre garde qu'elle ne nous induife pas à prendre des notions trompeufes & déceptrices pour des notions claires : car il arrive quelquefois que nous nous formons des idées trompeufes qui nous paroiffent évidentes faute d'attention, & parce que nous avons une idée de chaque ter-me en particulier, quoiqu'il foit impoffible d'en avoir aucune de la phrafe qui naît de leur combi-naifon. Ainfi on croira d'abord entendre ce que l'on veut dire par un triangle; fi on le définit *une Figure renfermée entre deux Lignes droites*, & on croiroit parler d'un Corps régulier, en par-lant d'un Corps qui auroit neuf faces égales entr'elles, parce que l'on entend tous les termes qui entrent dans ces propofitions : cependant il implique contradiction que deux Lignes droites renferment un efpace, & faffent une Figure,

Définition du poffible & de l'im-poffible.

Exemples d'idées dé-ceptrices.

B 2 &

& vous avez vû dans la Géométrie, qu'il est impossible qu'un Corps ait neuf faces égales & semblables.

On a encore un exemple de ces idées déceptrices dans le mouvement le plus rapide d'une Rouë, dont M. de Leibnits s'est servi contre les Cartéfiens; car il est aisé de faire voir que le mouvement le plus rapide est impossible ; puisqu'en prolongeant un rayon quelconque, ce mouvement devient plus rapide à l'infini. On voit, par ces exemples, qu'il est très-possible de croire avoir une idée claire d'une chose dont cependant nous n'avons réellement aucune idée.

Il est donc indispensablement nécessaire, pour se préserver de l'erreur, de vérifier ses idées, d'en démontrer la réalité, & de n'en point admettre comme indubitable, qu'on ne se soit assûré par l'expérience ou par la démonstration, qu'elle ne renferme rien de faux, ni de chimérique.

§. 6. Il naît de la définition de l'impossible que je viens de vous donner, une régle bien importante, c'est que lorsque nous avançons qu'une chose est impossible, nous sommes tenus de montrer qu'on y nie, & qu'on y affirme la même chose en même tems, ou bien qu'elle est contraire à une vérité déja démontrée. Cette régle éviteroit bien des disputes, si elle étoit suivie, car elle ôteroit tout d'un coup le doute

des

des propofitions, & feroit voir l'infuffifance des preuves de ceux qui traitent d'impoffible tout ce qui n'eft pas conforme à leurs opinions.

Il faut avoir la même précaution pour affû-rer qu'une chofe eft poffible ; car il faut être en état de montrer qu'elle ne contient aucune con-tradiction : fans cette condition nos idées ne font que des opinions plus ou moins probables, mais dans lefquelles il n'y a aucune certitude.

§. 7. Le principe de contradiction a été de tous tems en ufage dans la Philofophie. Ariftote, & après lui tous les Philofophes s'en font fer-vis, & Defcartes l'a employé dans fa Philofo-phie, pour prouver que nous éxiftons : car il eft certain que celui qui douteroit s'il éxifte, auroit dans fon doute même une preuve de fon éxif-tence, puifqu'il implique contradiction que l'on ait une idée quelle qu'elle foit, & par con-fequent un doute, & que l'on n'éxifte pas.

Ce principe fuffit pour toutes les vérités né-ceffaires, c'eft-à-dire, pour les vérités qui ne font déterminables que d'une feule manière ; car c'eft ce que l'on entend par le terme de *néceffaire*; mais quand il s'agit de vérités con-tingentes, c'eft-à-dire, lorfqu'il eft poffible qu'une chofe éxifte de différentes maniéres, & qu'aucune de fes déterminations n'eft plus né-ceffaire qu'une autre, alors la néceffité d'un au-tre principe fe fait fentir, parce que celui de contradiction n'a plus lieu. Auffi les Anciens

Le princi-pe de con-tradiction eft le fon-dement de toutes les vérités né-ceffaires.

B 3   qui

qui ignoroient ce second principe de nos connoissances , se trompoient-ils sur les points les
plus importans de la Philosophie.

Du prin-
cipe d'une
raison suf-
fisante.

§. 8. Ce principe duquel toutes les vérités con-
tingentes dépendent , & qui n'est ni moins primitif , ni moins universel que celui de contradiction , est *le principe de la raison suffisante* :
tous les hommes le suivent naturellement ; car

Il est le
fondement
de toutes
les vérités
contingen-
tes.

il n'y a personne qui se détermine à une chose
plûtôt qu'à une autre , sans une raison suffisante
qui lui fasse voir que cette chose est préférable
à l'autre.

Quand on demande compte à quelqu'un de
ses actions , on pousse ses questions jusqu'à ce
qu'on soit parvenu à découvrir une raison qui
nous satisfasse , & nous sentons dans tous les
cas que nous ne pouvons point forcer notre esprit à admettre quelque chose, sans une raison
suffisante , c'est-à-dire , sans une raison qui nous
fasse comprendre pourquoi cette chose est ainsi
plûtôt que tout autrement.

Si on vouloit nier ce grand principe, on tomberoit dans d'étranges contradictions : car dès
que l'on admet qu'il peut arriver quelque chose,
sans raison suffisante , on ne peut assûrer d'au-

Absurdi-
tés qui nai-
troient de
la négation
de ce prin-
cipe.

cune chose, qu'elle est la même qu'elle étoit le
moment d'auparavant, puisque cette chose pourroit se changer à tout moment , dans une autre
d'une autre espéce ; ainsi il n'y auroit pour nous
de vérités que pour un instant.

J'assure,

J'affure, par exemple, que tout eft encore dans ma chambre dans l'état où je l'ai laiffé, parce que je fuis affûré que perfonne n'y eft entré depuis que je fuis forti; mais fi le principe de la raifon fuffifante n'a pas lieu, ma certitude devient une chimére, puifque tout pourroit être bouleverfé dans ma chambre fans qu'il y fût entré perfonne capable de la déranger.

Sans ce principe il n'y auroit point de chofes identiques, car deux chofes font identiques lorfque l'on peut fubftituer l'une à la place de l'autre, fans qu'il arrive aucun changement par rapport à la propriété qu'on confidere. Cette définition eft reçuë de tout le monde, ainfi par exemple, fi j'ai une boule de pierre, & une boule de plomb, & que je puiffe mettre l'une à la place de l'autre dans le baffin d'une balance, fans que la balance change de fituation, je dis que le poids de ces boules eft *identique*, qu'il eft le même, & qu'elles font identiques quant à leurs poids : cependant, s'il pouvoit arriver quelque chofe fans une raifon fuffifante, je ne pourrois prononcer que le poids de ces boules eft identique, dans l'inftant même que j'affûre qu'il eft identique ; puifqu'il pourroit arriver fans aucune raifon un changement dans l'une, qui n'arriveroit pas dans l'autre ; & par conféquent leur poids ne feroit plus identique, ce qui eft contre la définition.

Sans le principe de la raifon fuffifante, on ne pourroit plus dire que cet Univers, dont toutes les parties font fi bien liées entre elles, n'a pû être produit que par une fageffe fuprême, car s'il peut y avoir des effets fans raifon fuffifante, tout cela eût pû être produit par le hazard, c'eft-à-dire, par rien.

Ce qui arrive quelquefois en fonge nous fournit l'idée d'un monde fabuleux, où tous les événemens arriveroient fans raifon fuffifante.

Je rêve que je fuis dans ma chambre, occupé à écrire ; tout d'un coup ma chaife fe change en un cheval aîlé, & je me trouve en un inftant à cent lieuës de l'endroit où j'étois, & avec des perfonnes qui font mortes depuis longtems, &c. Tout cela ne peut arriver dans ce monde, puifqu'il n'y auroit point de raifon fuffifante de tous ces effets ; car lorfque je fors de ma chambre, je puis dire comment, & pourquoi j'en fors, & je ne vais point d'un lieu dans un autre fans paffer par les lieux intermediaires : cependant toutes ces chiméres feroient également poffibles, s'il pouvoit y avoir des effets fans raifon fuffifante : c'eft ce principe qui diftingue le fonge de la veille, & le monde réel, du monde fabuleux que l'on nous dépeint dans les Contes des Fées. Ainfi ceux qui nient le principe de la raifon fuffifante, font des habitans d'un monde fabuleux qui n'éxifte point, mais dans celui-ci, tout doit fe faire felon ce principe.

Dans la Géométrie où toutes les vérités font néceffaires, on ne fe fert que du principe de contradiction : car par exemple, dans un triangle

gle

Ce principe eft la feule chofe qui nous faffe difcerner la veille, & le fommeil.

gle la fomme des angles n'eſt déterminable que d'une ſeule maniere , & il faut abſolument qu'ils ſoient égaux à deux droits ; mais lorſqu'il eſt poſſible qu'une choſe ſe trouve en différens états, je ne puis aſſurer qu'elle ſe trouve dans un tel état plûtôt que dans un autre, à moins que je n'allégue une raiſon de ce que j'affirme : ainſi , par exemple, je puis être aſſis, couché, ou de bout, toutes ces déterminations de ma ſituation ſont également poſſibles , mais quand je ſuis de bout , il faut qu'il y ait une raiſon ſuffiſante , pourquoi je ſuis de bout, & non pas aſſis, ou couché.

Archimede paſſant de la Géométrie à la Méchanique, reconnut bien le beſoin de la raiſon ſuffiſante ; car voulant démontrer qu'une balance à bras égaux chargée de poids égaux reſtera en équilibre, il fit voir que dans cette égalité de bras & de poids la balance devoit reſter en repos, par ce qu'il n'y auroit point de raiſon ſuffiſante, pourquoi l'un des bras deſcendroit plûtôt que l'autre.

Archimede a le premier employé ce principe dans la Méchanique.

M. de Leibnits qui étoit très - attentif aux ſources de nos raiſonnemens, ſaiſit ce principe, le développa , & fut le premier qui l'énonça diſtinctement, & qui l'introduiſit dans les Sciences.

Il faut avoüer qu'on ne pouvoit leur rendre un plus grand ſervice , car la plûpart des faux raiſonnemèns , n'ont d'autres ſources que l'oubli de la raiſon ſuffiſante ; & vous verrez bientôt que ce principe eſt le ſeul fil qui puiſſe nous conduire dans ces labyrinthes d'erreur que l'eſ-

Mais c'eſt M. de Leibnits qui en a fait voir toute l'étenduë & toute l'utilité.

prit

prit humain s'eft bâti pour avoir le plaifir de s'y égarer.

Il ne faut donc rien admettre de ce qui viole cet axiome fondamental, il eft la bride de l'imagination qui fait des écarts fans nombre dès qu'on ne l'affujettit pas aux régles d'un raifonnement févére.

§. 9. Il faut bien diftinguer entre poffible & actuel. Vous avez vû ci-deffus, que tout ce qui n'implique point contradiction eft poffible; mais il n'eft pas actuel. Il eft poffible, par exemple, que cette table qui eft quarrée devienne ronde, cependant cela n'arrivera peut-être jamais; ainfi tout ce qui éxifte étant néceffairement poffible, on peut conclure de l'éxiftence à la poffibilité, mais non pas de la poffibilité à l'éxiftence.

Différence entre poffible, & actuel.

Afin qu'une chofe foit, il ne fuffit donc pas qu'elle foit poffible, il faut encore que cette poffibilité ait fon accompliffement, & c'eft ce qu'on appelle *Exiftence* : or une chofe ne peut parvenir à l'éxiftence fans une raifon fuffifante, par laquelle un Etre Intelligent puiffe comprendre pourquoi cette chofe devient actuelle de poffible qu'elle étoit auparavant. Ainfi il faut qu'une caufe contienne non-feulement le principe de l'actualité de la chofe dont elle eft caufe; mais encore la raifon fuffifante de cette chofe, c'eft-à-dire, ce par où un Etre intelligent puiffe comprendre pourquoi cette chofe éxifte : car tout homme

homme qui fait uſage de ſa raiſon , ne doit pas
ſe contenter de ſçavoir qu'une telle choſe eſt
poſſible , & qu'elle exiſte , mais il doit encore
ſçavoir la raiſon pourquoi elle exiſte ; & s'il ne
voit pas cette raiſon , comme il arrive ſouvent ,
quand les choſes ſont trop compliquées, il faut du
moins qu'il ſoit aſſuré qu'on ne ſçauroit démontrer que la choſe dont il s'agit ne peut pas avoir
de raiſon ſuffiſante de ſon exiſtence ; ainſi il
faut qu'il y ait dans tout ce qui exiſte quelque
choſe par où l'on puiſſe comprendre pourquoi
ce qui eſt a pû exiſter , & c'eſt ce qu'on appelle *raiſon ſuffiſante.*

§.10. Ce principe bannit de la Philoſophie tous
les raiſonnemens à la Scholaſtique ; car les
Scholaſtiques admettoient bien qu'il ne ſe fait
rien ſans cauſe , mais ils alléguoient pour cauſes des natures plaſtiques , des ames végétati-
ves , & d'autres mots vuides de ſens; mais
quand on a une fois établi qu'une cauſe n'eſt
bonne qu'autant qu'elle ſatisfait au principe de
la raiſon ſuffiſante , c'eſt-à-dire, qu'autant qu'elle contient quelque choſe par où on puiſſe faire
voir comment, & pourquoi un effet peut arriver , alors on ne peut plus ſe payer de ces grands
mots qu'on mettoit à la place des Idées.

Quand on explique, par exemple, pourquoi
les Plantes naiſſent, croiſſent & ſe conſervent ,
& que l'on donne pour cauſe de ces effets , une
ame végétative qui ſe trouve dans toutes les
Plantes

Plantes, on allégue bien une caufe de ces effets ; mais une caufe qui n'eft point recevable, parce qu'elle ne contient rien par où je puiffe comprendre comment la végétation dont je recherche la caufe , s'opere ; car cette ame végétative étant pofée , je n'entens point de là pourquoi la Plante que je confidere , a plûtôt une telle ftructure que toute autre , ni comment cette ame peut former une Machine telle que celle de cette Plante..

§. 11. Le principe de la raifon fuffifante eft encore le fondement des regles & des coûtumes qui ne font fondées que fur ce qu'on appelle *convenance* , car les mêmes hommes peuvent fuivre des coûtumes différentes , ils peuvent déterminer leurs actions en plufieurs manieres ; & lorfqu'on choifit préférablement à d'autres , celles où il y a le plus de raifon , l'action devient bonne & ne fçauroit être blâmée ; mais on la nomme déraifonnable , dès qu'il y a des raifons fuffifantes pour ne la point commettre, & c'eft fur ces mêmes principes que l'on peut prononcer qu'une coûtume eft meilleure que l'autre , c'eft-à-dire , quand elle a plus de raifon de fon côté.

Il eft le fondement de la morale.

§. 12. De ce grand Axiome d'une raifon fuffifante, il en naît un autre que Monfieur de Leibnits appelle *le principe des Indifcernables* : ce principe bannit de l'univers toute matiere fimilaire , car.

Du principe des indifcernables.

s'il

s'il y avoit deux parties de matiere abfolument fi-
milaires & femblables, enforte qu'on pût mettre
l'une à la place de l'autre fans qu'il arrivât le
moindre changement (car c'eft ce qu'on entend
par entierement femblable) il n'y auroit point
de raifon fuffifante pourquoi l'une de ces particules feroit placée dans la Lune , par exemple ,
& l'autre fur la Terre , puifqu'en les changeant
& mettant celle qui eft dans la Lune fur la Terre , & celle qui eft fur la Terre dans la Lune ,
toutes chofes demeureroient les mêmes. On eft
donc obligé de reconnoître que les moindres
parties de matiere font difcernables , ou que
chacune eft infiniment différente de toute autre,
& qu'elle ne pourroit être employée dans une
autre place que celle qu'elle occupe fans déranger tout l'univers. Ainfi chaque particule de matiére eft deftinée à faire l'effet qu'elle produit ,
& c'eft de là que naît la diverfité, qui fe trouve
entre deux grains de fable comme entre notre
Globe & celui de Saturne , laquelle nous fait
voir que la fageffe du Créateur n'eft pas moins
admirable dans le plus petit Etre , que dans le
plus grand.

Cette infinie diverfité qui regne dans la nature, fe fait fentir à nous auffi loin que la portée
de nos organes peut s'étendre. Monfieur de Leibnits qui avança le premier cette vérité, eut le
plaifir de la voir confirmer par les yeux même
de ceux qui la nioient dans une promenade avec
Madame l'Electrice d'Hanover, dans le jardin
d'Heurenaufen ,

Comment il découle de celui d'une raifon fuffifante.

Il bannit toute matiere fimilaire de l'univers.

d'Heurenaufen : car ce Philofophe ayant affuré qu'on ne trouveroit jamais deux feuilles entierement femblables dans la quantité prefqu'innombrable de celles qui les entouroient, plufieurs courtifans qui étoient préfens pafferent
inutilement une partie de la journée dans cette
recherche, & ils ne purent jamais trouver deux
feuilles qui n'euffent des différences fenfibles,
même à l'œil.

Il y a d'autres objets que leur petiteffe nous
fait voir comme femblables, parce que nous les
voyons confufément, mais les microfcopes nous
découvrent leurs différences : ainfi les Expériences, qui même ne font pas néceffaires à la vérité de ce principe, le confirment encore.

De la
loi de con-
tinuité. §. 13. De l'Axiome d'une raifon fuffifante découle encore un autre principe qu'on appelle *la
Loi de continuité*, c'eft encore à Monfieur
de Leibnits que nous fommes redevables de ce
principe qui eft d'une grande fécondité dans la
Phyfique; c'eft lui qui nous enfeigne que rien ne
fe fait par fault dans la nature, & qu'un Etre ne
paffe point d'un état à un autre, fans paffer par tous
les différens états qu'on peut concevoir entre eux.

Le principe de la raifon fuffifante prouve aifément cette vérité, car chaque état dans lequel
un Etre fe trouve doit avoir fa raifon fuffifante,
pourquoi cet Etre fe trouve dans cet état plûtôt
que dans tout autre, & cette raifon ne peut fe
trouver que dans l'état antécedent. Cet état antécedent

cedent contenoit donc quelque chofe qui a fait
naître l'état actuel qui l'a fuivi , enforte que ces
deux états font tellement liés enfemble qu'il eft
impoffible de mettre un autre état entre deux :
car s'il y avoit un état poffible entre l'état actuel & celui qui l'a précedé immédiatement ,
la nature auroit quitté le premier état fans être
encore déterminée par le fecond à abandonner
le premier ; il n'y auroit donc point de raifon
fuffifante pourquoi elle pafferoit plûtôt à cet état
qu'à tout autre état poffible , ainfi aucun Etre
ne paffe d'un état à un autre fans paffer par les
états intermédiaires , de même que l'on ne va
point d'une Ville à une autre fans parcourir le
chemin qui eft entre deux.

Dans la Géométrie où tout fe fait dans le plus
grand ordre , on voit que cette regle s'obferve
avec une extreme exactitude, car tous les changemens qui arrivent dans les lignes qui font unes
c'eft-à-dire dans une ligne qui eft la même , ou
dans celles qui font enfemble un feul & même
tout, tous ces changemens , dis-je, ne fe font
qu'après que la figure a paffé par tous les changemens poffibles qui conduifent à l'état qu'elle
acquiert : ainfi une ligne qui eft concave vers
un axe comme la ligne A. B. vers l'axe A. D.
ne devient pas tout d'un coup convexe fans paffer par tous les états qui font entre la concavité
& la convexité , & par tous les degrés qui peuvent mener de l'une à l'autre ; ainfi la concavité commence par diminuer par des dégrés infiniment

Exem-
ples de cet-
te loi dans
la Géomé-
trie.

Fig. 2.

himent petits jufques au point B. où la ligne
n'eft ni concave, ni convexe, & que l'on nomme le point d'inflexion ; c'eft à ce point que la
concavité finit, & que la convexité commence, & il fe forme à ce point B. une ligne infiniment petite paralelle à l'axe A. D., mais paffé
ce point B., la convexité commence & s'accroît
par des degrés infiniment petits comme le fça-
vent les Mathématiciens.

Fig. 3.   Les points de rebrouffement qui fe trouvent
dans plufieurs courbes, & qui paroiffent violer
cette loi de continuité,parce que la ligne paroît
fe terminer en ce point & rebrouffer fubitement
en un fens contraire, ne la violent cependant
point ; car on peut faire voir qu'à ces points de
rebrouffement il fe forme des nœuds comme
dans la Fig. 3. dans lefquels on voit évidemment que la loi de continuité eft fuivie, car ces
nœuds étant ferrés à l'infini, prennent à la fin la
forme d'un point fenfible.

Fig. 4.   On ne retrouve point la loi de continuité dans
les Figures batardes, defquelles on ne peut pas
dire qu'elles forment un véritable tout, parce
qu'elles n'ont point été produites par la même
loi, mais compofées de plufieurs piéces, comme fi on ajoutoit à un arc de cercle A. B., une
ligne droite B. C. pour faire une feule Figure
A. B. C. & ces Figures violent la loi de continuité,parce que la loi par laquelle on décrit le
cercle A. B. ceffe en B. & ne contient rien en
elle qui puiffe faire naître la ligne B. C. mais
au

au point B. une autre loi commence , felon laquelle la ligne B. C. eft décrite , & cette feconde loi n'a nul rapport à la premiere qui a fait
décrire le cercle A. B.

Il arrive dans la nature la même chofe que
dans la Géométrie , & ce n'étoit pas fans raifon
que Platon appelloit le Créateur , *l'éternel Géometre.* Ainfi il n'y apointd'angles proprement dits
dans la nature , point d'inflexion ni de rebrouffement fubits ; mais il y a de la gradation dans
tout , & tout fe prépare de loin aux changemens qu'il doit éprouver, & va par nuances à
l'état qu'il doit fubir. Ainfi , un rayon de lumiere qui fe réfléchit fur un miroir, ne rebrouffe
point fubitement , & ne fait point un angle
pointu au point de la réfléxion ; mais il paffe à
la nouvelle direction qu'il prend en fe réflé-
chiffant par une petite courbe qui le conduit
infenfiblement & par tous les degrés poffibles
qui font entre les deux points extrêmes de l'incidence & de la réfléxion.

Il en eft de même dans la réfraction , le rayon
de lumiere ne fe rompt pas au point qui fépare le milieu qu'il pénetre & celui qu'il abandonne, mais il commence à s'infléchir avant d'a-
voir pénetré dans le nouveau milieu ; & le
commencement de fa réfraction eft une petite
courbe qui fépare les deux lignes droites qu'il
décrit en traverfant deux milieux hétérogenes
& contigus.

§. 14. C'eſt par cette loi de continuité que l'on peut trouver & démontrer les véritables loix du mouvement, car un corps qui ſe meut dans une direction quelconque, ne ſauroit ſe mouvoir dans une direction oppoſée, ſans paſſer de ſon premier mouvement au repos par tous les degrés de retardation intermediaires, pour repaſſer enſuite, par des degrés inſenſibles d'accéleration, du repos au nouveau mouvement qu'il doit éprouver.

Ce principe ſert à démontrer les loix du mouvement.

§. 15. Cette loi montre qu'il n'y a point de Corps parfaitement durs dans la nature, car dans le choc des Corps parfaitement durs cette gradation ne ſçauroit avoir lieu, parce que les Corps durs paſſeroient tout d'un coup du repos au mouvement, & du mouvement dans un ſens au mouvement en ſens contraire ; ainſi, tous les Corps ont un degré d'élaſticité qui les rend capables de ſatisfaire à cette loi de continuité que la nature ne viole jamais.

Le principe de la continuité prouve qu'il n'y a point de Corps durs dans l'univers.

§. 16. Il ſuit de ce que je viens de dire, que lorſque les conditions qui font naître une propriété, viennent à ſe changer en d'autres conditions d'où une autre propriété doit naître, enſorte qu'enfin ces conditions deviennent les mêmes, ou identiques ; la propriété qui découloit des premieres conditions doit ſe changer, par la même gradation, dans la propriété qui eſt une ſuite des dernieres conditions dans leſquelles les premieres ſe ſont changées.

La

La Géométrie fournit une infinité d'exemples qui confirment & éclaircissent cette regle, l'Ellipse & la Parabole, par exemple, sont des lignes fort différentes, mais lorsqu'on fait varier les déterminations de l'Ellipse (qui sont les conditions qui rendent l'Ellipse possible) pour les faire approcher de celles de la Parabole : les propriétés de l'Ellipse varient aussi continuellement, & s'approchent de celles de la Parabole jusqu'à ce qu'enfin les lignes deviennent les mêmes. Ainsi, un des foyers de l'Ellipse demeurant immobile, si l'autre s'en éloigne continuellement, les nouvelles Ellipses qui seront engendrées approcheront continuellement de la Parabole, & elles coïncideront enfin avec elle, lorsque la distance des foyers sera devenuë infinie. Ainsi, toutes les propriétés de la Parabole conviendront à une Ellipse dont les foyers seront infiniment éloignés, & l'on peut considérer la Parabole comme une Ellipse dont les foyers sont infiniment distans. C'est par ce même principe qu'un mouvement décroissant, devient enfin du repos, & que l'inégalité toujours diminuée, se change en égalité, de sorte même qu'on peut considérer le repos comme un mouvement très-petit, & l'égalité comme une inégalité infinimenet petite. Toutes les fois donc que cette continuité d'évenement n'a pas lieu, on doit conclure qu'il y a des défauts dans le raisonnement dont on s'est servi.

C 2. §. 17.

Méprife
de Defcar-
tes pour
n'avoir pas
fait atten-
tion à cet-
te loi.

§. 17. Defcartes, par exemple , auroit réformé fes loix du mouvement s'il avoit fait plus d'attention à cette regle ; il commença par établir pour premiere loi , que deux Corps égaux qui fe choquent avec des vîteffes égales doivent retourner en arriere avec la même vîteffe , & cela eft très-vrai , car n'y ayant point de raifon pourquoi l'un des deux continueroit fon chemin plûtôt que l'autre , & ces Corps ne pouvant pénétrer les dimenfions l'un de l'autre , ni demeurer en repos , parce que la force fe perdroit , ce qui ne peut arriver , il faut néceffairement qu'ils retournent tous deux en arriere avecla même vîteffe avec laquelle ils s'étoient choqués.

Mais la feconde loi du mouvement de M. Defcartes & prefque toutes les autres font fauffes , parce qu'elles violent le principe de continuité : car la feconde , par exemple , veut que fi deux corps B. & C. fe rencontrent avec des vîteffes égales : mais que le Corps B. foit plus grand que le Corps C. alors le feul Corps C. retournera en arriere & le Corps B. continuera fon chemin , tous deux avec la même vîteffe qu'ils avoient avant le choc : cette regle eft démentie par l'expérience, & elle eft fauffe parce qu'elle ne s'accorde point avec la premiere regle du mouvement, & avec le principe de continuité , car en diminuant toujours l'inégalité des Corps , l'effet qui eft une fuite de l'inégalité, doit toujours s'approcher de celui qui eft une fuite de leur égalité (§. 16.) , en forte

Fig. 5.
Num. 1.

enforte que diminuant toujours le plus grand
Corps, fa vîteffe vers C. doit diminuer auffi,
& enfin devenir nulle quand on fera parvenu à
une certaine proportion entre B. & C. paffé lequel point, l'inégalité étant abfolument éva-
noüie, l'effet produit par l'égalité des deux
Corps commencera, c'eft-à-dire, qu'alors le
mouvement du plus grand Corps B. commencera dans un fens contraire, & les Corps s'en
retoûrneront en arriere avec la même vîteffe;
felon la premiere loi de M. Defcartes. Ainfi, la feconde ne peut avoir lieu, puifque, felon cette feconde loi, on a beau diminuer la
grandeur de B. & la faire approcher de C. enforte que la différence foit prefqu'inaffignable,
les effets demeureront cependant très-différens,
& ne s'approcheront point l'un de l'autre, ce
qui eft entierement contraire à la loi de continuité: car lorfque l'inégalité vient à ceffer entierement, l'effet fait un grand fault, puifque le
mouvement du Corps B. change tout-à-coup
de direction, paffant tous les cas intermédiaires comme par un fault, tandis qu'il ne fe fait
qu'un changement imperceptible dans la grandeur de ce Corps qui eft cependant la caufe du
grand changement qui arrive dans la direction
de fon mouvement: ainfi, l'effet eft alors plus
grand que la caufe. On voit par cet Exemple
combien il eft important de fe rendre attentif à
cette loi de continuité, & d'imiter en cela la
nature qui ne l'enfreint jamais dans aucune de
fes operations.   C 3.   CHAP.

CHAPITRE II.

De l'Existence de Dieu.

§. 18.

L'étude
de la Phy-
fique nous
conduit à
la connoif-
fance d'un
Dieu.

L'ETUDE de la nature nous éleve à la connoissance d'un Etre suprême ; cette grande vérité est encore plus nécessaire, s'il est possible, à la bonne Physique qu'à la Morale, & elle doit être le fondement & la conclusion de toutes les recherches que nous faisons dans cette science.

Précis
des preu-
ves de cet-
te grande
vérité.

Je crois donc indispensable de commencer par vous mettre sous les yeux un précis des preuves de cette importante vérité, par lequel vous pourrez juger par vous-même de son évidence.

§. 19.

§. 19. 1°. Quelque chofe exifte , puifque j'e-
xifte.

2°. Puifque quelque chofe exifte , il faut que
quelque chofe ait exifté de toute éternité, fans
cela il faudroit que le néant qui n'eft qu'une
négation eût produit tout ce qui exifte , ce qui
eft une contradiction dans les termes , car , c'eft
dire qu'une chofe a été produite, & ne reconnoître cependant aucune caufe de fon exiftence.

3°. L'Etre qui a exifté de toute éternité doit
exifter néceffairement & ne tenir fon exiftence d'aucune caufe, car s'il avoit reçû fon exiftence d'un autre Etre , il faudroit que cet autre
Etre exiftât par lui-même, & alors c'eft lui
dont je parle , & c'eft Dieu, ou bien il tiendroit encore fon exiftence d'un autre : on voit
aifément qu'en remontant ainfi à l'infini , il faut
arriver à un Etre néceffaire qui exifte par lui-
même , ou bien admettre une chaîne infinie
d'Etres , lefquels pris tous enfemble, n'auront
aucune caufe externe de leur exiftence (puifque
tous les Etres entrent dans cette chaîne infinie)
& qui, chacun en particulier, n'en auront aucune caufe interne, puifqu'aucun n'exifte par lui-
même , & qu'ils tiennent tous l'exiftence les
uns des autres dans une gradation à l'infini.
Ainfi, c'eft fuppofer une chaîne d'Etres qui féparément ont été produits par une caufe, & qui
tous enfemble n'ont été produits par rien, ce qui
eft une contradiction dans les termes. Il y a donc

C 4   un

un Etre qui exifte néceffairement, puifqu'il implique contradiction qu'un tel Etre n'exifte pas.

4°. Tout ce qui nous environne naît & pe-
rit fucceffivement ; rien ne joüit d'un état néceffaire, tout fe fuccede , & nous nous fucce-
dons nous-mêmes les uns aux autres ; il n'y a
donc que de la contingence dans tous les Etres
qui nous environnent, c'eft-à-dire, que le contraire eft également poffible , & n'implique
point contradiction, (car c'eft ce qui diftingue
un Etre contingent d'un Etre néceffaire.)

5°. Tout ce qui exifte a une raifon fuffifante de fon exiftence , ainfi il faut que la raifon
fuffifante de l'exiftence d'un Etre foit dans lui ,
ou hors de lui : or la raifon de l'exiftence d'un
Etre contingent ne peut être dans lui, car s'il
portoit la raifon fuffifante de fon exiftence en
lui , il feroit impoffible qu'il n'exiftât pas , ce
qui eft contradictoire à la définition d'un Etre
contingent ; la raifon fuffifante de l'exiftence d'un
Etre contingent doit donc néceffairement être
hors de lui , puifqu'il ne fauroit l'avoir en lui-
même.

6°. Cette raifon fuffifante ne peut fe trouver
dans un autre Etre contingent, ni dans une fuite
de ces Etres, puifque la même queftion fe retrouvera toujours au bout de cette chaîne quelque
loin qu'on la puiffe étendre: il faut donc en venir à
un Etre néceffaire qui contienne la raifon fuffifante de l'exiftence de tous les Etres contingens,
& de la fienne propre, & cet Etre c'eft Dieu.

§. 20.

§. 20. Les attributs de cet Etre suprême sont une suite de la nécessité de son existence. Les attributs de Dieu..

Ainsi il est éternel, c'est-à-dire, qu'il n'a point eu de commencement, & qu'il n'aura jamais de fin, car si l'Etre nécessaire avoit commencé, il faudroit ou qu'il eût agi, avant que d'être, pour se produire, ce qui est absurde, ou bien que quelque chose l'eût produit, ce qui est contre la définition de l'Etre nécessaire. Il est éternel.

Il ne peut avoir de fin, parce que la raison suffisante de son existence résidant en lui, elle ne peut jamais l'abandonner ; de plus, ce qui est contraire à une chose nécessaire, implique contradiction, & est par conséquent impossible : il est donc impossible que l'Etre nécessaire cesse d'exister, de la même façon qu'il est impossible que trois fois 3. fassent 8.

Il est immuable, car s'il changeoit il ne seroit plus ce qu'il étoit, & par conséquent il n'auroit pu exister nécessairement : il faut de plus que chaque état successif ait sa raison suffisante dans un état precedent, celui-là dans un autre, & ainsi de suite : or comme dans l'Etre nécessaire on ne parviendroit jamais au dernier état, puisque l'Etre n'a jamais commencé, un état successif quelconque seroit sans raison suffisante, s'il étoit susceptible de succession ; ainsi, il ne peut point y avoir de changement, ni de succession dans l'Etre nécessaire. Immuable.

Il suit clairement de ce qu'on vient de dire ; que Simple.

que l'Etre néceffaire ne fçauroit être un Etre compofé, qui n'exifte qu'autant que fes parties font liées enfemble, & qui peut être détruit par la diffociation de ces mêmes parties, & que par conféquent l'Etre exiftant par lui-même eft un Etre fimple.

Le Monde ni notre Ame ne peuvent être l'Etre néceffaire.

§. 21 Le Monde que nous voyons ne fçauroit êtrel'Etre néceffaire, car il eft compofé de parties & il y a une fucceffion continuelle en lui, ce qui eft abfolument contradictoire aux attributs que je viens de montrer appartenir à l'Etre néceffaire.

Par la même raifon, la Matiere ni les Elémens de la Matiere ne peuvent point être l'Etre néceffaire.

Notre Ame ne peut point être non plus cet Etre néceffaire, car fes perceptions changeant continuellement, elle eft dans des variations perpétuelles, mais l'Etre néceffaire ne peut varier: notre Ame n'eft donc point l'Etre néceffaire.

L'Etre exiftant par lui-même eft donc un Etre différent du Monde que nous voyons, de la Matiere qui compofe ce Monde, des élemens qui compofent cette Matiere, & de notre Ame; & il contient en lui la raifon fuffifante de fon exiftence, & de celle de tous les Etres qui exiftent.

§. 22. On voit aifément par tout ce qui vient
d'être

d'être dit, qu'il ne peut y avoir qu'un Etre nécessaire, car s'il y avoit deux Etres qui existassent nécessairement, & indépendamment l'un de l'autre, il seroit possible que chacun existât seul , & par conséquen tni l'un ni l'autre n'existeroit nécessairement.

L'Etre nécessaire, c'est-à-dire Dieu, doit être unique.

§. 23. Il est évident que tout ce qui est possible n'existe pas , & qu'une infinité de choses qui pourroient arriver, n'arrivent point. Alexandre, par exemple, au lieu de détruire l'Empire des Perses, pouvoit tourner ses armes contre les Peuples de l'Occident, ou bien vivre paisiblement dans son Royaume : il pouvoit prendre enfin une infinité de partis différens de celui qu'il a pris , qui auroient tous fait naître une infinité de combinaisons qui étoient possibles alors, & qui auroient produit des évenemens tous différens de ceux qui sont arrivés ; les évenemens que contiennent les Romans sont dans le même cas ; ils pourroient arriver si une autre suite de choses avoit lieu, ce sont des histoires d'un Monde possible auquel il manque l'actualité, car chaque suite de choses constituë un Monde qui seroit différent de tout autre par les évenemens qui lui seroient particuliers ; ainsi, l'on peut concevoir une telle suite de causes qui auroit fait naître les évenemens qui sont dans Zaïde, ou ceux de la Reine de Navarre , car ces évenemens sont possibles , & il ne leur manque que l'actualité; de même, on peut concevoir des

Univers

Univers poffibles , dans lefquels il y auroit d'autres Etoiles & d'autres Planetes ; & comme les
différens rapports de ces Univers peuvent être
combinés d'une infinité de maniéres , il y a
une infinité de Mondes poffibles , dont un feul
éxifte actuellement.

Lorfqu'il n'y avoit encore rien de produit ,
& qu'aucun de ces Mondes poffibles n'éxiftoit ,
ils étoient tous également en pouvoir de parvenir à l'éxiftence ; & ils attendoient, pour ainfi
dire , qu'une puiffance externe les y appellât ,
& les rendît actuels ; car ce qui n'éxifte point ,
ne peut contribuer à fon éxiftence qu'idéalement ; c'eft-à-dire , autant qu'il renferme certaines déterminations, que le refte ne renferme pas,
& qui peuvent déterminer un Etre Intelligent à
le choifir pour lui donner l'éxiftence.

Il faut qu'il y ait une raifon fuffifante de l'actualité du Monde que nous voyons, puifqu'une
infinité d'autres Mondes étoient poffibles : or
cette raifon ne peut fe trouver que dans les différences qui diftinguent ce Monde-ci , de tous
les autres Mondes: il faut donc que l'Etre néceffaire fe foit repréfenté tous les Mondes poffibles,
qu'il ait confidéré leurs arrangemens divers, &
leurs différences , pour avoir pû fe déterminer
enfuite à donner l'actualité à celui qui lui plai-
foit le plus.

Dieu eft un Etre Intelligent. La repréfentation diftincte des chofes fait
l'entendement, or l'Etre néceffaire qui a dû fe
repréfenter tous les Mondes poffibles avant de
créer

créer celui-ci, eſt donc un Etre intelligent, dont l'entendement eſt infini, car tous les Mondes poſſibles renferment tous les arrangemens poſſibles de toutes les choſes poſſibles; ainſi, cet Etre que nous nommons Dieu eſt un Etre intelligent, qui voit non-ſeulement tout ce qui arrive actuellement ; mais encore tout ce qui arriveroit dans quelque Combinaiſon des choſes poſſibles que ce puiſſe être , car tout ce qui eſt poſſible entre dans les Mondes qu'il contemple ſans ceſſe, & qui ſe jouënt, pour ainſi dire, devant lui.

§. 24. Comme la ſucceſſion eſt une imperfection attachée au fini, il n'y a point de ſucceſſion dans les perceptions de Dieu, qui ſe repréſente à la fois tous les Mondes poſſibles avec tous leurs changemens poſſibles ; & comme il y a dans nos idées une infinité de choſes confuſes , & que nous ne diſtinguons point à cauſe de leur multiplicité , les idées que Dieu a des choſes étant infiniment diſtinctes , elles ſont infiniment différentes des nôtres, comme feroit à peu près l'idée que nous avons de la Lune d'avec celle qu'en auroit un homme qui auroit demeuré longtems dans cette Planete. La façon dont Dieu voit & ſe repréſente toutes les choſes poſſibles , eſt donc incompréhenſible pour nous. Ainſi nous ne pouvons nous former d'idée diſtincte de l'entendement Divin, il eſt comme la Création , au nombre des choſes qu'il

Et ſon intelligence eſt infiniment au-deſſus de la nôtre.

qu'il nous eſt impoſſible de comprendre & de nier. Souvenons-nous toujours quand nous voudrons comprendre l'entendement de Dieu, de cet Enfant que Saint Auguſtin vit au bord de la mer qui eſſayoit de mettre l'Océan dans une cocque de Noiſette ; & nous aurons par là une foible idée de la préſomption d'un Etre, dont l'entendement eſt fini, & qui veut ſe faire une idée claire de l'entendement du Créateur.

Il eſt libre. §. 25. Le choix que Dieu a fait parmi tous les Mondes poſſibles du Monde que nous voyons, eſt une preuve de ſa liberté, car ayant donné l'actualité à une ſuite de choſes qui ne contribuoit en rien par ſa propre force à ſon éxiſtence, il n'y a point de raiſon qui pût empêcher de donner l'éxiſtence aux autres ſuites poſſibles, qui étoient toutes dans le même cas, quant à la poſſibilité : il a donc choiſi la ſuite de choſes qui compoſent cet Univers pour la rendre actuelle, par ce qu'elle lui plaiſoit le plus ; l'Etre néceſſaire eſt donc un Etre libre : car agir ſuivant le choix de ſa propre volonté, c'eſt être libre.

Infiniment ſage. §. 26. Mais le choix qu'il a fait de ce Monde il ne l'a pas fait ſans raiſon, car l'intelligence ſuprême ne ſe conduira pas ſans intelligence : or puiſque nous jugeons ici-bas qu'un Etre eſt plus ou moins intelligent, ſuivant qu'il ſe détermine par des raiſons plus ou moins ſuffiſantes, Dieu étant

le

le plus parfait de tous les Etres, aucune de ses
actions ne peut être sans une raison suffisante :
il a donc eu une raison pour se déterminer à
créer un Monde, & cette raison est l'a satisfaction qu'il a trouvé à communiquer une partie
de ses perfections, & la raison qui l'a déterminé
à donner l'actualité à ce Monde-ci plûtôt qu'à
tout autre, a été la plus grande perfection qu'il
a trouvé dans celui-ci : car tous les Mondes
possibles étant des suites de choses coëxistantes,
& successives, ces suites possédent différens degrés de perfection, selon qu'elles sont plus ou
moins bien liées ensemble, & qu'elles tendent
avec plus ou moins d'harmonie à une fin générale ; or la contemplation de la perfection est
la source du plaisir dans les Etres intelligens,
car ce qui a le plus de perfection plait d'avantage, & un Etre raisonnable ne desire les choses qu'à proportion qu'il y remarque des perfections ; mais comme notre entendement est
borné, & que nous sommes sujets à nous tromper dans les jugemens que nous portons, nous
prenons souvent une perfection apparente pour
une perfection réelle ; mais Dieu voyant les choses avec un entendement infini, il ne peut être
trompé par les apparences, ni choisir le mauvais,
faute de connoître le meilleur ; il apperçoit donc
parmi tous les Mondes possibles le meilleur &
le plus parfait, & cette plus grande perfection
est la raison suffisante de la préférence qu'il a
donnée à ce Monde-ci sur tous les autres Mondes

des poffibles : l'Etre néceffaire eft donc infiniment fage, car il n'appartient qu'à un Etre dont
la Sageffe eft infinie de choifir le plus parfait.

§.27. C'eft de cette Sageffe infinie du Créateur
que les caufes finales, ce principe fi fécond dans
la Phyfique, & que quelques Philofophes en ont
voulu bannir bien mal-à-propos, tirent leur
origine ; tout marque un deffein, & c'eft être
aveugle, ou vouloir l'être, que de ne pas appercevoir que le Créateur s'eft propofé dans le
moindre de fes Ouvrages des fins, qu'il obtient toujours, & que la Nature travaille fans
ceffe à exécuter : ainfi, cet Univers n'eft point
un cahos, une maffe defordonnée, fans harmonie & fans liaifon, comme quelques déclama-
teurs voudroient le perfuader ; mais toutes les
parties y font arrangées avec une fageffe infinie, & aucune ne pourroit être tranfplantée ni
ôtée de fa place, fans nuire à la perfection du
tout.

En étudiant la Nature, on découvre quelque partie des vûës, & de l'art du Créateur
dans la conftruction de cet Univers : ainfi, Vir-
gile a eû raifon de dire : *Felix qui potuit rerum
cognofcere caufas* ; puifque la connoiffance des
caufes nous élève jufqu'au Créateur, & nous fait
entrer dans le myftére de fes deffeins, en nous
faifant voir l'ordre admirable qui régne dans l'U-
nivers & les rapports de fes différentes parties qui
ne font pas feulement des rapports néceffaires de
                                        fituation

situation, comme d'être en haut ou en bas ; mais des rapports d'un deſſein dont tout porte l'empreinte ; & plus le Monde vieillit, plus les hommes pouſſent loin leurs découvertes, & plus on trouve un deſſein marqué dans la fabrique du Monde, & de la moindre de ſes parties.

§. 28. Ce monde-ci eſt donc le meilleur des Mondes poſſibles, celui où il régne le plus de variété avec le plus d'ordre, & où le plus d'effets ſont produits par les Loix les plus ſimples. C'eſt l'Univers qui occupe la pointe de la piramide *, & qui n'en a point au-deſſus de lui, mais bien une infinité au deſſous qui décroiſſent en perfection, & qui n'étoient point dignes par conſéquent d'être choiſis par un Etre infiniment ſage.

Toutes les objections tirées des maux qu'on voit régner dans ce Monde s'évanoüiſſent par ce principe, Dieu les ſouffre dans l'Univers en tant qu'ils entrent dans la meilleure ſuite des choſes poſſibles, & dont ils ne ſçauroient être ôtés, ſans ôter quelques perfections au tout; car tout l'Univers eſt lié enſemble, le moindre événement tient à une infinité d'autres qui

Marginalia:
Ce Monde-ci eſt le meilleur des Mondes poſſibles.

Les imperfections des parties contribuent à la perfectio.ı du tout danſ cet Univerſ.

---

* M. de Leibnits continuant dans ſa Théodicée le Dialogue entre Boëce & Valla, introduit le Prêtre d'Apollon, qui veut ſavoir l'origine des malheurs de Sexte Tarquin, & qui cherche cette origine dans le Palais des deſtinées, qui étoit une piramide compoſée de tous les Mondes poſſibles, dans laquelle le meilleur, qui étoit celui-ci, où Tarquin commettroit les crimes qui ont été la cauſe de la liberté Romaine, occupoit la pointe.

l'ont précédé , & une infinité d'autres tiennent
à lui , & en naîtront. Pour juger donc d'un
événement, il n'en faut point juger en particulier , & hors de la liaiſon , & de la ſuite des
choſes; mais il en faut juger par rapport à l'Univers entier, & par les effets qu'il produit dans
tous les lieux, & dans tous les tems. Car de vouloir juger par un mal apparent de la perfection
de l'Univers , c'eſt juger d'un tableau entier par
un ſeul trait , & c'eſt une chimére de s'imaginer que toutes les imperfections puiſſent être
ôtées, & le tout reſter le même , ou devenir
plus parfait : l'imperfection dans la partie contribue ſouvent à la perfection du tout; car lorſqu'il faut ſatisfaire à pluſieurs régles à la fois
pour arriver à une perfection générale , les régles ſe contrediſent ſouvent , & forcent à des
exceptions qu'il eſt impoſſible d'éviter , d'où
naiſſent les imperfections dans la partie , leſquelles ne laiſſent pas de contribuer au tout le
plus parfait qu'il ſoit poſſible d'éxécuter. L'œil
humain, par exemple, ne pourroit voir les moindres parties d'un objet ſans perdre la vûë du tout ;
nous verrions quelques points , très-diſtincte-
ment, ſi nos yeux étoient des Microſcopes , mais
nous en perdrions l'enſemble. Il faut donc
que notre vûë ſoit moins diſtincte pour ſe proportionner à nos beſoins, puiſque la diſtinction
des moindres parties , & la vûë totale de l'enſemble ne peuvent être réünis; car il nous eſt
plus utile de voir l'objet entier que de diſtinguer

guer tous ſes points les uns après les autres : ainſi c'eſt une chimére de croire que l'œil de l'homme eût été plus parfait , s'il eût diſtingué les moindres parties des choſes , puiſqu'au contraire une telle vûë nous eût été preſqu'inutile.

La volonté générale de Dieu va ſans doute au bien & à la perfection de chaque choſe en particulier ; mais ſa volonté conſequente , qui eſt le réſultat de toutes ſes volontés antécedentes,& qui peut ſeule s'éxécuter, va au bien , & à la plus grande perfection du tout , à laquelle la perfection des parties doit céder.

Il eſt vrai que nous ne pouvons voir tout ce grand tableau de l'Univers, ni montrer en détail comment la perfection du tout réſulte des imperfections apparentes que nous croyons voir dans quelques parties , car il faudroit pour cela ſe repréſenter l'Univers entier , & pouvoir le comparer avec tous les autres Univers poſſibles , ce qui eſt un attribut de la Divinité (§. 23.) Mais notre impuiſſance ſur cela ne peut nous faire douter que l'Intelligence ſuprême n'ait choiſi le meilleur des Mondes pour lui donner l'éxiſtence : car l'Etre néceſſaire qui ſe ſuffit à lui-même , & qui n'a beſoin d'aucune choſe hors de lui , n'a pû ſe propoſer d'autres fins dans la Création de cet Univers , que de communiquer une partie de ſes perfections à ſes Créatures , & de faire un ouvrage digne de lui , puiſqu'il ſe ſeroit manqué à lui-même , & qu'il auroit dérogé à ſes perfections , s'il avoit pro-

duit

duit un Monde indigne de fa Sageſſe.

Une ſuite de l'enchaînement des parties &
du tout, c'eſt que toute imperfection ne peut
être ôtée à l'homme; l'homme eſt un être fini,
borné & limité dans tout par ſon eſſence : or
combien de maux ne nous arrive-t'il pas, parce-
que notre entendement eſt limité, parce que
nous ne ſaurions tout ſavoir, tout entendre,
ni nous trouver par tout où notre préſence ſeroit néceſſaire ? Mais ce font là des facultés
que la Créature ne pourroit avoir ſans devenir
un Dieu : ainſi, les imperfections qui font dans
la Créature une ſuite de ſes limitations, ſont
des imperfections néceſſaires.

L'Etre ſu-
prême eſt
infiniment
bon.

§ 29. Il ſuit de tout ce que je viens de dire,
que l'Etre ſuprême eſt infiniment bon ; car
s'étant déterminé à créer un Monde pour communiquer une partie de ſes perfections infinies,
il s'eſt déterminé à accorder l'actualité à la
meilleure ſuite de choſes poſſibles ; il a accordé à chaque choſe en particulier, autant de
perfection eſſentielle qu'elle en pouvoit recevoir; & il a dirigé par ſa Sageſſe les maux qui
étoient inévitables dans cette ſuite de choſes à
de plus grands biens.

Et infini-
ment puiſ-
ſant.

§. 30. Il eſt infiniment puiſſant ; car Dieu
s'étant repréſenté de toute éternité, tout ce qui
eſt poſſible, ſon entendement eſt la ſource de
toute poſſibilité, & rien ne pouvant jamais devenir

venir poſſible que ce que Dieu a conçu comme tel, & rien n'étant actuel que ce à quoi il a bien voulu accorder l'éxiſtence, il eſt le principe de la poſſibilité, & de l'actualité de tout ce qui eſt actuel & poſſible.

§. 31. Dieu eſt le Maître abſolu de cette ſuite de choſes à laquelle il a accordé l'éxiſtence, il peut la changer & l'anéantir; car de même qu'on a vû qu'un Etre contingent ne peut ſe donner l'éxiſtence, il ne peut non plus ſe la conſerver un moment par ſa propre force. Ainſi, la raiſon de l'éxiſtence continuée ne peut être dans la Créature, qui ne peut ni commencer, ni continuer d'être, que par la volonté du Créateur, dont elle a beſoin à tout moment pour ſe ſoutenir dans l'actualité qu'il lui a donnée.

Son entendement eſt le principe de la poſſibilité, & ſa volonté, la ſource de l'actualité des choſes.

D 3   CHAPITRE

CHAPITRE III.

De l'Essence, des Attributs & des Modes.

§. 32.

COMME je serai obligé d'employer souvent dans cet Ouvrage les termes d'*essence*, de *modes*, & d'*attributs*, & qu'il est assez ordinaire que ceux qui les prononcent ayent des idées fort différentes de leur signification, je crois qu'il ne sera pas inutile de fixer ces idées, & de vous apprendre ce que vous devez entendre par ces mots ; car de la véritable notion de l'essence, & de l'attribut dépendent

dépendent des vérités très-importantes en Physique.

§. 33. Ce qui est impossible ne peut exister, car
on appelle impossible ce qui implique contradiction ; or si ce qui implique contradiction pouvoit exister , une chose pourroit être, & n'être
pas en même tems : ce qui est démontré faux
pour tous les hommes.

§. 34. Tout ce qui est possible peut exister, car
lorsqu'une chose ne renferme rien de contradictoire, on ne peut rien imaginer qui s'oppose à la
possibilité de son existence ; la possibilité des
choses dépend donc de la non-contradiction de
leurs déterminations ; & dès qu'une chose ne
renferme rien de contradictoire, par cela même
elle est possible. Un triangle , par exemple , peut
être décrit parce qu'il n'est point contradictoire
que trois lignes puissent être assemblées à leurs
extrémités&renferment un espace :ainsi,quel'on
décrive un triangle , ou que l'on n'en décrive
point , le triangle reste toujours également possible : la description execute ce qui étoit possible auparavant , mais elle n'ajoute rien de nouveau ; cela fait voir la nécessité de distinguer ,
comme j'ai fait ci dessus , entre actuel & possible. Tout ce qui est possible n'est pas actuel,
quoique tout ce qui est actuel soit possible :
ainsi, il faut une cause externe pour l'actualité ,
c'est-à-dire,pour l'existence, qui est le comple-
ment de la possibilité ; & sans l'actualité un

Etre

Etre refteroit éternellement dans le pays des poffibles, (fi je puis m'exprimer ainfi) & ne parviendroit jamais à l'exiftence.

§. 35. On appelle donc, *un Etre*, ce qui peut exifter, & dont les déterminations n'impliquent aucune contradiction, foit que cet Etre exifte, foit qu'il foit feulement poffible : car nous parlons fouvent d'Etres paffés, ou futurs, & donnons par conféquent le nom d'*Etre* à tout ce qui eft poffible, foit qu'il exifte ou non, mais on appelle *Etre de raifon*, *chimere*, ce qui implique contradiction, & ne peut jamais exifter, c'eft-à-dire, ce qui eft impoffible.

Défini-tion de ce qu'on ap-pelle un Etre.

§. 36. Lorfque nous confiderons les Etres qui nous environnent, nous y remarquons des déterminations variables & des déterminations conftantes : une pierre, par exemple, eft tan-tôt chaude & tantôt froide, mais elle eft tou-jours dure, compofée de parties, & pefante. La dureté, la pefanteur, la divifibilité font donc les déterminations conftantes de l'Etre que nous appellons une pierre ; & la chaleur, la couleur, &c. font fes déterminations variables. Ainfi, l'Horloge à Pendule qui eft fur cette cheminée, a toujours les mêmes rouës, le même reffort, &c. mais la fituation de fes différentes parties entre elles varie à tout moment pendant qu'elle va. De même les côtés & les angles d'un trian-gle demeurent inalterables, foit qu'on infcrive

Les Etres ont des dé-termina-tions varia-bles & des détermina-tions conf-tantes.

ce

ce triangle dans un cercle, ou qu'on le circonf-
crive à ce cercle, ou que l'on abaiffe une perpendiculaire de fon fommet fur fa bafe.

§. 37. Lorfque l'on confidere avec attention
les déterminations conftantes , & qu'on les
compare entre elles , on remarque que quelques unes dépendent tellement des autres ,
qu'elles ne fçauroient fubfifter, ni avoir lieu dans
l'Etre fans les premieres , au lieu que les premieres ne dépendent nullement les unes des autres , & ne fe déterminent point mutuellement ;
mais qu'elles font feulement telles , qu'elles
peuvent fubfifter enfemble , & être combinées ,
fans s'entredétruire. On voit , par exemple ,
que trois côtés & trois angles font également
des déterminations permanentes & invariables
dans un triangle , cependant avec plus d'attention,on s'apperçoit que lorfque deux lignes droites font jointes par leurs extrêmités , elles ne fe
déterminent point l'une l'autre , & qu'elles peuvent faire un angle , ou n'en point faire ; & faire un angle d'une certaine grandeur, ou d'une
autre : mais cet angle & ces deux côtés une
fois déterminés , les deux autres angles & le
troifiéme côté le font auffi ; & il faut abfolument les faire de la grandeur que ces premieres
déterminations exigent , car toute autre maniere eft impoffible. Ainfi, le troifiéme côté, &
les deux autres angles d'un triangle , dépendent
des deux côtés & de l'angle compris.

Ce que
c'eft qu'ef-
fence , &
en quoi el-
le confifte.

§. 38.

§. 3 8. Lorfque l'on veut concevoir comment un Etre eft poffible, ce n'eft point les détermi-nations variables qu'il faut confidérer, car ces déterminations fubfiftant tantôt, & tantòt ne fubfiftant plus, elles ne peuvent point entrer dans le nombre de celles qui conftituent un, Etre, puifque cet Etre peut fubfifter malgré leurs variations.

On ne peut point non plus pofer, pour con-cevoir cet Etre, les déterminations conftantes qui découlent, & font elles - mêmes détermi-nées par d'autres déterminations qui les préce-dent ; car on veut fçavoir ici comment l'Etre eft poffible, & ce qui le rend poffible : il faut donc affembler les déterminations de cet Être qui ne fe repugnent point l'une à l'autre, & qui ne font point des fuites néceffaires d'autres dé-terminations antécedentes, comme font, par exemple, dans un triangle, les deux côtés & l'angle compris ; car comme le troifiéme côté & les deux autres angles ne font poffibles, qu'autant que les deux côtés & l'angle compris font pofés, il faut pofer les deux côtés & cet angle avant le troifiéme côté, & les deux autres angles : ainfi, les déterminations primordiales font celles qui conftituent l'effence d'un Etre.

Puifque c'eft par fon effence qu'un Etre de-vient poffible, quand on veut connoître la pof-fibilité d'un Etre, il faut connoître fon effen-ce, c'eft-à-dire, la maniere dont cet Etre peut être produit : ainfi, l'effence eft la premiere chofe

chofe que l'on puiffe concevoir dans un Etre;
& aucun Etre ne fçauroit fubfifter fans effence.

§. 39. Tout ce qui fe déduit de l'effence
appartient conftamment à l'Etre, & c'eft ce
qu'on appelle, *attribut* ou *propriété*. Tout ce
qui repugne à l'effence d'un Etre, c'eft-à-dire,
à fes déterminations primordiales & effentielles, ne fçauroit fe trouver dans cet Etre, mais
tout ce qui n'eft point contradictoire à ces déterminations peut s'y trouver, quoiqu'il ne s'y
trouve pas toujours ; & c'eft là l'origine des
attributs, & des proprietés variables, ou des
modes. Il répugne, par exemple, à l'effence
d'un triangle d'avoir quatre côtés, parce que
l'effence du triangle exclut le quatriéme côté ;
mais il ne repugne point à cette effence que
le triangle foit partagé en deux par une ligne
tirée du fommet fur la bafe.

Les at-
tributs ou
proprietés
découlent
de l'effen-
ce.

Tout ce qui fe trouve dans un Etre doit
donc fe rapporter ou aux proprietés effentielles & primordiales, ou aux attributs, ou aux
modes. Ainfi, les proprietés effentielles & primordiales, ou l'effence d'un triangle font
deux côtés & l'angle compris : fes attributs font
un côté & deux angles ; & fes modes font d'être
infcrit, circonfcrit, &c.

§. 40. Les proprietés primordiales & les attributs font conftamment dans l'Etre, & ne l'a-
bandonnent

bandonnent jamais ; mais les modes peuvent s'y trouver, & ne s'y trouver pas : & il n'y a que leur poſſibilité de néceſſaire, & d'invariable.

§. 41. Il n'y a point de raiſon primitive & intrinſeque pour que les déterminations eſſentielles d'un Etre ſe trouvent dans cet Etre, car ces déterminations étant ce que l'on peut concevoir de premier dans l'Etre, on y peut concevoir quelqu'autre choſe d'anterieur d'où les déterminations premieres dépendent elles-mêmes : ainſi, par exemple, il y a une raiſon premiere & interne pourquoi le triangle équilateral a ſes trois angles égaux ; mais il n'y en a point pourquoi ſes trois côtés ſont égaux. Car ces trois côtés égaux ſont ce que l'on prend pour démontrer l'égalité des trois angles : car un triangle eſt déterminable de pluſieurs façons ; il peut être équilateral, ou ſcalene ; mais c'eſt moi qui le détermine à être équila-

Différence entre déterminations eſſentielles & attributs.

teral ; en faiſant ſes trois côtés égaux. Il en eſt des déterminations eſſentielles d'un Etre, comme des données d'un problême, qui ſont des déterminations ſimplement poſſibles, qui ne ſe contrediſent & ne s'entredétruiſent point ; & qui font naître par leur combinaiſon quelque nouvelle détermination qu'on doit chercher. Si ces premieres déterminations qu'on nomme les *déterminantes*, avoient une raiſon intrinſeque pourquoi elles ſont enſemble, le

problême

problême seroit plus que déterminé ; pour Planche 1e.
trouver, par exemple, le quatriéme côté L.
d'un trapefe, on donneroit plus de détermina- Fig. 5. Num. 2.
tions qu'il n'en faut pour la folution du problême, en donnant les trois côtés A. B. C. &
les trois angles *o. u. r.* puifque les trois côtés
A. B. C. avec les deux angles *o.* & *u.* fuffifent
pour déterminer tout ce qui convient à ce trapefe, & le troifiéme angle *r.* étant déja déterminé lui-même par ces données, il ne doit
point entrer dans le nombre des déterminantes :
car ces données n'ont point de déterminations
intrinfeques, & leur grandeur peut varier, &
être telle que celui qui donne le problême le
juge à propos ; mais l'angle *r.* eft déterminé par
les trois côtés A. B. C. & les deux angles *o.*
& *u.* & fa grandeur ne fçauroit varier.

§. 42. Il eft évident par-là que les proprietés ou attributs, ont leur raifon fuffifante dans
les déterminations effentielles ; car puifque ces
effentielles étant pofées, les proprietés le font
aufli, on peut comprendre par la nature des
déterminations effentielles pourquoi les attributs ou propriétés, font plutôt telles, que tout
autrement. Ainfi, on voit que la grandeur des
angles *r.* & *s.* & du côté L. du trapefe A. B. Fig. 5. Num. 2.
C. L. découle de la grandeur des trois autres
côtés, & des deux autres angles qui font les
déterminations effentielles du trapefe A. B. C.
& qui font fon effence ; & ces effentielles déterminantes

terminantes variant, les attributs ou proprietés varient auſſi néceſſairement : elles ſont les
inconnuës d'un problême, qui doivent avoir
leur raiſon ſuffiſante dans les données, puiſque
ſans cela il ſeroit impoſſible de reſoudre le problême, & de les déterminer

Ce qu'on
appelle
modes.

§. 43. Les modes ſont la limitation du ſujet
dont ils ſont les modes : tout ce qui ne repugne point aux déterminations eſſentielles, quoique les eſſentielles ne le déterminent point,
eſt un *mode* : ainſi, l'on peut comprendre par
ces eſſentielles, pourquoi un mode eſt poſſible,
mais non pas pourquoi il devient actuel ; car
ſi les déterminations eſſentielles contenoient la
raiſon de l'actualité des modes, les modes deviendroient des attributs, puiſqu'il ſeroit impoſſible qu'ils ne ſe trouvaſſent pas dans l'Etre.

*Leur poſ-
ſibilité dé-
coule de
l'eſſence,
mais non
de leur ac-
tualité.*

§. 44. Ainſi la ſimple poſſibilité des modes re-
connoit ſa raiſon ſuffiſante dans l'eſſence ; mais
leur actualité dépend, ou d'autres modes antécedens, ou d'Etres extérieurs ; ou de l'un
& de l'autre à la fois.

Les attributs ne peuvent pas non plus contenir la raiſon de l'actualité des modes, car ce
qui eſt fondé dans les attributs, eſt originai-
rement fondé dans l'eſſence, d'où les attributs
dépendent ; & ainſi les modes actuels ſeroient
néceſſaires & immuables comme les attributs
mêmes, ſi la raiſon de leur actualité ſe trouvoit
dans

dans les attributs : or puifque cette raifon ne fe peut trouver dans l'effence ni dans les attributs d'un Etre, fi elle fe trouve dans l'Etre même, il faut qu'elle foit fondée dans les modes antécédens ; car un Etre n'a que fon effence, fes attributs, & fes modes : fi elle n'eft pas dans l'Etre même, il faut qu'elle fe trouve dans les Etres extérieurs, & fi une partie feulement de cette raifon fe trouve dans l'Etre, il faut que le refte fe trouve dans les Etres extérieurs, pour que la raifon de l'actualité des modes devienne fuffifante.

Un exemple éclaircira tout ceci, la pofition donnée des parties d'un Horloge, par exemple, ne dépend point de fon effence, parce qu'elle peut changer ; la poffibilité de cette pofition dérive feulement de l'effence : mais fon actualité vient de la pofition précédente ; & fi un agent extérieur faifoit tourner les roues de cet Horloge, l'actualité de la nouvelle pofition que fes parties acquerroient, dependroit en partie de cet Etre extérieur, qui applique fa force à faire remuer les roues, & en partie de la pofition précédente, dans laquelle il a trouvé les roues de cet Horloge avant de les faire tourner.

Les mouvemens du Corps humain peuvent encore fervir d'exemple ; car tous les mouvemens que je puis faire avec mon bras font poffibles par mon effence ; mais l'actualité d'un mouvement quelconque, dépend en partie des
objets

objets extérieurs qui m'y déterminent, & en partie de la situation antécédente de mon bras.

§. 45. Comme l'essence consiste dans la-non répugnance de l'assemblage de plusieurs déterminations pour faire un seul Etre, on voit que la possibilité des essences actuelles est nécessaire, & qu'il implique contradiction, qu'il y ait eû un tems où une essence qui est possible à présent, ait été impossible, parce qu'il faudroit pour cela qu'une chose pût être possible & impossible, en même tems. L'essence d'un triangle, par exemple, consiste en ce qu'il ne repugne point que trois Lignes données, dont deux prises ensemble sont plus grandes que la troisiéme, renferment une espace, & l'on ne peut jamais concevoir que cela devienne impossible, sans admettre que les mêmes déterminations pussent se repugner, & ne se point repugner en même tems.

Ces essences sont nécessaires.

§. 46. De même que les essences sont possibles de toute éternité, elles sont invariables : car si on substituë à la place d'une des déterminations qui constituent l'essence d'un Etre, une autre détermination qui puisse subsister avec les autres, (car sans cela cette substitution de détermination ne pourroit avoir lieu) on aura un Etre nouveau ; mais le premier n'aura pas été changé pour cela dans sa possibilité, ni dans son essence. Ansi, par exemple, si à la place

Elles sont invariables comme les nombres.

d'un

d'un des côtés d'un triangle, on en met deux autres, on ne détruit ni on ne change pas pour
cela l'effence du triangle; mais on fait une Figure à quatre côtés, c'eft-à-dire, un Etre d'une
nouvelle efpéce.

Ainfi, les Schólaftiques avoient raifon de
dire que les effences font comme les Nombres:
rien n'eft plus jufte que cette comparaifon, qui
même eft une efpece de démonftration qui
éclaircit merveilleufement cette doctrine des
effences; car, pour faire un nombre, on combi-
ne quelques unités, dont la combinaifon n'eft
point néceffaire, mais feulement poffible : or
fi vous ôtez une de ces unités, ou que vous
leur en ajoutiez une, vous aurez un autre nombre; ainfi rien ne peut être ôté, ni ajoûté à un
nombre, *falvo Numero*, fans la deftruction de
ce nombre. Il en eft de même des effences;
quelques déterminations qui ne font point néceffairement enfemble, mais qui ne fe repugnent point, conftituënt l'effence; & quoique
vous en ôtiez ou y ajoûtiez, l'effence ne demeure plus la même, ce n'eft plus le même
Etre; mais il en nait l'effence d'un autre Etre
très-différent du premier.

§. 47. Il fuit encore de ce qu'on a dit fur
le fondement des attributs, qu'ils font incommunicables : car ayant leur raifon fuffifante dans
l'effence, il eft impoffible de les tranfporter
ailleurs; & il ne peut fe trouver d'attributs dans

Les attri-
buts font
incommu-
nicables.

Tome I. 𝕏 E un

un fujet que ceux qui découlent de fon eſſence.
Ce qui finit cette diſpute ſi fameuſe parmi les
Philoſophes, ſi Dieu a pû donner la penſée à
la matiere ou non ; car il ſuit néceſſairement
de la Doctrine des eſſences, qu'il ne peut y avoir
de propriétés dans un ſujet que celles qui naiſſent de ſon eſſence, c'eſt-à-dire, de la Combinaiſon de ſes déterminations eſſentielles & invariables. Tous les Philoſophes avouent que
la matiére, en tant que matiére, c'eſt-à-dire,
en tant qu'étenduë & impénétrable ne peut former une penſée ; mais ils diſent, *que Dieu a
peut-être donné à la matiére l'attribut de la penſée, quoiqu'elle ne l'ait point par ſon eſſence, &
qu'ainſi, comme on ne ſait point ce qu'il a plû à
Dieu de faire, on ne peut ſavoir non plus ſi ce
qui penſe en nous eſt matiére ou non.* Puiſqu'ils
avouent que la penſée n'eſt point fondée
dans l'eſſence de la matiére, & qu'elle n'eſt
point un attribut de la matiére, elle ne peut
pas non plus lui avoir été communiquée, puiſque
par la Doctrine des eſſences, les attributs ſont
incommunicables, & qu'ils doivent tous avoir
leur fondement dans l'eſſence : il eſt donc impoſſible que la penſée puiſſe être un attribut de
la matiére.

D'où il ſuit que la penſée ne peut-être l'attribut de la ma-tiére.

Locke de l'Entende-ment Humain.

§. 48. J'ai dit dans le Chapitre précédent
(§. 30.) que l'entendement de Dieu étoit la
ſource des poſſibles, mais comme cette matiére eſt de la derniére importance dans la Phyſique

fique, je crois néceffaire de l'éclaircir ici.

L'entendement Divin eft la fource de tout ce qui eft poffible, parce que toutes les chofes pof-fibles avec toutes leurs déterminations poffibles y font contenues, mais les effences des chofes, c'eft à-dire, les premieres déterminations, par la combinaifon defquelles elles deviennent poffi-bles, & dont toutes leurs propriétés découlent, ont leur fondement dans le principe de contradic-tion, & font poffibles, parce qu'il n'implique point contradiction que de telles ou telles dé-terminations puiffent être affemblées d'une telle, ou d'une telle maniére. Ainfi l'effence d'un Cer-cle confifte dans une Ligne dont tous les points font également éloignés d'un autre point qu'on nomme centre: or il n'implique point contra-diction qu'une Ligne puille être tournée autour d'un point fixe pour décrire un Cercle, & il eft impoffible de concevoir que cela ait jamais im-pliqué contradiction. Ainfi, les effences des chofes ne font point arbitraires, & ne dépen-dent point de Dieu : car fi les chofes n'étoient poffibles que parce que Dieu l'a voulu ainfi, el-les deviendroient impoffibles s'il le vouloit au-trement, c'eft-à-dire, que tout feroit poffible & impoffible en même temps, ce qui eft une con-tradiction dans les termes : ainfi dire que les ef-fences ne dépendent pas de Dieu, c'eft dire fimplement que Dieu ne peut pas les contradic-toires, ce qui n'eft pas une négation de puiffance.

De quelle maniere l'entende-ment Di-vin eft la fource des poffibles.

Les effen-ces, c'eft-à-dire, la poffibilité des chofes, ne dépend point de la volonté de Dieu.

E 2.   §.

Abſurdité inſéparable de l'opinion qui fait les eſſences des choſes arbitraires.

Si l'on accordoit que les eſſences des choſes dépendiſſent de la volonté de Dieu, il s'enſuivroit encore une autre contradiction bien palpable; car l'entendement de Dieu conſiſtant dans la repréſentation des poſſibles, ſi la poſſibilité des choſes dépendoit de ſa volonté, il faudroit dire que Dieu a été ſans entendement, pendant que ſa volonté étoit occupée à créer des poſſibles : or il n'y auroit point eu alors de raiſon pour laquelle il eût pû ſe déterminer à accorder la poſſibilité à certaines choſes plûtôt qu'à d'autres, puiſqu'il ne les connoiſſoit pas. Ainſi, c'eſt comme ſi l'on diſoit que l'entendement ou la repréſentation des choſes étoit en Dieu, avant l'entendement & la repréſentation des choſes, ce qui eſt une contradiction dans les termes.

§. 49. Quoique l'eſſence des choſes ne dépende pas de Dieu, cependant il ne s'enſuit pas qu'il y ait rien hors de lui; car les idées qui repréſentent la poſſibilité des choſes ſont eſſentielles à Dieu, & ſon entendement contient tout ce qui eſt poſſible, & tout ce qui ne s'y trouve point eſt impoſſible. Ainſi, l'entendement Divin eſt la région éternelle des vérités, & la ſource des poſſibilités, de même que ſa volonté eſt la ſource de l'actualité & de l'éxiſtence.

On doit donc dire que l'actualité des choſes dépend de la volonté de Dieu, car ayant donné l'éxiſtence l'éxiſtence à ce Monde plûtôt qu'à tout autre Monde poſſible, le Monde éxiſte, parce que Dieu l'a voulu, & un autre éxiſteroit s'il l'avoit voulu autrement; mais la poſſibilité des choſes a ſa ſource dans l'entendement de Dieu qui a conçû néceſſairement tout ce qui eſt poſſible de toute éternité, mais non pas dans ſa volonté qui ne peut ſe déterminer que conſéquemment à ce que ſon entendement ſe repréſente. Ainſi, on ne doit rien admettre comme vrai en Phi-loſophie, quand on ne peut donner d'autre rai-ſon de ſa poſſibilité que la volonté de Dieu, car cette volonté ne fait point comprendre com-ment une choſe eſt poſſible. Ainſi, on ne peut concevoir comment un auſſi grand homme que Deſcartes a pû penſer que les eſſences étoient arbitraires, puiſque cette opinion eſt entiere-ment renverſée par le principe de contradiction, que lui-même avoit poſé dans le commence-ment de ſa Philoſophie.

§. 50. Ainſi quand il eſt queſtion d'admettre quelques propriétés dans un Etre, il faut voir ſi cette propriété découle de ſon eſſence, c'eſt-à-dire, des déterminations primordiales qui le rendent poſſible; car en tant qu'un Etre eſt conſidéré ſeul, il faut montrer ſa poſſibilité in-trinſeque par le principe de contradiction, & ſa poſſibilité externe, ou ſon actualité par le principe de la raiſon ſuffiſante & de là déduire les attributs de cet Etre, & les modes dont

L'actualité des choſes dépend de la volonté de Dieu.

Comment on doit juger quelles propriétés appartien-nent à un Etre.

E 3 il

il eſt ſuſceptible. Et quand on conſidere cet Etre comme placé dans la ſuite des choſes, & lié avec les autres Etres qui l'environnent; il faut montrer comment un Etre dépend de ſon voiſin, & quelles cauſes ont donné l'actualité aux modes qui étoient ſimplement poſſibles, lorſque l'Etre étoit conſideré comme iſolé & hors de la ſuite des choſes: c'eſt de cette maniére que Dieu a exécuté ſa volonté, & que l'on doit chercher à rendre raiſon des choſes dans la Philoſophie.

Cette ſeule vérité de l'immuabilité des eſſences, bannit tout d'un coup de la Philoſophie toutes les hipotheſes précaires, & tous les monſtres ſortis de l'imagination des hommes, qui ont tant retardé le progrès des Sciences & de l'eſprit humain: telles ſont les forces primitives des Scholaſtiques qui ſe trouvoient dans la matiére, ſans autre raiſon que la volonté de Dieu: telle ſeroit l'attraction ſi on en vouloit faire une propriété inhérente de la matiére: telle eſt enfin, comme je l'ai dit ci-deſſus, (§. 47.) l'idée du célébre Locke ſur la poſſibilité de la matiére penſante.

De la Subſtance.

§. 51. On peut expliquer par ce principe de l'immutabilité des eſſences, ce que c'eſt que Subſtance dont tout le monde parle, & dont perſonne n'a encore donné une bonne définition.

Les Scholaſtiques définiſſoient la Subſtance, *Ens quod per ſe ſubſiſtit & ſuſtinet accidentia,* c'eſt-à-dire,

DE PHYSIQUE. Ch. III. 71

c'eſt-à-dire , *un Etre qui ſubſiſte par lui-même & eſt le ſoutien des accidens* : mais quand on veut ſçavoir ce que c'eſt que *ſubſiſter par ſoi-même , ſoutenir des accidens, & la maniere dont ils ſont ſoutenus* , on ne reçoit pour toute ré-ponſe que de nouveaux mots à définir, & auſ-quels aucune idée diſtincte n'eſt attachée.

Défini-
tion de la
Subſtance
par les
Scholaſti-
ques.

Deſcartes n'a pas été plus loin que les Scho-laſtiques ſur ce ſujet, car il définit la Subſtance, *un Etre qui éxiſte tellement qu'il n'a beſoin d'au-cun autre Etre pour ſon éxiſtence* : or on voit bien que cela revient au *per ſe ſubſiſtere* des Scho-laſtiques, & que de plus, ſi on prend cette dé-finition à la rigueur, il n'y aura que Dieu qui ſoit une véritable Subſtance, puiſque toutes les Créatures ſubſiſtent par lui & que lui ſeul ſub-ſiſte par lui-même.

Idée de
M. Locke
ſur la Sub-
ſtance.

M. Locke lui-même s'arrête à la notion ima-ginaire de la Subſtance, telle que les ſens & l'imagination la donnent au vulgaire, il dit : *que la Subſtance n'eſt autre choſe qu'un ſujet que nous ne connoiſſons pas, & que nous ſuppo-ſons être le ſoutien des qualités dont nous dé-couvrons l'éxiſtence, & que nous ne croyons pas pouvoir ſubſiſter, ſine re ſubſtante, ſans quel-que choſe qui les ſoutienne, & que nous donnons à ce ſoutien le nom de Subſtance qui, rendu net-tement en François veut dire, ce qui eſt deſſous, ou ce qui ſoutient.* On voit aiſément que cette notion de la Subſtance eſt entierement con-fuſe, comme M. Locke l'avoue lui - même,

Locke liv.
2. ch. 23.

E 4 &

& qu'elle n'eſt autre choſe qu'une eſpéce de comparaiſon qui a quelque reſſemblance avec la notion véritable.

D'autres Philoſophes ont nié la diſtinction entre Modes & Subſtances, croyant que tout ce qui appartient à l'Etre étoit également néceſſaire, & que les Modes devenoient des Subſtances, & les Subſtances des Accidens ſelon qu'on les conſidéroit, confondant ainſi les ſubſtantifs de la Grammaire qui ſont des Subſtances par fiction, avec les véritables Subſtances de la Nature. Ainſi, quand je dis *blanc*, j'exprime un mode; mais j'en fais une Subſtance par fiction, quand je dis *blancheur*, quoique la blancheur ne puiſſe jamais être une véritable Subſtance.

§. 52. On a vû ci deſſus (§. 36.) que chaque Etre a des déterminations conſtantes, qui demeurent toujours les mêmes pendant que l'Etre ſubſiſte, & des déterminations variables qui changent pendant que les autres durent. Nous avons vû de plus, que les attributs découlent néceſſairement des déterminations eſſentielles, ainſique la poſſibilité des modes, dont l'actualité ſeule eſt variable (§. 39. & 43.) Or il ſuit de-là, que les déterminations eſſentielles ſont le ſoutien de l'Etre, où ce *ſubſtratum*, qui a tant embarraſſé les Philoſophes ; car les déterminations eſſentielles étant ôtées, les attributs tombent comme en ruine, de même que les modes, & alors l'Etre n'éxiſte plus, n'eſt plus lui.

Véritable notion de la Subſtance.

Ainſi

Ainſi, l'eſſence eſt la ſource des attributs & de la poſſibilité des modes, ainſi elle eſt comme le ſupport & le ſoutien de tout ce qui peut convenir à l'Etre; & l'on peut définir la Subſtance, *ce qui conſerve des déterminations eſſentielles & des attributs conſtans, pendant que les modes y varient & ſe ſuccedent*; c'eſt-à-dire, un ſujet durable & modifiable : car en tant qu'il a une eſſence & des propriétés qui en découlent, il dure & continuë d'être le même, & en tart que ſes modes varient, il eſt modifiable: mais un Etre qui n'eſt point modifiable eſt un accident, comme le blanc, par exemple; car la moindre modification de cette couleur la change en une autre, & elle ne peut être modifiée ſans être changée.

Tout Etre durable & modifiable eſt une Subſtance.

CHAPITRE

CHAPITRE IV.

Des Hipotheses

§. 53.

LE s véritables caufes des effets naturels & des Phénomenes que nous obfervons, font fouvent fi éloignées des
principes fur lefquels nous pouvons
nous appuyer, & des Expériences que nous
pouvons faire, qu'on eft obligé de fe contenter de raifons probables pour les expliquer :
les probabilités ne font donc point à rejetter
dans les fciences, non feulement parce qu'elles font fouvent d'un grand ufage dans la pratique, mais encore parce qu'elles frayent le
chemin qui méne à la verité.

Utilité des probabilités dans la Phyfi-que.

§. 54.

§. 54. Il faut un commencement dans toutes les recherches , & ce commencement doit
prefque toujours être une tentative très-impar-
faite, & fouvent fans fuccès. Il y a des verités
inconnuës comme des pays , dont on ne peut
trouver la bonne route qu'après avoir effayé de
toutes les autres. Ainfi, il faut néceffairement
que quelques-uns rifquent de s'égarer , pour
marquer le bon chemin aux autres : ce feroit
donc faire un grand tort aux fciences , & retarder infiniment leurs progrès que d'en bannir
avec quelques Philofophes modernes , les hipothefes .

Utilité des hipothefes.

§. 55. Defcartes qui avoit établi une bonne
partie de fa Philofophie fur des hipothefes, parce
qu'il étoit prefqu'impoffible de faire autrement
dans fon tems , mit tout le Monde fçavant dans
le goût des hipothefes ; & l'on ne fut pas long-
tems fans tomber dans celui des fictions. Ainfi , les livres de Philofophie qui devoient être
un recueil de verités , furent remplis de fables,
& de rêveries.

Abus des hipothefes par les difciples de M. Defcartes.

M. Newton, & furtout fes difciples , ont
tombé dans l'excès contraire : dégoutés des
fuppofitions , & des erreurs dont ils trouvoient
les livres de Philofophie remplis , ils fe font
elevés contre les hipothefes , & ont tâché de
les rendre fufpectes & ridicules, en les appel-
lant, *le poifon de la raifon* , & *la pefte de la Philofophie.* Cependant, celui-là feul qui feroit en
état

Les difciples de M. Newton font tom-bés dans le défaut con-traire.

état d'affigner & de démontrer les caufes de
tout ce que nous voyons, feroit en droit de
bannir entierement les hipothefes de la Phyfique; mais pour nous autres, qui ne femblons
pas faits pour de telles connoiffances, & qui ne
pouvons fouvent arriver à la verité qu'en nous
traînant de vraifemblance en vraifemblance, il
ne nous appartient pas de prononcer fi hardi-
ment contre les hipothefes.

§. 56. Lorfque l'on prend certaines chofes pour
rendre raifon de ce qu'on obferve, & que l'on
n'eft pas encore en état de démontrer la verité
de ces chofes que l'on a fuppofées, on fait une
hipothefe. Ainfi, les Philofophes établiffent
des hipothefes pour expliquer par leur moyen
les Phénomenes dont nous ne fommes point
en état de découvrir la caufe par l'Expérience,
ni par la démonftration.

Comment en fait une hipothefe.

§. 57. Pour peu qu'on fe rende attentif à la façon dont les plus fublimes découvertes ont été
faites, on verra que l'on n'y eft parvenu qu'après
avoir fait bien des hipothefes inutiles, & ne
s'être point rebuté par la longueur & l'inutilité
de ce travail; car les hipothefes font fouvent
le feul moyen de découvrir des verités nouvelles qui foit à notre portée; il eft vrai que le
moyen eft lent, & demande un travail d'autant plus pénible, que l'on eft longtemps fans
pouvoir s'affurer s'il fera utile ou infructueux:

Les hipothefes font le fil qui nous a con- duit aux plus fubli- mes dé- couvertes.

de

de même que lorfque l'on fait une route in-
connuë, & que l'on trouve plufieurs chemins,
ce n'eft qu'après avoir marché long-temps, que
l'on peut s'affûrer fi l'on a pris la bonne route,
ou fi l'on s'eft égaré : mais fi l'incertitude dans
laquelle on eft, lequel de ces chemins eft le
bon, étoit une raifon pour n'en prendre aucun,
il eft certain qu'on n'arriveroit jamais; au lieu que
lorfqu'on a le courage de fe mettre en chemin,
on ne peut douter que de trois chemins, dont
deux nous ont égaré, le troifiéme nous conduira infailliblement au but.

C'eft de cette maniere que l'Aftronomie a
été portée au point où nous l'admirons aujour-
d'hui ; car fi l'on avoit voulu attendre pour cal-
culer le cours des Aftres, que l'on eût trouvé la
véritable théorie des Planetes, nous ferions
actuellement fans Aftronomie.

La premiere idée de ceux qui fe font appli-
qués à cette fcience, auffi bien que celle de
tous les hommes, a dû être que le Soleil &
tous les Aftres tournoient autour de la Terre en
vingt-quatre heures. On commença donc à
expliquer, & à prédire les Phénomenes par
cette hipothefe que l'on a appellé l'*hipothefe de
Ptolomée*, jufqu'à ce que les difficultes infurmontables des conféquences que l'on en tiroit,
comparées avec les obfervations, & l'impoffibilité de conftruire felon cette hipothefe des
tables qui fuffent d'accord avec les Phénomenes du Ciel, porterent Copernic à l'abandon-

Sans hi-
pothefe on
auroit fait
peu de dé-
couvertes
dans l'Af-
tronomie.

C'eft à eL.
les que l'on
doit le vé-
ritable fyf-
téme du
Monde.

ner

ner entierement, & à s'attacher à l'hipothefe
contraire ; laquelle fe trouve tellement d'accord avec les Phénomenes, que fa certitude
n'eft pas loin à préfent de la démonftration ;
& qu'il n'y a aucun Aftronome qui ofe adop-
ter celle de Ptolomée.

§. 58. Les hipothefes doivent donc trouver
place dans les fciences, puifqu'elles font propres
à nous faire découvrir la verité, & à nous donner de nouvelles vûës ; car une hipothefe étant
une fois pofée, on fait fouvent des expériences pour s'affûrer fi elle eft la bonne, dont on
ne fe feroit jamais avifé fans cela. Si l'on trouve
que ces expériences la confirment, & que non
feulement elle rende raifon du Phénomene
qu'on s'étoit propofé d'expliquer par fon moyen,
mais encore que toutes les conféquences qu'on
en tire s'accordent avec les obfervations, la probabilité croît à un tel point, que nous ne pouvons lui refufer notre affentiment, & qu'elle
équivaut prefque à une démonftration.

L'exemple des Aftronomes peut encore fervir merveilleufement à éclaircir cette matière ;
car on eft venu à déterminer les véritables orbites des Planetes, en fuppofant d'abord qu'elles faifoient leurs révolutions dans des cercles
dont le Soleil occupoit le centre : mais la
variation de leur vîteffe & leurs diametres ap-
parens étant contradictoires à cette hipothefe ;
on fuppofa qu'elles fe mouvoient dans des cercles

Elles don-
nent fou-
vent l'idée
de faire de
nouvelles
experien-
ces très-u-
tiles.

cles excentriques , c'est-à-dire dans des cercles dont le Soleil n'occupoit point le centre. Cette supposition qui satisfaisoit assez bien aux mouvemens de la Terre , s'éloignoit beaucoup de ce que l'on observe de la Planete de Mars ; & pour y remedier , on chercha à faire une nouvelle correction à la courbe que les Planetes décrivent dans leur révolution annuelle. Cette façon de proceder réussit si bien , qu'enfin Kepler allant de supposition en supposition, trouva leur véritable orbite, qui satisfait admirablement à toutes les apparences , & cet orbite est une Ellipse dont le Soleil occupe un des foyers.

C'est par le moyen de cette hipothese de l'Ellipticité des orbites que Képler parvint à découvrir la proportionnalité des aires & des tems, & celle des tems & des distances ; & ce sont ces deux fameux théorêmes , qu'on appelle les *Analogies de Képler*, qui ont mis M. Newton à portée de démontrer que la supposition de l'Ellipticité des orbes des Planetes s'accorde avec les loix de la Méchanique , & d'assigner la proportion des forces qui dirigent les mouvemens des Corps Célestes.

Il est donc évident que c'est aux hipotheses successivement faites & corrigées que nous sommes redevables des belles & sublimes connoissances dont l'Astronomie & les sciences qui en dépendent sont à présent remplies ; & l'on ne voit point comment il auroit été possible

aux

aux hommes d'y parvenir par un autre moyen.

C'eſt par ce même moyen que nous ſçavons aujourd'hui que Saturne eſt entouré d'un anneau qui réfléchit la lumiere , & qui eſt ſéparé du corps de la Planete , & incliné à l'Ecliptique : car M. Hughens qui l'a découvert le premier, ne l'a point obſervé tel que les Aſtronomes le décrivent à préſent ; mais il en obſerva pluſieurs phaſes , qui ne reſſembloient quelquefois à rien moins qu'à un anneau ; & comparant enſuite les changemens ſucceſſifs de ces phaſes , & toutes les obſervations qu'il en avoit faites , il chercha une hipotheſe qui pût y ſatisfaire , & rendre raiſon de ces différentes apparences. Celle d'un anneau réuſſit ſi bien , que par ſon moyen , non ſeulement on rend raiſon des apparences, mais on prédit encore, les phaſes de cet anneau avec préciſion.

Cet accord entre l'hipotheſe & les obſervations ont enfin converti cette ſuppoſition de M. Hughens en certitude ; & l'on ne doute plus à préſent que cet anneau ne ſoit très-réel : ainſi , les hipotheſes nous ont valu cette belle découverte de l'anneau de Saturne.

On peut en dire autant de l'ingénieuſe explication que le même M. Hughens a donné des Halos, c'eſt-à-dire, de ces eſpeces de couronnes colorées qui paroiſſent quelquefois autour des Aſtres. Perſonne avant lui n'avoit imaginé quelle pouvoit être la cauſe de ces Phénomenes ; mais M. Hughens, après pluſieurs

ſuppoſitions

C'eſt par le moyen des hipotheſes que M. Hughens a découvert que Saturne étoit entouré d'un anneau.

fuppofitions inutiles, trouva enfin qu'en fuppofant dans l'air des grains de grêle glacés avec
un noyau de neige au milieu, on pouvoit rendre raifon de toutes les circonftances qui accompagnent ces Phénomenes ; & perfonne ne
s'eft avifé de révoquer cette explication de M.
Hughens en doute.

§. 59. Il en eft de même dans les nombres :
la divifion, par exemple, n'eft fondée que fur
des hipothefes, & fans hipothefe, vous ne
pourriez divifer ; car lorfque vous commencez
la divifion, vous fuppofez que le divifeur eft
contenu dans le dividende autant de fois que
le premier chifre du divifeur eft contenu dans
le premier chifre, ou dans les deux premiers
chifres du dividende ; & alors vous vérifiez cette fuppofition en multipliant le divifeur par le
quotient, & en foûtrayant du dividende le
produit de cette multiplication. Si vous trou-
vez que cette fouftraction ne peut point fe faire, vous concluez que vous avez trop mis au
quotient ; & alors vous le corrigez. Ainfi, toute cette operation fe fait par le moyen des hipothefes.

*La divi-
fion n'eft
fondée que
fur des hi-
pothefes,*

§. 60. Il eft donc permis, & il eft même
très-utile de faire des hipothefes dans tous les
cas, où nous ne pouvons point découvrir la véritable raifon d'un Phénomene & des circonftances qui l'accompagnent, ni *à priori*, par le

*Les hipo-
theles font
non feule-
ment très-
utiles, mais
même
quelque-
foistrès-né-
cefaires.*

moyen des vérités que nous connoissons déja ;
ni *à posteriori*, par le secours des Experiences.

Comment
il faut se
conduire,
quand on
fait une hi-
pothese.

§. 61. Il y a sans doute des regles à suivre ;
& des écueils à éviter dans les hipotheses. La
premiere de toutes est, qu'elle ne soit point en
contradiction avec le principe de la raison suffisante, ni avec aucun de ceux qui servent de
fondement à nos connoissances. La seconde regle est de se bien assûrer des faits qui sont à notre portée, & de connoître toutes les circonstances qui accompagnent le Phénomene que nous
voulons expliquer. Ce soin doit préceder toute hipothese inventée pour en rendre raison ;
car celui qui hazarderoit une hipothese sans
cette précaution, coureroit le risque de voir
renverser son explication par des faits nouveaux dont il avoit négligé de s'instruire ; c'est
ce qui seroit arrivé à celui qui auroit voulu
rendre raison de l'Electricité, après avoir vû
seulement que la cire d'Espagne, frottée avec
force, attire des brins de papier : car il lui étoit
facile de faire sur les autres corps ce qu'il faisoit sur la cire d'Espagne ; & en les frottant de
même, ils auroient été aussi électrisés. Ainsi,
l'explication de l'électricité de la cire d'Espagne
seule eût été insuffisante & précipitée.

Mais lorsque l'on peut se flatter de connoître le plus grand nombre des circonstances qui
accompagnent un Phénomene, alors on peut

en chercher la raison par des hipotheses, au hazard sans doute de se corriger, & d'être corrigé bien souvent : mais ces efforts que l'on fait pour trouver la vérité sont toujours glorieux, quand même ils seroient sans fruit.

§. 62. Les hipotheses n'étant faites que pour découvrir la vérité, on ne les doit point faire passer pour la vérité elle-même, avant d'en pouvoir donner des preuves incontestables. Il est donc très-important pour le progrès des sciences, de ne point se faire illusion à soi-même & aux autres sur les hipotheses que l'on a inventées, mais il faut estimer le degré de probabilité qui s'y trouve, & n'en jamais imposer par des détours & un air de démonstration, qui n'a que trop souvent fait prendre le change aux personnes qui cherchent à s'instruire.

Avec cette précaution on ne coure point le danger de faire prendre pour certain ce qui ne l'est pas ; & l'on excite ceux qui nous suivent à corriger les défauts qui se trouvent dans nos hipotheses, & à suppléer ce qui leur manque pour les rendre certaines.

§. 63. La plûpart de ceux qui depuis Descartes, ont remplis leurs Ecrits d'hipotheses, pour expliquer des faits, que bien souvent ils ne connoissoient qu'imparfaitement, ont péché contre cette regle, & ont voulu faire passer leurs suppositions pour des vérités : & c'est

là en partie la fource du dégoût que l'on a pris
pour les hipothefes dans ce fiecle. Mais l'abus
d'une chofe utile ne lui ôte point fon utilité,
& ne doit point nous empécher d'en faire ufage, quand on le peut faire avec fruit.

§. 64. Une experience ne fuffit pas pour admettre une hipothefe, mais une feule fuffit
pour la rejetter lorfqu'elle lui eft contraire. Il
fuit, par exemple, de l'hipothefe, dans laquelle on fuppofe que le Soleil fe meut autour de
la Terre qui lui fert de centre, que les diametres du Soleil doivent être égaux dans tous
les tems de l'année; mais l'experience montre
qu'ils paroiffent inégaux. On peut donc conclure de cette obfervation, avec fûreté, que
l'hipothefe dont cette égalité eft une conféquence, eft fauffe; & que la Terre n'occupe
point le centre de l'orbe du Soleil.

Une feule experience contraire, fuffit pour rejetter une hipothefe.

§. 65. Une hipothefe peut être vraie dans
une de fes parties, & fauffe dans l'autre : alors
la partie qui fe trouve en contradiction avec
l'experience, doit être corrigée.

Mais il faut bien prendre garde de ne mettre dans la conclufion que ce qui doit y être;
& de ne point charger l'hipothefe entiere d'un
défaut qui ne tombe que fur l'une de fes parties. Par exemple, M. Defcartes a attribué la
chûte des Corps vers le centre de la Terre, à
un tourbillon de matiere fluide qui pouffe les
Corps

Une hi-pothefe peut être vraye dans une de fes parties & fauffe dans l'autre.

Corps vers ce centre par son tournoyement rapide autour de la Terre : mais M. Hughens a
fait voir par une experience inconteftable, que
felon cette fuppofition , les Corps devroient
être dirigés dans leur chûte perpendiculairement à l'axe de la Terre , & non pas à fon
centre : l'on peut donc conclure de là, qu'un
tourbillon de matiere fluide, tel que M Defcartes l'a conçû , ne fçauroit produire la chûte
des Corps vers le centre de la Terre ; mais on Preuve
tirée des
tourbillons
de Defcar-
tes.
fe précipiteroit trop, fi on en vouloit conclure
qu'aucune matiere fluide n'opere le Phénoméne de la chûte des Corps. Il en eft de même
des autres tourbillons, qui, felon M. Defcartes ,
emportent les Planetes autour du Soleil ; car
M. Newton a fait voir que cette fuppofition
ne s'accorde point avec les loix de Képler. On
en doit donc inferer que les mouvemens des
Planetes ne font point l'effet des tourbillons
de matiere fluide que M. Defcartes avoit fup-
pofés pour les expliquer : mais on ne peut
point en conclure légitimement , qu'aucun
tourbillon , ou plufieurs de ces tourbillons ,
conçûs d'une autre maniere, ne peuvent être la
caufe de ces mouvemens.

§. 66. Ainfi , quand on fait une hipothefe ,
on doit déduire toutes les conféquences qui
peuvent en être légitimement déduites, & les
comparer enfuite avec l'experience ; car s'il arrive que toutes ces conféquences foient confir-

F ₃   mées.

mées par les experiences, la probabilité acquiert
son plus haut degré : mais s'il y en a une seule
à laquelle elles soient contraires, on doit rejetter, ou l'hipothese entiere, si cette conséquence est une suite de l'hipothese entiere, ou
cette partie de l'hipothese dont elle est une suite nécessaire.

Les Astronomes nous donnent encore l'e-
xemple de cette regle ; car une infinité de
découvertes n'auroient point été faites dans
l'Astronomie, si l'on n'avoit point cherché à vérifier par l'experience les conséquences que l'on
tiroit des hipotheses. Il suit, par exemple, de
l'hipothese de Copernic, que si la distance d'u-
ne Etoile à la Terre a une raison comparable au
diametre de son orbite, la hauteur du pole &
des Etoiles Fixes doit varier dans les différens
tems de l'année. Le desir de verifier cette conséquence, a porté plusieurs Astronomes à faire
des observations sur cette Parallaxe annuelle,
ou hauteur des fixes ; entr'autres, M. Brad-
ley, entre les mains duquel cette conséquence
s'est non-seulement confirmée, mais a fait naître encore cette belle théorie de l'aberration
des Fixes, dont on ne se seroit jamais avisé
auparavant.

Défini-
tion des
hipotheses §. 67. Les hipotheses ne sont donc que des
propositions probables qui ont un plus grand ;
ou un moindre degré de certitude, selon qu'elles satisfont à un nombre plus ou moins grand
des

des circonſtances qui accompagnent le Phénomene que l'on veut expliquer par leur moyen; &
comme un très-grand degré de probabilité entraîne notre aſſentiment, & fait ſur nous prefque le même effet que la certitude, les hipotheſes deviennent enfin des verités, quand leur
probabilité augmente à un tel point, qu'on
peut la faire moralement paſſer pour une certitude : & c'eſt ce qui eſt arrivé au ſiſtême du
Monde de Copernic, & à celui de M. Hughens ſur l'anneau de Saturne

Ce qui
les rend
probables.

Une hipotheſe devient au contraire impro-
bable, à proportion qu'il s'y rencontre des circonſtances dont cette hipotheſe ne rend point
raiſon, comme dans l'hipotheſe de Ptolomée.

Ce qui
les infirme.

§. 68. Quand on fait une hipotheſe, on
doit avoir des raiſons pour préferer la ſuppoſition ſur laquelle elle eſt fondée, à toute autre
ſuppoſition ; car ſans cela on débite des chi-
meres, & des principes précaires qui n'ont aucun fondement.

§. 69. Il eſt donc néceſſaire, non-ſeulement
que tout ce qu'on ſuppoſe ſoit poſſible, mais
encore qu'il ſoit poſſible de la maniere qu'on
l'employe ; & que les Phénomenes en découlent néceſſairement, & ſans qu'on ſoit obligé
de faire des ſuppoſitions nouvelles : ſans cela,
la ſuppoſition ne merite pas le nom d'hipothe-

F 4   ſe ;

ſe ; car une hipotheſe eſt une ſuppoſition qui rend raiſon d'un Phénomene. Or quand elle n'en rend point raiſon par des conſéquences néceſſaires, & qu'on eſt obligé de faire des hipotheſes nouvelles pour faire uſage de la premiere, ce n'eſt qu'une fiction indigne d'un Philoſophe.

§. 70. Si ceux qui ont voulu expliquer tant d'effets ſurprenans par le moyen des particules crochuës, branchuës, & canelées, avoient fait attention à ce qui eſt requis pour faire une hipotheſe véritablement philoſophique, ils n'auroient point retardé comme ils ont fait, les progrès des ſciences, en créant des monſtres qu'il falloit enſuite combattre comme des réalités.

§. 71. En diſtinguant entre le bon & le mauvais uſage des hipotheſes, on évite les deux extrémités, & ſans ſe livrer aux fictions, on n'ôte point aux ſciences une méthode très - néceſſaire à l'art d'inventer, & qui eſt la ſeule qu'on puiſſe employer dans les recherches difficiles qui demandent la correction de pluſieurs ſiecles, & les travaux de pluſieurs hommes, avant d'atteindre à une certaine perfection ; & l'on ne doit point craindre que par cette méthode la Philoſophie devienne un amas de fables : car on a vû qu'on ne peut faire une bonne hipotheſe que lorſqu'on a un grand nombre des faits & des circonſtances qui accompagnent

Les hipotheſes ſont un des grands moyens de l'art d'inventer.

gnent le Phénomene qu'on veut expliquer, (§. 61.)& que l'hipothefe n'eft vraie & ne mérite d'être adoptée que lorfqu'elle rend raifon de de toutes les circonftances , (§. 66.) Les bonnes hipothefes feront donc toujours l'ouvrage des plus grands hommes. Copernic , Képler , Hug-hens, Defcartes, Leibnits, M. Newton lui même, ont tous imaginé des hipothefes uti-les pour expliquer des Phénomenes compli-qués & difficiles ; & les exemples de ces grands hommes & leur fuccès doivent nous faire voir combien ceux qui veulent bannir les hipothefes de la Philofophie, entendent mal les interêts des fciences.

Les bonnes hipothefes ont toujours é-té faites par les plus grands hommes.

F 5

CHAPITRE V.

De l'Espace.

§. 72.

L A question sur la nature de l'Espace, est une des plus fameuses qui ait partagé les Philosophes anciens & modernes; aussi est-elle une des plus essentielles par l'influence qu'elle a sur les plus importantes vérités de Physique & de Métaphysique.

Quelques-uns ont dit : *l'Espace n'est rien hors des choses, c'est une abstraction mentale, un Etre idéal, ce n'est que l'ordre des choses en tant qu'elles coéxistent, & il n'y a point d'Espace sans corps.* D'autres au contraire ont soutenu, *que l'Espace*

Définitions de l'Espace très-opposées.

l'Espace est un Etre absolu, réel, & distinct des corps qui y sont placés, que c'est une étendüe impalpable, pénétrable, non solide, le vase universel qui reçoit les Corps qu'on y place; en un mot, une espéce de fluide immateriel & étendu à l'infini, dans lequel les Corps nagent. Les premiers ont allégué plusieurs raisons Métaphysiques pour soutenir leur opinion, & les autres, l'idée que l'imagination se peut former de l'Espace, & ils ont appuyé cette idée, que l'imagination se forme, de beaucoup d'objections contre l'opinion contraire, tirées des Phenoménes, & sur-tout de la difficulté qu'il y a que les Corps se meuvent dans le plein absolu.

La moitié des Philosophes a crû, & croit encore l'espace vuide, & l'autre le croit rempli de matiére.

§. 73. Le sentiment d'un Espace distingué de la matiére a été autrefois soutenu par Epicure, Démocrite & Leucippe, qui regardoient l'Espace comme un Etre incorporel, impalpable, & incapable d'action & de passion. Gassendi a renouvellé de nos jours cette opinion, & le célébre Locke dans son Livre *de l'Entendement Humain*, ne distingue l'Espace pur des Corps qui le remplissent, que par la pénétrabilité : ce Philosophe fait dériver la véritable notion de l'Espace, de la vûe & du contact, parce que, dit-il, on ne peut ni le voir ni le toucher, mais on voit & on touche les Corps.

M. Keill dans son *Introduction à la véritable Physique*, aussi-bien que tous les Disciples du Livre *de l'Entendement Humain*, a soutenu

tenu la même opinion ; il a même donné des Théorèmes, par lesquels il prétend prouver que toute la matière est parsemée de petits espaces ou interstices absolument vuides, & qu'il y a dans les Corps beaucoup plus de vuide que de matière solide. Mais le vuide disséminé repugne aussi bien que les atomes, au principe de la raison suffi-

Le prin-cipe de la raison suf-fisante ban-nit le vuide de l'Uni-vers.

sante, ainsi il ne peut-être admis; en effet si les petits atomes ou particules premieres de la matière nageoient dans le vuide, leur grandeur & leur figure seroient sans raison suffisante ; car la figure limite l'étenduë, & l'actualité d'une figure quelconque devient compréhensible, lorsqu'on peut expliquer comment & pourquoi l'étenduë est limitée. Or l'on s'apperçoit bien que le vuide ne renferme point cette raison, parce qu'il ne contient rien par où l'on puisse comprendre pourquoi les particules ont une figure quelconque plûtôt que toute autre figure possible, & pourquoi elles sont d'une certaine grandeur. Il faut donc chercher cette raison dans les Corps extérieurs environans, car la figure est un mode de l'étenduë : on est donc obligé d'admettre une matière environante qui limite les parties de l'étenduë, & qui soit la raison de leurs différentes figures; ainsi il faut remplir les interstices vuides pour satisfaire au principe de la raison suffisante.

L'autorité de M. Newton a fait embrasser l'opinion du vuide absolu à plusieurs Mathématiciens. Ce grand homme croyoit, au rapport

de

de M. Locke, qu'on pouvoit expliquer la création de la matiére par l'Espace, en se figurant
que Dieu auroit rendu plusieurs parties de l'Espace impénétrables : on voit dans le *Scholium
generale* qui est à la fin des principes de Monfieur Newton, qu'il croyoit que l'Espace étoit
l'immensité de Dieu, il l'appelle dans son Optique le *Sensorium* de Dieu; c'est-a-dire, ce, par le
moyen de quoi Dieu est présent à toutes choses.

Traduction de Locke pag. 521. Note 2.

Opinion singuliére de M. Newton sur l'espace.

§. 74. M. Clarke s'est donné beaucoup de
peine pour soutenir les sentimens de M. Newton, & les siens propres sur l'Espace absolu,
contre M. de Leibnits, qui prétendoit que
l'Espace n'étoit que l'ordre des choses coéxistantes.

Commercium Epistolicum.

Il est certain que si, on consulte le principe
de la raison suffisante que j'ai établi dans le premier Chapitre, on ne peut se dispenser d'avoüer
que M. de Leibnits avoit raison de bannir l'Espace absolu de l'Univers, & de regarder l'idée
que quelques Philosophes croyent en avoir,
comme une illusion de l'imagination ; car non-
seulement il n'y auroit, comme on vient de le
voir, aucune raison de la limitation de l'étenduë; mais, si l'Espace est un Etre réel & subsistant
sans les Corps, & qu'on puisse les y placer ; il
est indifférent dans quel endroit de cet Espace
similaire on les place, pourvû qu'ils conservent
le même ordre entre eux : ainsi il n'y auroit
point eû de raison suffisante pourquoi Dieu auroit

Dispute de M. de Leib-nits, & du Docteur Clarke sur l'Espace.

roit placé l'Univers dans la place où il est maintenant, plûtôt que dans toute autre, puisqu'il pouvoit le placer dix mille lieuës plus loin, & mettre l'Orient où est l'Occident ; ou bien il pouvoit le renverser, faisant garder aux choses la même situation entre elles.

M. Clarke sentit bien la force de ce raisonnement, & il ne put y opposer autre chose, sinon, que la simple volonté de Dieu étoit la raison suffisante de la place de l'Univers dans l'Espace, & qu'il n'y en avoit point d'autre : mais on sent bien que cet aveu fait crouler son opinion, & découvre le foible de sa cause ; car Dieu ne sauroit agir sans des raisons prises dans son Entendement, & sa volonté doit toujours se déterminer avec raison. Ainsi être obligé de recourir à une volonté arbitraire de Dieu, laquelle n'est point fondée sur une raison suffisante, c'est être réduit à l'absurde. Ainsi, la raison de la place de l'Univers dans l'Espace, & celle du limite de l'étenduë n'étant ni dans les choses mêmes, ni dans la volonté de Dieu, on doit conclure que l'hipothése du vuide est fausse, & qu'il n'y en a point dans la Nature.

Le raisonnement de M. de Leibnits contre l'Espace absolu est donc sans replique, & l'on est forcé d'abandonner cet Espace, si l'on ne veut point renoncer au principe de la raison suffisante, c'est-à-dire, au fondement de toute vérité.

Difficultés §. 79. Il y a encore une grande absurdité à dévorer

dévorer dans l'opinion de l'Espace absolu, c'est que tous les attributs de Dieu lui conviennent; car cet Espace, s'il étoit possible, seroit réellement infini, immuable, incréé, néceffaire, incorporel, préfent par tout. C'eft en :partant de cette fuppofition que M. Raphfon à voulu démontrer géométriquement que l'Espace eft un attribut de Dieu, & qu'il exprime fon effence infinie & illimitée : & c'eft effectivement ce qui fuit très-naturellement de la fuppofition de l'Espace abfolu, quand on l'a une fois admife.

§. 76. On fait trois objections principales, contre le plein abfolu, aufquelles il eft aifé de répondre; la premiere, roule fur l'impoffibilité apparente du mouvement dans le plein; la feconde, fur la différente péfanteur des différens Corps; & la troifiéme, fur la réfiftance de la matiére par laquelle les Corps qui fe meuvent dans le plein, doivent perdre leur mouvement en très-peu de tems.

On répond à la premiere Objection, que le mouvement eft poffible dans le plein à caufe du mouvement circulaire, par lequel les parties environnantes fuccedent au Corps qui fe meut en occupant la place qu'il abandonne : la feconde Objection, eft fondée fur cette fuppofition que toute matiére eft péfante, mais c'eft ce qui eft entierement faux; car par le principe de la raifon fuffifante, la péfanteur eft l'effet du choc d'une matiére environnante : or cette matiére

n'eft

n'eſt pas péſante; car ſi elle l'étoit, il faudroit
recourir à une autre matiére qui la choquât, &
remonter ainſi à l'infini, & ainſi cette Objection
fondée ſur la peſanteur générale de la matiére
ne peut ſubſiſter. Enfin, dans la troiſiéme, on ne
conſidére que la matiére morte & ſans mouvement , & alors les raiſonnemens que l'on fait
ſur ſa réſiſtance ſont très-ſolides : mais ils ne
prouvent rien , ſi on conſidére la matiére vivi-
fiée par le mouvement , telle qu'elle l'eſt en effet ; car une matiére très-fine & muë en tout
ſens , peut ſe mouvoir avec une telle rapidité ;
qu'elle n'apportera aucune réſiſtance ſenſible au
mouvement des Corps placés dans cette matiére ; ainſi, on aura un vuide phyſique, qui ſera le Phenoméne qui réſulte de la fineſſe &
du mouvement très-rapide de cette matiére :
or le vuide eſt tout ce que prouvent les expériences dont on fait des objections invincibles
contre le plein.

§. 77. Il ne ſera pas inutile d'éxaminer ici comment nous venons à nous former les idées de
l'étenduë, de l'Eſpace, & du continu ; cet examen ſervira à vous découvrir la ſource des illuſions que l'on s'eſt fait ſur la nature de l'Eſpace,
& à vous en préſerver à l'avenir.

Nous ſentons que , lorſque nous conſidérons
deux choſes comme différentes , & que nous
les diſtinguons l'une de l'autre , nous les plaçons dans notre eſprit l'une hors de l'autre ;
ainſi,

Comment nous nous formons l'idée de l'Eſpace, & de ſes pro-priétés.

ainfi, nous voyons comme hors de nous tout
ce que nous regardons comme différent de nous,
les exemples s'en préfentent en foule. Si nous
nous repréfentons dans notre imagination un
édifice que nous n'aurons jamais vû, nous nous
le repréfentons comme hors de nous, quoique
nous fachions bien que l'idée que nous en avons
éxifte en nous, & qu'il n'y a peut-être rien
d'éxiftant de cet édifice hors de notre idée; mais
nous nous le repréfentons comme hors de nous,
parce que nous favons qu'il eft différent de nous;
de même, fi nous repréfentons idéalement deux
hommes, ou que nous répétions dans notre efprit la repréfentation du même homme deux
fois, nous les plaçons l'un hors de l'autre, parce
que nous ne pouvons point forcer notre efprit à
imaginer qu'ils font *un*, & *deux*, en même tems.

Il fuit de-là que nous ne pouvons point nous
repréfenter plufieurs chofes différentes comme
faifant un, fans qu'il en réfulte une notion attachée à cette diverfité & à cette union des
chofes, & cette notion nous la nommons
Etenduë; ainfi, nous donnons de l'étenduë à
une ligne, en tant que nous faifons attention à
plufieurs parties diverfes que nous voyons comme éxiftant les unes hors des autres, qui font
unies enfemble, & qui font par cette raifon un
feul tout.

Il eft fi vrai que la diverfité & l'union font
naître en nous l'idée de l'étenduë, que quelques Philofophes ont voulu faire paffer notre

ame pour quelque chose d'étendu , parce qu'ils y remarquoient plusieurs facultés diffé-rentes, qui cependant constituënt un seul su-jet ; en quoi ils se trompoient : c'est abuser de la notion de l'étenduë, que de regarder les at-tributs & les modes d'un Etre comme des Etres séparés, éxistans les uns hors des autres ; car ces attributs & ces modes sont inséparables de l'Etre qu'ils modifient.

Puisque nous nous représentons dans l'éten-duë plusieurs choses qui éxistent les unes hors des autres , & font *un* par leur union , toute étenduë a des parties qui éxistent les unes hors des autres & qui font *un*, & dès que nous nous représentons des parties diverses, & unies , nous avons la notion d'un Etre étendu.

§. 78. Pour peu que l'on fasse attention à cette notion de l'étenduë, on s'apperçoit que les parties de l'étenduë, considérées par abstraction, & sans faire attention ni à leurs limites, ni à leurs figures , ne doivent avoir aucune différence in-terne ; elles doivent être similaires , & ne diffé-rer que par le nombre : car puisque pour former l'idée de l'étenduë , on ne considére que la plu-ralité des choses & leur union , d'où naît leur éxistance l'une hors de l'autre , & que l'on ex-clut toute autre détermination , toutes les par-ties étant les mêmes quant à la pluralité & à l'union , l'on peut substituer l'une à la place de l'autre , sans détruire ces deux déterminations,

de

de la pluralité, & de l'union, aufquelles feules on fait attention, & par conféquent deux parties quelconques d'étenduë ne peuvent différet qu'en tant qu'elles font deux & non pas une. Ainfi toute l'étenduë doit être conçûë comme étant uniforme, fimilaire, & n'ayant point de détermination interne, qui en diftingue les parties les unes des autres ; puifqu'étant pofées comme l'on voudra, il en réfultera toujours le même Etre, & c'eft de-là que nous vient l'idée de l'Efpace abfolu que l'on regarde comme fimilaire, & indifcernable.

Cette notion de l'étenduë eft encore celle du corps géométrique ; car que l'on divife une ligne, comme & en autant de parties que l'on voudra, il en réfultera toujours la même ligne en raffemblant fes parties, quelque tranfpofition que l'on faffe entre elles : il en eft de même des furfaces & des corps géométriques.

§. 79. Lorfque nous nous fommes ainfi formé dans notre imagination un Etre, de la diverfité de l'éxiftence de plufieurs chofes & de leur union, l'étenduë, qui eft cet Etre imaginaire, nous paroît diftincte du tout réel, dont nous l'avons féparée par abftraction, & nous nous figurons qu'elle peut fubfifter par elle-même, parce que nous n'avons point befoin, pour la concevoir, des autres déterminations que les Etres, que l'on ne confidére qu'en tant qu'ils font divers & unis, peuvent renfermer ; car

notre efprit appercevant à part les déterminaᵉ
tions, qui conftituent cet Etre idéal que nous
nommons *étenduë*, & concevant enfuite les
autres qualitésque nous en avons féparées mentalement, & qui ne font plus partie de l'idée
que nous avons de cet Etre, il nous femble que
nous portons toutes ces chofes dans cet Etre
idéal, que nous les y logeons, & que l'étenduë les reçoit & les contient, comme un vafe
reçoit la liqueur qu'on y verfe. Ainfi,en tant que
nous confidérons la poffibilité qu'il y a, que plufieurs chofes différentes puiffent éxifter enfemble dans cet Etre abftrait, que nous nommons
étenduë, nous nous formons la notion de l'Efpace, qui n'eft en effet que celle de l'étenduë
jointe à la poffibilité de rendre aux Etres coëxiftans & unis, dont elle eft formée, les déterminations dont on les avoit d'abord dépoüil-
lées par abftraction. Ainfi, l'on a raifon de définir l'Efpace, *l'ordre des Coëxiftans*, c'eft-à-dire,
la reffemblance dans la maniére de coëxifter
des Etres: car l'idée de l'Efpace naît de ce que
l'on ne fait uniquement attention qu'à leur
maniére d'éxifter l'un hors de l'autre, & que
l'on fe repréfente que cette coëxiftance de
plufieurs Etres, produit un certain ordre ou reffemblance dans leur maniére d'éxifter ; enforte
qu'un de ces Etres étant pris pour le premier,
un autre devient le fecond, un autre le troifiéme, &c.

L'Efpace eft l'ordre des chofes qui coëxif-vent.

§. 80.

§. 80. On voit bien que cet Etre idéal d'étenduë, que nous nous formons de la pluralité & de l'union de tous ces Etres, doit nous paroître une substance : car, en tant que nous nous figurons plusieurs choses éxistantes ensemble , & dépouillées de toutes déterminations internes , cet Etre nous paroît durable ; & en tant qu'il est possible par un acte de l'entendement de rendre à ces Etres les déterminations dont nous les avions dépouillés par abstraction , il semble à l'imagination que nous y transportons quelque chose qui n'y étoit pas ; & alors cet Etre nous paroît modifiable. (§. 52.) Ainsi, nous sommes portés à nous représenter l'Espace comme une substance indépendante des Etres qu'on y place.

§. 81. Nous appellons un Etre *continu* lorsqu'il a des parties rangées les unes auprès des autres , ensorte qu'il soit impossible d'en ranger d'autres entre deux dans un autre ordre , & généralement on conçoit de la continuité par tout où on ne peut rien placer entre deux parties. Ainsi, nous disons que le poli d'une glace est continu , parce que nous ne voyons point de parties non polies entre celles de cette glace , qui en interrompent la continuité , & nous appellons le son d'une trompette continu, lorsqu'il ne cesse point , & qu'on ne peut point mettre d'autres sons entre deux : mais lorsque deux parties d'étenduë se touchent simplement

Ce que l'on appelle continu

G 3   plement

plement & ne font point liées enfemble, enforte
qu'il n'y a point de raifon interne, comme celle
de la cohéfion ou de la preffion des Corps environnans, pourquoi on ne pourroit point les
féparer, & mettre quelqu'autre chofe entre deux,
alors on les nomme *contigues*. Ainfi, dans le
contigu, la féparation des parties eft actuelle,
au lieu que dans le continu, elle n'eft que poffi-
blè; deux hémifphéres de plomb, par exemple,
font deux parties actuelles de la boule dont ils
font les moitiés, & qui eft actuellement féparée
& divifée en deux parties qui deviendront contigues, fi on les place l'une auprès de l'autre;
enforte qu'il n'y ait rien entre deux: mais fi on
les réuniffoit par la fufion en un feul tout, ce
tout deviendroit un continu, & fes parties feroient alors fimplement poffibles, en tant que
l'on conçoit qu'il eft poffible de féparer cette
boule en deux hémifphéres, comme avant la
fufion.

On comprend par-là que l'Efpace doit nous
paroître continu; car nous admettons de l'Efpace en tant que nous nous repréfentons, qu'il eft
poffible que plufieurs Corps A B C. coéxiftent.
Or fi les Corps ne font point contigus, on en
pourra placer un ou plufieurs entre deux, &
par là même on admet de l'Efpace entre deux:
ainfi, on doit confiderer l'Efpace comme continu, foit que la coéxiftance contiguë des Corps
A B C. foit actuelle, foit qu'elle foit fimplement
poffible.

Le

Le principe de la raifon fuffifante nous fait voir, comme je l'ai déja dit ci-deffus, que cette contiguité eft actuelle, & qu'il ne peut y avoir aucun Efpace vuide, enforte que les Etres qui éxiftent, coéxiftent, de façon qu'il n'eft pas poffible de mettre rien de nouveau dans l'Univers.

§. 82. De même l'Efpace doit nous paroître vuide & pénétrable : il nous paroît vuide en tant que nous faifons abftraction de toutes les déterminations internes des coéxiftences ; car alors il nous femble qu'il ne refte rien dans cet Efpace : & il nous paroît pénétrable, parce que nous étant poffible d'appliquer notre attention à la fois à la maniére d'éxifter, & aux déterminations internes des Etres qui éxiftent, nous appercevons alors, outre l'Efpace qui eft leur maniére d'éxifter l'un hors de l'autre, quelques chofes que nous n'appercevions pas auparavant lorfque nous confidérions cet Efpace feul, & par conféquent il doit nous paroître comme fi ces chofes y étoient entrées, & y avoient été placées par un Agent externe.

§. 83. L'Efpace doit auffi nous paroître immuable ; car nous fentons que nous pouvons rendre aux différens Coéxiftans les déterminations dont nous les avions dépouillés ; & nous fentons même que nous ne pouvons jamais concevoir que nous ne puiffions point leur

rendre

rendre ces déterminations : donc nous ne pouvons point ôter l'Espace, puisqu'il faut toujours
qu'il reste la même chose que nous aurions ôtée,
c'est à dire, de l'Etendue capable de recevoir ces
déterminations. Ainsi, lorsque nous avons dé-
pouillé les Etres coéxistans de toutes leurs déterminations, nous ne pouvons plus faire d'abstraction, ni nous former un Etre idéal, qui renferme moins que celui que nous avons déja
fait, en ne conservant que la coéxistence des
Etres : car de considérer la manière d'éxister,
& rien que cela, c'est la moindre abstraction que l'on puisse faire, & il faut ou la garder, ou se représenter tout à fait *rien*. L'Espace
doit donc nous paroître immuable : d'où il découle qu'il doit nous paroître éternel, puisqu'on
ne peut jamais l'ôter.

§. 84. Il doit encore nous paroitre infini, car
nous admettons autant d'Espace que nous concevons de possibilité d'éxister; or comme des
Coéxistans dépouillés de toutes déterminations,
tels qu'on les conçoit pour se former l'idée de
l'Etendue & de l'Espace, ne renferment rien
qui empêche qu'on puisse continuer de placer
de ces Coéxistans les uns hors des autres, on
en conçoit en effet à l'infini & par cette raison
l'Espace doit paroître une Etendue infinie, &
illimitée.

§. 85. Voilà l'origine de toutes les propriétés

tés que l'on donne à l'Espace, quand on dit que c'est une Etendue similaire, uniforme, continue, qu'il est subsistant par lui-même, pénétrable, immuable, éternel, infini, &c. enfin, le vase universel qui contient toutes choses : mais avec un peu d'attention on voit que toutes ces prétendües proprietés, ainsi que l'Etre dans lequel nous les supposons, n'ont de réalité que dans les abstractions de notre esprit, & qu'il n'éxiste ni ne peut éxister rien de semblable à cette idée.

§. 86. Notre esprit a donc le pouvoir de se former par abstraction des Etres imaginaires, qui ne contiennent que les déterminations que nous voulons examiner, & d'exclure de ces Etres toutes les autres déterminations, par le moyen desquelles ils peuvent être conçûs d'une autre maniére. Cette façon de méditer est très-utile ; car alors l'imagination secourt l'Entendement, & lui aide à contempler son idée, il faut seulement prendre garde qu'elle ne l'égare pas ; car les notions imaginaires, qui aident infiniment dans la recherche des vérités qui dépendent des déterminations, qui constituent ces Etres que l'imagination a formés, deviennent très-dangereuses, lorsqu'on les prend pour des réalités. Ainsi, quand on veut mesurer une distance, on peut se la représenter comme une Ligne sans largeur ni épaisseur, & sans aucune détermination interne, on peut de même considérer

Utilité des abstractions.

confidérer une largeur, une étenduë, fans épaiſ-
feur, quand on ne veut pas confidérer le refte;
& pourvû que l'on ne s'imagine pas qu'il éxifte
rien de femblable à ces abftractions de notre
efprit, ces fictions l'aident à trouver de nouvelles vérités & de nouveaux rapports; car il
a rarement affez de force pour contempler les
Abftraits * dans les Concrets, fans être diftrait
par la multiplicité des chofes qu'il faut qu'il fe
repréſente. Auffi toutes les Sciences, & furtout
les Mathématiques, font-elles pleines de ces fortes de fictions, qui font un des plus grands fecrets de l'art d'inventer, & une des plus grandes reffources pour la folution des Problêmes les
plus difficiles, aufquels l'Entendement feul
ne peut fouvent atteindre? Ainfi, il faut donner place à ces notions imaginaires, toutes les
fois qu'on peut les fubftituer à la place des notions réelles fans préjudice de la vérité, comme
on fe fert du fiftême de Ptolomée pour refoudre
plufieurs Problêmes d'Aftronomie, dont la folution deviendroit beaucoup plus difficile par
le fiftême de Copernic, parce que l'on peut
dans ces cas fubftituer une hipothefe à l'autre,
fans faire tort à la vérité.

§. 87. Quoique nous puiffions confidérer

---

* On appelle *Concret*, le fujet dont on fait l'abftraction, &
Abftrait, ce que l'on fépare de ce fujet par cette abftraction.

l'Etenduë

l'Etenduë, sans faire attention aux déterminations des Etres qui la conftituent, & que nous
acquerions par ce moyen l'idée de l'Efpace, cependant, comme l'Abftrait ne peut fubfifter
fans un Concret, c'eft-à-dire, fans un Etre réel
& déterminé duquel on fait l'abftraction, il eft
certain qu'il n'y a d'Efpace qu'en tant qu'il y
a des chofes réelles & coëxiftantes; & fans ces
chofes il n'y auroit point d'Efpace : cependant,
l'Efpace n'eft pas les chofes mêmes, c'eft un
Etre qu'on en a formé par abftraction, qui ne
fubfifte point hors des chofes, mais qui n'eft
pourtant pas la même chofe que les fujets, dont
on a fait cette abftraction ; car ces fujets renferment une infinité de chofes qu'on a négligées
en formant l'idée de l'Efpace. Ainfi, l'Efpace eft
aux Etres réels, comme les Nombres aux chofes nombrées, lefquelles chofes deviennent femblables, & forment chacune une unité à l'égard
du Nombre, parce qu'on fait abftraction des déterminations internes de ces chofes, & qu'on ne
les confidére qu'en tant qu'elles peuvent faire
une multitude, c'eft-à-dire, plufieurs unités ; car
fans une multitude de chofes qu'on compte, il
n'y auroit point de Nombres réels & éxiftants,
mais feulement des Nombres poffibles. Ainfi, de
même qu'il n'y a pas plus d'unités réelles, qu'il
n'y a de chofes actuellement éxiftantes, il n'y
a pas non plus d'autres parties actuelles de l'Efpace, que celles que les chofes étenduës actuellement éxiftantes défignent, & on ne peut admettre

L'Efpace eft aux E-tres, comme le nombre aux chofes nombrées.

mettre des parties dans l'Espace actuel qu'entant qu'il existe des Etres réels qui coéxistent les uns avec les autres : ceux donc qui ont voulu appliquer à l'Espace actuel les démonstrations qu'ils avoient déduites de l'Espace imaginaire, ne pouvoient manquer de s'embarrasser dans des labyrinthes d'erreurs dont ils ne pouvoient trouver l'issue.

§. 88. On appelle le *lieu* ou la *place* d'un Etre, sa maniere déterminée de coéxister avec les autres Etres : ainsi, lorsque nous faisons attention à la maniere dont une table existe dans une chambre avec le lit, les chaises, la porte, &c. nous disons que cette table a une place ; & un autre Etre occupe la même place que cette table lorsqu'il obtient la même maniere de coéxister qu'elle avoit avec tous les Etres.

Cette table change de place, lorsqu'elle obtient une autre situation à l'égard de ces mêmes choses, qu'on regarde comme n'en ayant point changé. Ainsi, pour que l'on puisse assurer qu'un Etre a changé de lieu, & pour qu'il en change réellement, il faut que la raison de son changement, c'est-à-dire, la force qui l'a produit, soit en lui dans le moment qu'il se rémue, & non dans les coéxistans ; car si on ignore où est la véritable raison du changement, on ignore aussi lequel de ces Etres a changé de place : c'est par cette raison que nous n'avons point de démonstration

Définition du lieu.

démonstration proprement dite qui décide si c'est le Soleil qui tourne autour de la Terre, ou la Terre autour du Soleil ; parce que les apparences sont les mêmes dans les deux suppositions.

§. 89. On distingue ordinairement le lieu d'un corps, en *lieu absolu*, & *lieu relatif* ; le lieu absolu est celui qui convient à un Etre, entant qu'on considere sa maniere d'exister avec l'univers entier considéré comme immobile ; & son lieu relatif est sa maniere de coéxister avec quelques Etres particuliers. Ainsi, on peut concevoir que le lieu absolu change sans que le lieu relatif soit changé ; & cela arrive lorsqu'une certaine quantité d'Etres changent leur lieu absolu sans changer leur situation les uns à l'égard des autres, comme un homme qui navigue dans un batteau, par exemple ; car si cet homme, ni aucune chose de ce qui est dans le batteau ne remuë, tandis que le batteau s'éloigne du rivage, le lieu relatif de cet homme & de tout ce qui est dans le batteau ne change point ; mais leur lieu absolu change à tout moment : car toutes les parties de ce batteau changent également leur maniere d'exister par rapport au rivage qu'on regarde comme immobile. Mais si cet homme se promenoit dans ce batteau, il changeroit son lieu relatif & son lieu absolu en même tems.

Du lieu absolu & du lieu relatif.

Puisque

Puifque le lieu n'eft que la maniere d'exifter d'un Etre avec plufieurs autres, on voit bien que le lieu n'eft pas la chofe placée elle-même ; mais qu'il differe de la chofe placée comme un abftrait de fon concret ; car lorfqu'on confidere le lieu d'un Etre, on fait abftraction de toutes fes déterminations internes & de celles de fes coéxiftans : & on ne confidere alors que leur maniere préfente de coéxifter, & la poffibilité qu'il y a qu'ils coéxiftent de plufieurs autres manieres : on fait même abftraction de la figure & de la grandeur des Corps ; & l'on confidere leur lieu comme un point. Car puifque nous déterminons la maniere d'exifter d'un Etre par fa diftance à fes coéxiftans, & que ces diftances font mefurées par des lignes droites, les extrémités des lignes étant des points, le lieu doit être confideré comme un point.

§. 90. On détermine un lieu par les diftances d'un Etre à deux ou plufieurs Etres coéxiftans; lefquelles diftances ne peuvent convenir à aucun autre Etre dans le même moment. Ainfi, par exemple, on détermine un lieu fur la furface de la Terre, par l'interfection de la ligne de longitude, & de celle de latitude, parcequ'il n'y a qu'un feul point auquel cette diftance des lieux que l'on a pris comme fixes pour en tirer ces lignes, puiffe convenir : c'eft de la même façon que dans l'Aftronomie on détermine

Comment on détermine le lieu d'un Etre.

termine les lieux des Etoiles par l'interfection de deux cercles.

§. 91. On s'apperçoit qu'un Etre a changé de lieu, lorfque fa diftance à d'autres Etres immobiles, du moins pour nous, eft changé. Ainfi, on a fait des catalogues des fixes pour fçavoir fi une Etoile change de lieu, parce qu'on regarde les autres comme fixes, & qu'effectivement elles le font par rapport à nous.

§. 92. On appelle *place*, l'affemblage de plufieurs lieux, c'eft-à-dire tous les lieux des parties d'un Corps pris enfemble : ainfi, nous difons, la place d'un livre dans une bibliotheque d'où on le tire, parce que nous voyons que dans cette place toutes les parties de ce livre y peuvent exifter enfemble ; & nous difons : *il n'y a pas affez de place* pour ce livre, lorfque nous voyons que quelques parties de ce livre feulement y pourroient exifter enfemble.

Ce que l'on appelle place.

§. 93. Enfin on appelle *fituation* l'ordre que plufieurs coéxiftans non contigus, obfervent dans leur coéxiftance, enforte que prenant l'un d'eux pour le premier, nous donnons une fituation aux autres qui en font éloignés par rapport à celui-là : ainfi, prenant une maifon dans une ville pour la premiere, toutes les autres obtiennent une fituation à l'égard de cette maifon,

Ce que c'eft que fituation.

maifon, parce qu'elles font féparées les unes des autres, & qu'on peut déterminer leur fitua-tion par leur diftance de celle qu'on a pris pour la premiere. Deux chofes donc ont la même fituation à l'égard d'une troifiéme lorfqu'elles en font à la même diftance ; c'eft par cette rai-fon que l'on dit que tous les points d'une cir-conference ont la même fituation à l'égard du centre, en tant qu'on peut mettre la même étendue entre deux.

CHAPITRE

CHAPITRE VI.

Du Tems.

§. 94.

L E s notions du Tems & de l'Espace
ont beaucoup d'analogie entre elles :
dans l'Espace, on considere simplement l'ordre des coéxistans, en tant
qu'ils coéxistent ; & dans la durée, l'ordre des
choses successives, en tant qu'elles se succedent,
en faisant abstraction de toute autre qualité interne que de la simple succession.

Analogie
entre le
Tems &
l'Espace.

§. 95. On considere ordinairement le Tems
de même que l'Espace sous une image produite par des idées confuses : ainsi, on se le fi-

Tome I.   *   H   gure

gure comme un Etre compofé de parties continuës, fucceffives, qui coule uniformément,
qui fubfifte indépendamment des chofes qui
exiftent dans le Tems, qui a été dans un
flux continuel de toute éternité, & qui continuera de même. Mais il eft évident que cette
notion du Tems comme d'un Etre compofé de
parties continuës & fucceffives, qui coule uniformément, étant une fois admife, conduit aux
mêmes difficultés que celle de l'Efpace abfolu ;
c'eft-à-dire, que felon cette notion, le Tems
feroit un Etre néceffaire, immuable, éternel,
fubfiftant par lui-même, & que par conféquent tous les attributs de Dieu lui conviendroient.

§. 96. C'eft de cette idée qu'on fe forme du
Tems qu'eft venue la fameufe queftion que M.
Clarke faifoit à M. de Leibnits : *pourquoi Dieu
n'avoit pas créé l'univers fix mille ans plûtôt, ou
plus tard.*

M. de Leibnits n'eût pas de peine à renver-
fer cette objection du Docteur Anglois, & fon
opinion fur la nature du Tems, par le principe
de la raifon fuffifante ; il n'eût befoin pour y
parvenir que de l'objection même de M. Clarke fur le tems de la création : car fi le Tems
eft un Etre abfolu qui confifte dans un flux uniforme, la queftion pourquoi Dieu n'a pas créé
le monde fix mille ans plûtôt ou plus tard, devient réelle, & force à reconnoître qu'il eft arrivé

L'idée ordinaire que l'on fe fait du Tems eft fauffe.

Elle mene dans les mêmes difficultés que celle de l'Efpace pur.

Le principe de la raifon fuffifante prouve que le Tems n'eft rien hors des chofes.

tivé quelque chofe fans raifon fuffifante ; car la
même fucceffion des Etres de l'univers étant
confervée, Dieu pouvoit faire commencer le
monde plûtôt ou plus tard, fans y caufer aucun
dérangement. Or puifque tous les inftans font
égaux, quand on ne fait attention qu'à la fimple fucceffion, il n'y a rien en eux qui eût
pû faire préferer l'un à l'autre, dès qu'aucune
diverfité ne feroit provenuë dans le monde par
ce choix. Ainfi un inftant auroit été choifi par
Dieu préferablement à un autre pour donner
l'actualité à ce monde fans raifon fuffifante ; ce
qu'on ne peut point admettre. (§. 8.)

Mais nous allons voir de plus, par l'analife
de nos idées, que le Tems n'eft qu'un Etre
abftrait, qui n'eft rien hors des chofes, & qui
n'eft point par conféquent fufceptible des proprietés que l'imagination lui attribuë.

§. 97. Lorfque nous faifons attention à la fucceffion continuë de plufieurs Etres, & que nous
nous repréfentons l'exiftence du premier A. diftincte de celle du fecond B. & celle du fecond B.
diftincte de celle du troifiéme C. & ainfi de fuite, & que nous remarquons que deux n'exiftent
jamais enfemble ; mais que A. ayant ceffé d'exifter, B. lui fuccede auffi-tôt ; que B ayant ceffé,
C. lui fuccede, &c. nous nous formons une
notion d'un Etre que nous appellons *Tems* : &
entant que nous rapportons l'exiftence perma-
nente d'un Etre à ces Etres fucceffifs, nous di-

fons

Comment on vient à fe former l'idée du Tems com- me d'un Etre abfo- lu, qui e- xifte indé- pendam- ment des Etres fuc- ceffifs.

fons *qu'il a duré un certain tems*, en tant qu'on
se représente que cet Etre qu'on considere , coéxifte à plusieurs autres qui se succedent.

On dit donc qu'un Etre dure lorsqu'il coéxifte à plusieurs autres Etres succeffifs dans
une suite continuë : ainsi , la durée d'un
Etre devient explicable & commensurable par
l'existence succeffive de plusieurs autres Etres ;
car on prend l'existence d'un seul de ces Etres
succeffifs pour *un* , celle de deux pour *deux* ,
& ainsi des autres ; & comme l'Etre qui dure
leur coéxifte à tous , son existence devient commensurable par l'existence de tous ces Etres
succeffifs.

Mille exemples peuvent éclaircir ce que je
viens de dire : on dit , par exemple , qu'un
Corps employe du tems à parcourir un Espace,
parce qu'on distingue l'existence de ce Corps
dans un seul point , de son existence dans tout
autre point ; & on remarque que ce Corps ne
sçauroit exifter dans le second point sans avoir
cessé d'exifter dans le premier , & que l'existence dans le second point , suit immédiatement
l'existence dans le premier. Et en tant qu'on as-
semble ces divers existences , & qu'on les considere comme faisant *un* , on dit que ce Corps
employe du tems pour parcourir une ligne.
Ainsi , le Tems n'est rien de réel dans les choses qui durent , mais c'est un simple mode ,
ou rapport extérieur , qui dépend uniquement
de l'esprit , en tant qu'il compare la durée des
Etres

avec le mouvement du Soleil, & des autres Corps extérieurs, ou avec la fucceſſion de nos idées.

§. 98. Quand on fait attention à la chaîne qui amene nos idées, on s'apperçoit que l'efprit ne confidere dans la notion abftraite du Tems que les Etres en général; & qu'ayant fait abftraction de toutes les déterminations que ces Etres peuvent avoir, on ajoute feulement à cette idée générale qu'on en a retenue, celle de leur non - coéxiſtence, c'eſt-à-dire, que le premier & le fecond ne peuvent point exifter enſemble, mais que le fecond fuit le premier immédiatement, & fans qu'on en puiſſe faire exifter un autre entre deux, faifant encore ici abftraction des raiſons internes, & des caufes qui les font fe fucceder l'un l'autre. De cette maniere, on fe forme un Etre idéal, que l'on fait confifter dans un flux uniforme, & qui doit être femblable dans toutes fes parties; puifque pour fe former, on employe pour chaque Etre la même notion abftraite fans rien déterminer de fa nature, & que l'on ne confidere dans tous ces Etres que leur exiftence fucceſſive fans fe mettre en peine comment l'exiftence de l'un fait naître celle du fuivant.

§. 99. Cet Etre abftrait que nous nous fommes ainfi formés, doit nous paroître indépendant des chofes exiftantes, & fubfiftant par

H 3   lui-

lui-même ; car puifque nous pouvons diftinguer la maniere fucceffive d'exifter des Etres,
de leurs déterminations internes, & des caufes
qui font naître cette fucceffion, nous devons
regarder le Tems comme un Etre à part, conf-
titué hors des chofes, & qui pourroit fubfifter
fans les chofes réelles & fucceffives, puifque
nous pouvons encore penfer à cette exiftence
fucceffive, après que nous avons détruit par
notre penfée toutes les autres réalités, c'eft-à-
dire, que nous en avons fait abftraction.

§. 100. Mais comme nous pouvons auffi
rendre à ces déterminations générales les déterminations particulieres qui en font des Etres
d'une certaine efpece, en appliquant notre attention à la fois à leur exiftence fucceffive, &
à leurs déterminations particulieres, il nous
doit fembler que nous faifons exifter quelque
chofe dans cet Etre fucceffif qui n'y exiftoit
point auparavant, & que nous pouvons de
nouveau l'ôter fans détruire cet Etre.

§. 101. Le Tems doit être auffi confidéré néceffairement comme continu; car fi deux Etres
fucceffifs A. & B. ne font point conçûs comme
continus dans leur fucceffion, on en pourra
placer un ou plufieurs entre deux qui exifte-
ront après que A. aura exifté, & avant que B.
exifte. Or par là - même on admet du tems entre l'exiftence fucceffive de A. & de B.; ainfi
on

on doit confidérer le Tems comme continu.

On fe forme donc ainfi une notion imaginaire du Tems ,en le confiderant comme un
Etre compofé de parties fucceflives , continuës,
fans différence interne , auquel tous les Etres
fucceflifs coéxiftent , & qui devient leur mefure commune ; & cette notion peut avoir fon
ufage, quand il ne s'agit que de la grandeur de
la durée , & de comparer les durées de plufieurs Etres enfemble. Comme dans la Géométrie , on n'eft occupé que de ces fortes de
confidérations , on peut fort bien alors mettre
la notion imaginaire à la place de la réelle.
Mais il faut bien fe garder dans la Metaphifi-
que & dans la Phifique de faire la même
fubftitution ; car alors on tomberoit dans ces
difficultés , de faire de la durée un Etre éternel, & auquel tous les attributs de Dieu , dont
j'ai parlé ci-deffus conviendroient.

§. 102. Le Tems n'eft donc réellement autre chofe que l'ordre des Etres fucceflifs ; &
on s'en forme l'idée , entant qu'on ne confidère
que l'ordre de leur fucceffion. Ainfi, il n'y a
point de Tems fans des Etres véritables & fucceflifs rangés dans une fuite continuë ; & il
y a du Tems auffi-tôt qu'il exifte de tels Etres.

§. 103. Mais cette reffemblance dans la maniere de fe fucceder de ces Etres, & cet ordre
qui naît de leur fucceffion, ne font pas ces
chofes.

Le Tems
n'eft autre
chofe que
l'ordre des
coéxiftans.

Il eft dif-
férent des
Etres fuc-
ceflifs.

H 4

comme le lieu & le nombre différent des choses nombrées & coéxiftantes.

chofes elles-mêmes, comme on a vû ci-deffus (§ 87.) que le nombre n'eft pas les chofes nombrées, & que le lieu n'eft pas les chofes placées dans ce lieu. Car le nombre n'eft qu'un aggrégé des mêmes unités, & chaque chofe devient une unité, quand on confidere le tout fimplement comme un Etre ; ainfi, le nombre n'eft qu'une relation d'un Etre confideré à l'égard de tous, & quoiqu'il foit différent des chofes nombrées, cependant il n'exifte actuellement qu'en tant qu'il exifte des chofes qu'on peut réduire comme des unités fous la même claffe; ces chofes pofées, on pofe un nombre ; & quand on les ôte, il n'y en a plus. De même, le Tems qui n'eft que l'ordre des fucceffions continuës, ne fçauroit exifter à moins qu'il n'exifte des chofes dans une fuite continue: ainfi, il y a du Tems, lorfque les chofes font ; & on l'ôte, quand on ôte ces chofes ; & cependant il eft, comme le nombre, différent de ces chofes qui fe fuivent dans une fuite continuë. Cette comparaifon du Tems & du Nombre peut fervir à fe former la véritable notion du Tems ; & à comprendre que le Tems, de même que l'Efpace, n'eft rien d'abfolu hors des chofes.

Dieu n'eft point dans le Tems, & toute fucceffion eft immuable pour lui.

§. 104. Quant à Dieu, on ne peut point dire qu'il eft dans le Tems, car il n'y a point de fucceffion dans lui, puifqu'il ne lui peut point arriver de changement. Ainfi, il eft toujours

jours le même , & il ne varie point dans sa nature ; & comme il est hors du monde, c'est-à-
dire , qu'il n'est point lié avec les Etres dont
l'union constituë le monde, il ne coéxiste point
aux Etres successifs comme les créatures ; ainsi , sa durée ne peut point se mesurer par celle
des Etres successifs : car quoique Dieu continue d'exister pendant le Tems, comme le
Tems n'est que l'ordre de la succession des
Etres, & que cette succession est immuable
par rapport à Dieu , auquel toutes les choses
avec tous leurs changemens, sont présentes à
la fois ; Dieu n'existe point dans le Tems.
Dieu est à la fois tout ce qu'il peut être , au
lieu que les créatures ne peuvent subir que successivement les états dont elles sont sus600pti-
bles.

§. 105. On ne peut point admettre de parties actuelles du Tems, que celles que des Etres
actuellement existans désignent ; car le Tems
actuel n'étant qu'un ordre successif dans une
suite continuë, on ne peut point admettre de
portions de Tems qu'en tant qu'il y a eu des
choses réelles qui ont existé, & cessé d'exister ;
car l'existence successive fait le Tems , & un
Etre qui coéxiste au moindre changement actuel dans la nature, a duré le plus petit tems
actuel ; & les moindres changemens, comme ,
par exemple , les mouvemens des plus petits
animaux , désignent les plus petites parties actuelles.

tuelles du Tems dont nous puiffions nous appercevoir.

§. 106. On reprefente ordinairement le
Tems par le mouvement uniforme d'un point
qui décrit une ligne droite ; parce que le point
eft là l'Etre fucceffif, prefent fucceffivement à
différens points , & engendrant par fa fluxion
une fucceffion continuë à laquelle nous atta-
chons l'idée de Tems. Nous mefurons auffi le
Tems par le mouvement uniforme d'un objet ;
car lorfque le mouvement eft uniforme , le mobile parcourera, par exemple, un pied dans le
même Tems dans lequel il a parcouru un premier pied. Ainfi , la durée des chofes qui coéxiftent au mouvement du mobile, pendant qu'il
parcourt un pied , étant prife pour *un* , la durée
de celles qui coéxifteront à fon mouvement,
pendant qu'il parcourera deux pieds , fera *deux* ;
& ainfi de fuite : enforte que par là , le Tems
devient commenfurable, puifqu'on peut affigner
la raifon d'une durée à une autre durée ; qu'on
avoit prife pour *un*. Ainfi, dans les horloges l'é-
guille fe meut uniformément dans un cercle ;
& la vingt-quatriéme partie de la circonférence
de ce cercle fait *un* ; & l'on mefure le Tems
avec cette unité, en difant deux heures ; trois
heures, &c. ; de même , on prend une année
pour *un*, parce que les révolutions du Soleil
dans l'Ecliptique font égales, & on s'en fert
pour mefurer d'autres durées par rapport à cette
unité.   §. 107.

§. 107. On connoît les efforts que les Astronomes ont fait pour trouver un mouvement uniforme, qui les mît à portée de mesurer exactement le Tems, & c'est ce que M. Hughens a
trouvé par le moyen des Pendules dont il est
l'inventeur, & dont je parlerai dans la suite.

§. 108. Nous avons vû que l'éxistence successive des Etres fait naître la notion du Tems;
or comme ce sont nos idées qui nous représentent ces Etres, la notion du Tems naît de la
succession de nos idées, & non du mouvement
des Corps extérieurs; car nous aurions une notion du Tems, quand même il n'existeroit autre
chose que notre Ame, & en tant que les choses qui éxistent hors de nous sont semblables
aux idées de notre Ame qui les représentent,
elles éxistent dans le Tems.

C'est la succession de nos idées, & non le mouvement des Corps, qui nous fait naître l'idée du Tems.

Le mouvement est si loin de nous donner par
lui-même l'idée de la durée, comme quelques
Philosophes l'ont prétendu, que nous n'acquérons même l'idée du mouvement, que par la
réfléxion que nous faisons sur les idées successives, que le Corps qui se meut éxcite dans notre
esprit par son éxistence successive aux différens
Etres qui l'environnent.

Voilà pourquoi nous n'avons point l'idée du
mouvement en regardant la Lune ou l'éguille
d'une Montre, quoique l'une & l'autre soient
en mouvement, car ce mouvement est si lent

Pourquoi nous ne nous appercevons point du mouve-

que

ment, lorf-
qu'il eft
trop lent,
ou trop
prompt.

que le Mobile paroît dans le même point, pendant que nous avons une longue fuccefſion
d'idées; & parce que nous ne pouvons pas diftinguer les parties de l'Eſpace que le Corps a
parcouru dans cet intervalle, nous croyons que
le Mobile eſt en repos: mais lorſqu'au bout
d'un certain tems, la Lune & l'éguille de cette
Montre ont fait un chemin conſidérable, alors
notre eſprit joignant l'idée du point où il les
a laiſſés, c'eſt-à-dire, leur coëxiſtence paſſée
à de certains Etres, à celle de leur coéxiſtence
actuelle à d'autres Etres, il acquert par ce moyen
l'idée du mouvement de ce Corps.

De même, quand le Mobile va avec tant de
rapidité que nous n'avons eû aucune fucceſſion
d'idée, pendant qu'il eſt allé d'un point à l'autre,
nous diſons que le Mobile a parcouru le chemin dans un inſtant, c'eſt-à-dire, qu'il n'y a
employé aucun tems ſenſible: par la même raiſon à peu près, que lorſque les impreſſions, que
chacune des ſept couleurs fait ſur notre retine,
ſont trop promtes, nous ne diſtinguons point
chaque couleur en particulier; mais nous avons
une ſenſation commune de toutes ces couleurs
que nous avons nommée *Blancheur.*

§. 109. Ainſi ce n'eſt que le mouvement médiocre qui peut nous faire naître la notion du
Tems, parce qu'il a quelque proportion avec la
fucceſſion de nos idées; mais il ne nous donne
cette notion que, parce que l'Ame peut alors ſe
représenter

repréfenter diftinctement les différens états du Mobile l'un après l'autre, fans en confondre plufieurs enfemble. Or le Tems qui eft un Etre idéal, eft fort différent du mouvement qui eft quelque chofe de réel.

§. 110. Je ne puis donc imaginer comment on a pû dire dans un Mémoire qui a remporté le premier Prix de l'Académie des Sciences, (& où il a d'ailleurs des chofes excellentes,) *que l'éxiftence du mouvement dans un Corps, eft l'éxiftence du Tems dans le Corps ; que le Tems & le mouvement d'un Corps, c'eft la même chofe ; & enfin, que c'eft un préjugé de l'enfance de croire que le Tems eft la mefure du repos, comme celle du mouvement.* Car certainement je pourrois ne jamais remuer de ma place, & avoir des idées fucceffives ; or j'exifterois pendant un certain tems, & j'aurois une idée de la durée de mon Etre, par la fucceffion de mes idées, quand même je ne me ferois jamais mû, & que je n'aurois jamais vû de Corps en mouvement, & que par conféquent je n'euffe aucune idée du mouvement. Ainfi, tant qu'il y aura des Etres dont l'éxiftence fe fuccedera, il y aura néceffairement un Tems, foit que les Etres foient en mouvement, foit qu'ils foient en repos.

§. 111. Ce qui fait que l'on a confondu le mouvement & le Tems, c'eft que l'on n'a point diftingué avec affez de foin le tems de fes mefures.

§. 112.

Méprife de M. de Croufas fur le Tems.

Pag. 504

Il y auroit un Tems, quand même il n'y auroit point de mouvement.

Il faut diftinguer avec foin le Tems de fes mefures.

§. 112. Les mesures du Tems prises des Corps extérieures. nous étoient nécessaires pour mettre de l'ordre dans les faits passés , présens , & même à venir ; & pour pouvoir donner aux autres une idée de ce que nous entendons *par une telle portion de Tems* , & pour nous en rendre compte à nous mêmes : car la succession de nos idées ne peut nous servir à aucun de ces usages , elle ne peut nous servir de régle à nous-mêmes, parce que rien ne peut nous assûrer qu'entre deux perceptions qui paroissent se suivre immédiatement , il ne s'en est pas écoulé une infinité dont nous avons perdu le souvenir , & que des tems immenses séparent.

Cette succession de nos idées ne peut pas non plus nous servir de moyen, pour faire comprendre aux autres ce que nous entendons *par une telle portion de Tems*; car les idées se succedent plus vîte ou plus lentement dans les différentes têtes.

Pourquoi l'on mesure le Tems par le mouvement des Corps extérieurs. Voilà pourquoi nous avons été obligés de prendre les mesures du Tems hors de nous. Presque tous les Peuples se sont accordés à se servir du cours du Soleil pour mesurer le Tems & c'est apparemment à cause qu'il paroît marcher sur nos têtes que les hommes ont confondu le Tems & le mouvement, faute de distinguer le Tems des mesures établies pour mesurer ses parties : car si le Soleil, par exemple, s'éteignoit & se rallumoit à des intervalles égaux, il nous serviroit également de mesure du Tems, quoique la Terre & lui fussent immobiles.

§. 113.

§. 113. Il n'y a point, & il ne peut point y avoir de mesure exactement juste du Tems ; car on ne peut appliquer une partie du Tems à lui-même pour le mesurer, comme on mesure l'E-tenduë par des pieds & des toises qui sont elles-mêmes des portions d'Etenduë. Chacun à sa mesure propre du Tems dans la promptitude ou la lenteur avec laquelle ses idées se succedent, & c'est de ces différentes vîtesses, dont les idées se succedent en différentes personnes, & dans la même personne en différent tems, que sont ve-nuës plusieurs façons de s'exprimer, comme cel-le-ci, par exemple, *j'ai trouvé le tems bien long* ; car le tems nous paroît long, lorsque les idées se succedent lentement dans notre esprit.

Il n'y a point de mesure du Tems exactement juste, & pourquoi.

§. 114. On sent aisément que les mesures du Tems peuvent être différentes chez les diffé-rens Peuples, le cours annuel & journalier du Soleil, les vibrations d'une Pendule (qui sont de toutes les mesures la plus juste) nous ont fourni celles *de Minutes, d'Heures, de Jours, & d'Années* : mais il est très-possible que d'au-tres choses ayent tenu lieu de mesures à d'autres Peuples. La seule qui soit universelle, c'est celle que l'on appelle *un instant* ; car tous les hom-mes connoissent nécessairement cette portion de Tems, qui s'écoule pendant qu'une seule idée reste dans notre esprit.

§. 115. Toutes les mesures du Tems ne sont fondées que sur la durée de notre Etre, & sur celle

celle des Etres qui coéxiſtent avec nous ; &
dont nous rapportons l'éxiſtence à l'idée que
nous avons de la nôtre : car ayant acquis l'idée
de ſucceſſion & de Tems, pendant que nous
avions des idées ſucceſſives, nous tranſportons
cette idée au Tems, pendant lequel nous n'en
avons point eû, comme dans l'évanouiſſement,
par exemple ; & c'eſt ainſi, que nous acquérons
l'idée de la durée du Monde & de l'Univers,
en rapportant l'idée que nous avons de la durée
de notre éxiſtence, au Tems qui s'eſt écoulé
lorſque nous n'étions pas encore, & à celui qui
s'écoulera quand nous ne ſerons plus.

Comment nous acquérons l'idée de l'Eternité. §. 116. Nous concevons dans la durée de tous les Etres finis un commencement & une fin ; or ſi par abſtraction nous ôtons de cette idée celle du commencement, alors la durée eſt *l'Eternité à parte ante* ; ſi nous en ôtons la fin, cette eſpéce de durée s'appelle, *l'Eternité à parte poſt*, & c'eſt ainſi que l'Ame de l'homme eſt éternelle; enfin, ſi nous ôtons de l'idée que nous avons de la durée des Etres finis ſon commencement, & ſa fin, la durée deviendra *l'Eternité de Dieu*, car il n'y a que Dieu qui puiſſe être Eternel *à parte poſt*, & *à parte ante*, c'eſt-à-dire, n'avoir ni commencement, ni fin. Ainſi, nous acquérons l'idée d'une durée infinie, comme toutes les autres idées de l'infini par des Additions & des Souſtractions dont nous ne pouvons jamais voir la fin.

CHAPITRE

CHAPITRE VII.

Des Elemens de la Matiére.

§. 117.

LES Philosophes de tous les tems se font exercés sur l'origine de la Matiére, & sur ses Elemens. Les Anciens avoient chacun leur sentiment différent sur ce sujet, les uns faisoient l'Eau, l'Element primitif de tous les Corps; les autres, l'Air; d'autres, le Feu; Aristote réünissant tous ces sentimens divers admettoit quatre Elemens des choses, l'Eau, l'Air, la Terre, & le Feu: il croyoit que du mélange de ces quatre prin-

Quels étoient selon les anciens Philosophes les principes des choses.

cipes, qui, selon lui, étoient simples, parce qu'ils
n'étoient point resolubles en d'autres mixtes,
resultoit tout ce ....

**Idée de
Descartes
sur les Ele-
mens de la
matiére.**

§. 118. Descartes, qui malgré l'intervalle du
tems qui est entre Aristote & lui, lui a cependant succedé .... Elemens à sa maniére ; il a substitué aux quatre principes d'Aristote trois sortes de petits .... differente
grosseur & differemment figurés ; ces petits
Corps ou Elemens resultoient, selon lui, des
divisions primitives de la Matiére, & formoient
par leur combinaison, le Feu, l'Eau, la Terre,
l'Air, & tous les Corps qui nous environnent.

**Opinion
nouvelle
sur les Ele-
mens, qui
s'est for-
mée de
celle de
Descartes.**

La plûpart des Philosophes d'aujourd'hui ont
abandonné les trois Elemens de Descartes, &
conçoivent simplement la Matiére comme une
masse uniforme & similaire, sans aucune différence interne ; mais dont les petites parties ont
des formes & des grandeurs si diversifiées, que
la varieté infinie qui régne dans cet Univers peut
en resulter. Ainsi, ils ne mettent de différence
entre les parties constituantes de l'or, & du papier, par exemple, que celle qui vient de la figure & de l'arrangement de ces parties.

**Cette opi-
nion est à
peu près
celle d'E-
picure sur
les Ato-
mes.**

Cette opinion qui est très-connuë, ainsi que
celle de Descartes, est à peu de chose près celle
d'Epicure sur les Atomes que Gassendi a renou-
vellée de nos jours ; car ces parties solides & in-
secables de la Matiére, qui ne sont distinguées
les unes des autres que par leur figure, & leur
                                              grandeur

grandeur, ne diffèrent des Atomes d'Epicure
que par le nom.

§. 119. M. de Leibnits qui ne perdoit jamais
de vûe le principe de la raison suffisante, trouva que ces Atomes ne lui donnoient point la
raison de l'étenduë de la Matiére, & cherchant
à découvrir cette raison, il crut voir qu'elle ne
pouvoit être que dans des parties non étendues,
& c'est ce qu'il appelle *des Monades.*

Peu de gens en France connoissent autre
chose de cette opinion de M. de Leibnits que
le mot *des Monades* ; les Livres du célebre
Wolff, dans lesquels il explique avec tant de
clarté & d'éloquence le sistême de M. de Leibnits, qui a pris entre ses mains une forme toute
nouvelle, ne sont point encore traduits dans
notre Langue : je vais donc tâcher de vous faire
comprendre les idées de ces deux grands Philosophes sur l'origine de la Matiére ; une opinion que la moitié de l'Europe savante a embras-
sée, mérite bien qu'on s'applique à la connoître.

§. 120. Tous les Corps sont étendus en longueur, largeur, & profondeur ; or comme rien
n'existe sans une raison suffisante, il faut que
cette étenduë ait sa raison suffisante par laquelle
on puisse comprendre, comment, & pourquoi
elle est possible ; car de dire, *qu'il y a de l'é-*
tenduë, parce qu'il y a de petites parties étenduës,
ce n'est rien dire, puisque l'on fera la même que-

I 2 stion

Le prin-
cipe de la
raison suf-
fisante
montre
que les A-
tomes sont
inadmissi-
bles.

Exposition
du sistême
de M. de
Leibnits
sur les Mo-
nades ou
Elemens
de la ma-
tiére.

tion sur ces petites parties que sur le tout, &
que l'on demandera la raison suffisante de leur
étenduë : or comme la raison suffisante oblige
d'alleguer quelque chose qui ne soit pas la même que celle dont on demande la raison, puis,
que sans cela on ne donne point de raison suffisante , & que la question demeure toujours la
même; si l'on veut satisfaire à ce principe sur l'origine de l'étenduë, il faut en venir enfin à quelque chose de non-étendu , & qui n'aît point
de parties , pour rendre raison de ce qui est
étendu , & qui a des parties : or un Etre non-
étendu & sans parties, est un Etre simple. Donc
les composés , les Etres étendus existent , parce
qu'il y a des Etres simples.

Il faut avoüer que cette conclusion étonne
l'imagination, les Etres simples ne font point
de son ressort, on ne peut se les représenter par
des Images , & l'Entendement seul peut les
concevoir. Les Leibnitiens se servent, pour faire
recevoir les Estres simples avec moins de repu-
gnance , d'une comparaison assez juste ; si quelqu'un demandoit, disent-ils, comment il se peut
faire qu'il y ait des Montres ; il ne se conten-
teroit certainement pas, si on lui répondoit ;
c'est parce qu'il y a des Montres ; mais pour
donner des raisons suffisantes & qui satisfassent,
de la possibilité d'une Montre, il faudroit en
venir à des choses qui ne fussent point *Montres*,
c'est-à-dire, aux ressorts, aux roües, aux pignons, à la chaîne, &c. Ce même raisonnement

ment a lieu pour l'étenduë ; car lorſque l'on dit qu'il y a des Corps étendus parce qu'il y a des atomes, c'eſt comme ſi l'on diſoit : *il y a de l'étenduë, parce qu'il y a de l'étenduë* : ce qui eſt en effet ne rien dire du tout. On ne peut donc trouver la raiſon ſuffiſante d'un Eſtre étendu & compoſé que dans des Eſtres ſimples & non étendus, de même que la raiſon ſuffiſante d'un nombre compoſé ne peut ſe trouver que dans un nombre non compoſé, c'eſt-à-dire, dans l'unité. Il faut donc convenir, concluent ces Philoſophes, qu'il y a des Eſtres ſimples, puiſqu'il y a des Eſtres compoſés.

§. 121. Les atomes, ou parties inſécables de la Matiere ne peuvent être les Etres ſimples ; car ces parties, quoique phiſiquement inſécables, ſont étenduës, & ſont par conſéquent dans le même cas que les Corps qu'elles compoſent : ainſi, le principe de la raiſon ſuffiſante refuſe également aux plus petits Corps comme aux plus grands, cette ſimplicité qui leur eſt néceſſaire, pour que l'on puiſſe trouver en eux la raiſon de l'étenduë de la Matiere.

Les Atomes ne peuvent être les Eſtres ſimples dont la Matiere eſt compoſée.

On ne peut dire que, comme il faut enfin parvenir à des choſes néceſſaires en expliquant l'origine des Eſtres, il n'y a qu'à poſer que les atomes ſont néceſſairement étendus & indiviſibles, & qu'alors on n'aura plus beſoin de rechercher la raiſon de leur étenduë, puiſque tous les Philoſophes conviennent que ce qui

I 3　　eſt

eſt néceſſaire n'a pas beſoin de démonſtration
pourquoi il eſt ; car on ne doit reconnoître
pour néceſſaire que ce dont le contraire implique contradiction (§. 20.) ce qui eſt néceſſaire
a donc beſoin d'une raiſon ſuffiſante qui faſſe
voir pourquoi il eſt néceſſaire ; & cette raiſon
ne peut-être que la contradiction qui ſe trouve dans ce qui lui eſt oppoſé. Or comme il
n'implique point contradiction que des Eſtres
étendus ſoient diviſibles, on ne peut recevoir
l'indiviſibilité des atomes comme néceſſaire :
ainſi il en faut venir à des Eſtres ſimples.

La volonté du Créateur à laquelle les Ato-
miſtes recourent pour rendre raiſon de l'étenduë de l'atome, ne peut, ſelon M. de Leibnits,
reſoudre cette queſtion , parce qu'il ne s'agit
pas de ſçavoir pourquoi l'étenduë exiſte, mais
comment & pourquoi elle eſt poſſible. Or on
a vû ci deſſus que la volonté de Dieu eſt la
ſource de l'actualité , mais non pas de la poſſibilité des choſes. Donc, on ne peut y recourir
pour rendre raiſon de la poſſibilité de l'étenduë.

§. 122. M. de Leibnits après avoir établi la
néceſſité des Eſtres ſimples, explique leur nature & leurs proprietés.

Les Eſtres
ſimples ſou
Monades
n'ont point
de parties.
Les Eſtres ſimples n'ayant point de parties ,
aucune des proprietés qui naiſſent de la compoſition ne ſçauroit leur convenir ; ainſi, les Eſtres
ſimples n'étant point étendus, ſont indiviſibles;
car n'ayant point pluſieurs parties , qui font un,
on ne ſçauroit les ſéparer.   §. 123.

§. 123. Ils n'ont point de figure, car la figure est la limitation de l'étenduë ; or ces
Estres simples n'étant point étendus, ils ne peuvent avoir de figure : par la même raison, ils
n'ont point de grandeur, & ils ne remplissent point d'espace, & n'ont point de mouvement interne ; car toutes les proprietés conviennent au composé, & découlent de la com-
position : ainsi, les Estres simples sont tous différens des Estres composés, & ils ne peuvent
être ni vûs, ni touchés, ni representés à l'imagination par aucune image sensible.

§. 124. Un Estre simple ne peut être produit
par un Estre composé, car tout ce qui peut provenir d'un composé, naît, ou d'une nouvelle
association, ou de la dissociation de ses parties ; or l'association ne peut produire qu'un
Estre composé, & de la dissociation, quand elle
est poussée à son dernier période, il ne peut
venir que des Estres simples qui existoient déja
dans le composé : donc ils n'ont pas été produits par cette dissociation : donc un Estre simple ne peut venir d'un Estre composé.

Il ne peut venir non plus d'un autre Estre
simple, car l'Estre simple étant indivisible, &
n'ayant point de parties qu'on puisse séparer,
rien ne peut se détacher de lui. Ainsi, un Estre
simple ne sçauroit naître d'un Estre simple ; or
puisque les Estres simples ne peuvent provenir

des

des Eftres compofés , ni d'autres Eftres fimples ;
il s'enfuit que la raifon des Eftres doit être dans
l'Eftre néceffaire , c'eft-à-dire , dans Dieu. Et
on ne peut dire que la raifon des atomes ou
parties infécables de la Matiere pourroit être
dans Dieu comme celle des Eftres fimples ;
Dieu n'a pû créer l'étenduë fans créer auparavant les Etres fimples ; car il faut que les parties du compofé exiftent avant le compofé, mais
les parties n'étant plus réfolubles en d'autres, leur
raifon premiere doit fe trouver dans le Créateur.

§. 125. Les Eftres fimples étant l'origine des
Eftres compofés , il faut que l'on trouve dans
les Eftres fimples la raifon fuffifante de tout ce
qui fe trouve dans les Eftres compofés ; les
Eftres fimples doivent donc avoir des déterminations intrinfeques , par lefquelles on puiffe
comprendre pourquoi les compofés qui en réfultent , font plutôt tels qu'ils font , que tout
autrement , c'eft-à dire , pourquoi ils ont tels
& tels attributs, telles & telles proprietés, &c.
Or comme vous avez vû ci - deffus qu'il n'y a
point d'Eftres femblables dans la nature , tous
les Eftres fimples doivent être diffemblables &
contenir en eux des différences, qui empêchent
qu'on ne puiffe mettre l'un à la place de l'autre
dans un compofé , fans changer fa déterminations, puifque fi ces Eftres fimples n'étoient pas
tous diffemblables , les compofés qui en réfultent ne le pourroient point être non plus.

§. 126.

Les Eftres fimples contien- nent la rai- fon fuffi- fante de tout ce qui fe trouve dans les Ef- tres com- pofés.

§. 126. On observe dans les composés un changement perpétuel ; rien ne demeure dans l'état où il est ; tout tend au changement dans la nature ; or puisque la raison premiere de ce qui arrive dans les composés se doit enfin trouver dans les simples, dont les composés resultent, il se doit trouver dans les Etres simples un principe d'action capable de produire ces changemens perpétuels, & par lequel on puisse comprendre pourquoi les changemens se font en un tel tems , plutôt que dans tout autre, & d'une telle maniere , plutôt que de toute autre.

Les Etres simples ont un principe d'action & c'est ce qu'on appelle Force.

Le principe qui contient la raison suffisante de l'actualité d'une action quelle qu'elle soit, s'appelle *force* ; car la simple puissance ou faculté d'agir n'est dans les Etres qu'une possibilité d'action ou de passion, à laquelle il faut une raison suffisante de son actualité. C'est ainsi que l'on dit qu'un animal a la faculté de marcher , un arc , celle de chasser une fléche , une montre , celle de marquer les heures , parce qu'on peut expliquer par la structure de l'animal, de l'arc & de la montre , comment & pourquoi ces effets sont possibles , mais il ne suit point de là que ces effets soient actuels; car si cela étoit, l'animal marcheroit toujours, & la montre indiqueroit toujours les heures , mais c'est ce qui n'arrive pas. Il faut donc admettre entre cette possibilité une raison suffisante de l'actualité, c'est-à-dire une force qui mette en œuvre cette puissance que l'Etre a d'agir. Or la raison suffisante fante de tout ce qui arrive aux compofés devant fe trouver à la fin dans les Etres fimples, il s'enfuit que les Etres fimples ont cette force, qui confifte dans une tendance continuelle à l'action , & cette tendance a toujours fon effet quand il n'y a point de raifon fuffifante qui l'empêche d'agir , c'eft-à-dire , quand il n'y a point de refiftance ; car on doit appeller réfiftance , ce qui contient la raifon fuffifante pour quoi une action ne devient point actuelle, quoique la raifon de fon actualité fubfifte.

Les Etres fimples font dans un mouvement continuel. Les Etres fimples font donc doüés d'une force, quelle qu'elle puiffe être, par l'énergie de laquelle ils tendent à agir , & agiffent en effet dès qu'il n'y a point de réfiftance. Or comme l'experience prouve que la force des Eftres fimples fe déploye continuellement puifqu'elle produit des changemens fenfibles à chaque inftant dans les compofés, il s'enfuit que chaque Eftre fimple eft en vertu de fa nature & par fa force interne, dans un mouvemeut qui produit en lui des changemens perpetuels & une fucceffion continuë ; & que fon état interne & la fuite des fucceffions qu'il éprouve font différens de l'état interne , & des fucceffions qu'éprouve tout autre Etre fimple dans l'Univers entier.

§. 127. Les compofés durent malgré les changemens qu'ils fubiffent, la matiere demeure la même pendant qu'elle reçoit differentes formes,

formes, notre Corps, ni celui des Planetes, ni l'air, ni rien de ce qui nous entoure ne s'anéantit; cependant l'état de ces Etres change à tout moment : il faut donc que les Etres simples dont les Etres composés résultent, durent c'est-à-dire, qu'ils ayent des déterminations constantes & invariables, pendant qu'ils en ont d'autres qui varient continuellement; car si les simples n'étoient pas durables par leur nature, les composés ne pourroient durer : les Etres simples sont donc de véritables substances, c'est-à-dire, des Etres durables & susceptibles des modifications que leur force Interne produit, (§. 52.)

Il n'y a de véritables substances que les Etres simples.

Rien ne sçauroit arrêter cette force interne des Etres simples, ni changer les effets qui en sont une suite, parce qu'aucun agent naturel ne peut ni briser, ni détruire les Etres simples.

§. 128. On voit par là que les véritables Substances (c'est-à-dire) les Etres simples sont actives, puisqu'elles portent en elles le principe de leurs changemens, c'est-à-dire, cette force qui leur est essentielle, qui ne les quitte jamais, & qui ne peut s'éteindre : & l'on comprend ce que M. de Leibnits entendoit lorsqu'il disoit que le véritable caractere de la Substance est d'agir, qu'elle se distingue des accidens par l'action, & qu'il est impossible de la concevoir sans force.

J'ai dit ci-dessus que suivant le sentiment de
M.

M. de Leibnits, chaque Monade, ou Etre fimple (car c'eft la même chofe) contient une fuite de changemens qui eft différente de la fuite
des changemens, de tout autre Etre fimple, ce
qui eft une fuite néceffaire du principe des indifcernables. Nous en avons un exemple dans
nos ames, car perfonne ne doute que la fuite
des idées d'une ame ne foit différente de la fuite
des idées de toutes les autres ames qui exiftent.

§. 129. Les différens états d'un Etre fimple
dépendent les uns des autres ; car un tel état
fucceffif n'étant point plus néceffaire qu'un autre, il faut qu'il y ait une raifon fuffifante pourquoi un tel état eft actuel, & pourquoi plûtôt
en tel tems qu'en tout autre : or cette raifon
ne peut fe trouver que dans l'état qui a précedé,
& la raifon de celui-ci fera dans l'état antécedent à lui, & ainfi de fuite jufqu'au premier.
Ce premier état, qui n'en fuppofe point d'autre
antécedent à lui, a dépendu de Dieu ; mais tous
les états conféquens font liés entre eux, enforte que du premier découle le dernier qui y étoit
contenu, & qui doit être tel, parce que le premier a été ainfi & non pas autrement : de même que l'état actuel d'un Horloge dépend de
l'état précedent, celui-là d'un autre, & ainfi de
fuite, jufqu'au premier qui a dépendu de la
façon dont l'ouvrier a arrangé les rouës ; &
c'eft ainfi que la 47. propofition d'Euclide découle de la première, & y eft contenuë.

§. 130.

§. 130. Tout eſt lié dans le monde ; chaque Etre a un rapport à tous les Etres qui coéxiſtent avec lui, & à tous ceux qui l'ont précedé, & qui doivent le ſuivre : nous ſentons nous-même à tout moment que nous dépendons des Corps qui nous environnent ; qu'on nous ôte la nourriture, l'air, un certain degré de chaleur, nous périſſons, nous ne pouvons plus vivre ; toute la Terre dépend de l'influence du Soleil, & elle ne ſçauroit ſe conſerver, ni végeter ſans ſon ſecours. Il en eſt de même de tous les autres Corps ; car quoique nous ne voyions pas toujours diſtinctement leur liaiſon mutuelle, nous ne pouvons cependant par le principe de la raiſon ſuffiſante & par l'analogie, douter qu'il n'y en ait une, & que cet Univers ne faſſe un tout, un entier & une ſeule machine dont toutes les parties ſe rapportent les unes aux autres, & ſont tellement liées enſemble, qu'elles conſpirent toutes à une même fin.

§. 131. Les raiſons primitives de tout ce qui arrive dans les Corps, devant ſe trouver enfin dans les Elemens dont ils ſont compoſés, il s'enſuit que la raiſon primitive de la liaiſon des Corps entre eux, en tant qu'ils coéxiſtent, & qu'ils ſe ſuccedent, ſe trouve dans les Eſtres ſimples : la liaiſon des parties du Monde dépend donc de la liaiſon des Elemens, qui en eſt le fondement, & la premiere origine. Ainſi, l'état de chaque

chaque Element renferme une relation à l'état
préfent de l'Univers entier, & à tous les états
qui naîtront de l'état préfent, de même que dans
une Machine bien faite, la moindre partie a une
relation à toutes les autres : car l'état d'un Element quelconque A étant déterminé, l'harmonie & l'ordre demandent que l'état de fes voi-
fins B C D, &c. foient auffi déterminés d'une
telle manière, plûtôt que de toute autre, pour
confpirer avec l'état du premier ; & comme la
même raifon continuë pour tous les états des
Elemens, tous les états futurs des Elemens auront
auffi une relation à l'état préfent qui doit coéxifter avec eux, aux états paffés dont cet état
préfent découle, & aux états qui le fuivront ;
& dont il eft la caufe. Ainfi, on peut dire que
dans le fiftême de M. de Leibnits, c'eft un problême Métaphifico-Géometrique, *l'état d'un
Element étant donné, en déterminer l'état paffé,
préfent, & futur de tout l'Univers :* la folution
de ce problême eft refervée à l'éternel Géometre qui le refout à tout moment, en ce qu'il
voit diftinctement la relation de l'état de chaque Etre fimple à tous les états paffés, préfens,
& futurs de tous les autres Etres de l'Univers :
mais il fera toujours impoffible aux Etres finis
d'avoir une idée diftincte de cette relation infinie, que toutes les chofes qui éxiftent ont entre elles, parce qu'alors ils deviendroient Dieu.

§. 132. Notre Ame fe repréfente à la vérité

té l'Univers entier, mais c'eft d'une maniére confufe, au lieu que Dieu le voit d'une maniére fi diftincte, qu'aucun des rapports qui y entrent ne lui échappent. C'eft encore un des fentimens de M. de Leibnits, qui a le plus befoin d'être éclairci & d'être fauvé du ridicule, dont on pourroit le charger, que cette repréfentation de l'Univers entier, & de tous fes changemens, qu'il prétend être un attribut de notre Ame.

On fait, & tous les Philofophes conviennent que le mouvement fe propage dans le plein à toutes les diftances, la moindre pierre jettée dans l'Océan trouble l'équilibre de cette maffe d'eau immenfe, & y forme des anneaux dont on ne difcerne point diftinctement la fin. Figurons nous, par exemple, un batteau qui flotte fur la Mer, & qu'on y jette à des diftances différentes de ce batteau, des pierres de différente groffeur, on s'apperçoit que chaque pierre fait naître des anneaux, qui en forme d'ondes fe propageront plus ou moins fort, à proportion qu'elles viennent de plus loin, & que la caufe qui les a produites étoit plus puiffante. Ainfi, ce batteau recevra fucceffivement des impreffions de toutes les pierres, dont chacune eft telle qu'on en pourroit déterminer la caufe, & la diftance : or nous fommes dans le même cas que ce batteau, notre Corps nage dans un fluide infini, & il vient des ondes le frapper de toutes parts, lefquelles portent avec elles le caractère de leur

origine

origine ; lorſqu'une impreſſion dans les organes
de nos ſens eſt forte, & qu'elle excite en nous un
mouvement violent, parce que l'objet qui en eſt
la cauſe eſt proche, nous l'apperçevons & nous
en avons une idée fort claire ; à meſure que
l'objet qui cauſe la ſentation s'éloigne, l'impreſſion qu'il fait ſur les organes de nos ſens
devient moins forte, & la clarté de l'idée qu'elle
excite en nous ſuit cette dégradation, & diminuë à proportion ; car par la loi de continuité,
la clarté de l'idée doit ſuivre la force de l'impreſſion. Ainſi, quand l'objet eſt fort loin, &
qu'il ne peut faire d'impreſſion ſenſible ſur nos
ſens, l'idée doit auſſi devenir inſenſible, c'eſt-
à-dire, doit former une repréſentation ob-
ſcure ; or les impreſſions que les objets
font ſur nous, continuent à quelque diſtance qu'ils puiſſent être placés, parce que
dans le plein tout mouvement doit produire des ondes à l'infini, comme cette pierre
qu'on jette dans l'Océan, dont je viens de parler, & les ondes propagées & dilatées à l'infini doivent néceſſairement venir juſqu'à nous,
& par conſéquent, il ſe doit faire dans notre
ame une repréſentation relative au mouvement
que nos organes ont éprouvé. Car ſi à une certaine diſtance les repréſentations que les objets
excitent dans notre ame, venoient à ceſſer, quoique les impreſſions qu'ils font ſur nos ſens con-
tinuaſſent, il ſe feroit un ſaut dans la Nature, ce qui ſeroit contraire au principe de la
raiſon

raison suffisante (§. 13.) car il n'y auroit point
de raison, pourquoi la clarté d'une idée auroit
diminué par graduation, & suivi la proportion
des impressions jusqu'à un certain point, & qu'à
ce point elle vint à finir comme par un saut,
quoique la raison pour laquelle elle devroit
continuer subsistât toujours. Ainsi, dès qu'on
admet le principe de la raison suffisante, & le
plein qui en est une suite, on est obligé de convenir que nous recevons des impressions de tous
les mouvemens qui arrivent dans l'Univers, &
que notre ame en a des représentations obscures, à cause de la liaison constante qui est entre
les impressions du Corps & les représentations
de l'ame. Nous ne pouvons avoir à la vérité
une représentation claire que des changemens
les plus marqués, & qui affectent nos organes
avec une certaine force ; mais toutes ces représentations éxistent, quoique notre ame ne les
apperçoive point, à cause de leur foiblesse & de
leur multiplicité infinie, qui fait qu'il est impossible de les distinguer, & que par conséquent
elles n'éxcitent en nous que des représentations
obscures. Qu'une infinité de représentations obscures accompagnent nos idées les plus claires,
c'est ce dont nous ne pouvons disconvenir, si
nous faisons un peu d'attention sur nous mêmes.
J'ai une idée toute claire, par exemple, de ce
papier, sur lequel j'écris, & de la Plume dont je
me sers : cependant, combien de représentations
obscures sont enveloppées & cachées, pour ain-

Tome I.   *   K   ſi

fi dire, dans cette idée claire ; car il y a une infinité de chofes dans la tiffure de ce papier, dans
l'arrangement des fibres qui le compofe , dans
la différence & la reffemblance de ces fibres que
je ne diftingue point, & dont j'ai cependant une
repréfentation obfcure ; car les fibres, leurs différences , & leur arrangement fubfiftant , il n'y
a aucune raifon pourquoi elles ne cauferoient
pas des impreffions dans mes organes , & par
conféquent des repréfentations dans mon Ame :
mais ces impreffions étant trop foibles & trop
compofées, je ne les diftingue point , & il en
naît dans mon Ame des repréfentations obfcures.
Ainfi , la repréfentation totale qui refulte du tout
de ce papier eft claire ; mais les repréfentations
partiales font obfcures. Il eft aifé de voir par-là
pourquoi dans le ventre de nos meres , nous
fommes dans un état d'idées toutes obfcures ;
c'eft que notre Corps n'étant point encore dé-
veloppé , nos membres & nos organes font af-
faiffés & concentrés prefque dans un point ; par
conféquent il eft impoffible que l'animal ne foit
également affecté par tout de la même impreffion. Ainfi , le moindre mouvement ébranle
l'animal entier fi fort, qu'il ne fauroit diftinguer
une impreffion d'une autre , ni par conféquent
fe former d'idées diftinctes ; au lieu que quand
nous fommes fortis des envelopes de l'*uterus*, notre Corps eft tellement difpofé , que le mouvement des raifons de lumiére, par exemple, ne peut
point ébranler les nerfs acouftiques , ni les fons
le

lenerf optique,&embrouiller par-là des idées fort
différentes , qui doivent être conçûes & senties
féparement pour qu'elles puissent être distinctes.

§. 133. Cette liaison de notre Ame avec
l'Univers entiers vient donc de l'union des Elemens entre eux , & des rapports qu'ils ont tous
les uns avec les autres , & ces rapports naissent
de leur dissemblance ; car cette dissemblance fait
que chaque Element par son essence & par ses
déterminations intrinsèques, éxige là coéxistan-
te d'un tel Element auprès de lui plûtôt que
de tout autre , & l'on ne pourroit ôter un Element de sa place pour lui en substituer un autre,
& conserver cependant la même suite de choses;
un tel changement changeroit tout l'Univers ,
& il s'en formeroit un Univers nouveau: d'où
l'on voit que l'on trouve dans la dissemblance
des Elemens , pourquoi cet Univers est tel qu'il
est plûtôt que tout autre. C'est encore par cette
dissemblance que l'on peut comprendre comment des Etres non étendus peuvent former
des Etres étendus; car les Elemens éxistent tous
nécessairement les uns hors des autres (puisque
l'un ne peut jamais être l'autre,) & étant tous,
comme on vient de le voir, unis & liés ensemble, il en resulte un assemblage de plusieurs Etres
divers , qui éxistent tous les uns hors des autres,
& qui par leur liaison font un tout; mais j'ai
fait voir que nous ne pouvons nous représenter
l'étenduë que comme l'assemblage de plusieurs

K 2   choses

chofes diverfes coéxiftantes, & qui éxiftent les unes hors des autres (§. 77.) : donc, concluënt les Leibnitiens, un agrégat d'Etres fimples doit être étendu. Ainfi, de l'union Métaphifique des Elemens entr'eux découle l'union Méchanique des Corps que nous voyons ; car toute la Méchanique qui tombe fous nos fens dérive à la fin, & en remontant à la fource premiere, de principes fupérieurs & Metaphifiques.

§. 134. Les Compofés ne peuvent fubfifter fans les fimples, ni recevoir aucun changement qui ne foit fondé dans les Elemens ; ainfi les Compofés ne font point des Subftances par eux mêmes, mais des affemblages de Subftances ou d'Etres fimples. Car dans l'Etre compofé, il n'y a rien de Subftantiel que les Elemens ; tout le refte, comme la grandeur, la figure des parties, leur fituation entre elles, les qualités Phyfiques de la Matiére, comme la dureté, la ductilité, la meabilité, &c. qui conftituent le Compofé, ne font que des Modes ; comme dans une Montre, par exemple, la figure des Roues, leur combinaifon, la qualité du reffort, la duretés des parties,&c. conftituent la Montre : cependant, on voit évidemment que toutes ces chofes ne font que des Modes, qui peuvent varier fans que la matiére de la Montre périffe ; & par conféquent il ne périt rien de fubftantiel, quoiqu'un compofé ceffe, & qu'il s'en forme un autre par la différente combinaifon de fes parties,

Tout Etre compofé n'eft point une fubftance, mais un aggrégat de fubftances, c'eft-à-dire, d'Etres fimples.

ties , puifque les Elemens continuent toujours
de fubfifter , & de durer quelque féparation qui
puiffe arriver aux parties qui font les Compofés.
Cependant, l'étendue doit nous paroître une
Subftance , car nous voyons. qu'elle dure , &
qu'elle peut être modifiée (§. 52.); mais fi nous
examinons cette idée avec les yeux de l'Entendement , nous ferons obligés de reconnoître
qu'elle n'eft qu'un Phenoméne , une abftraction de plufieurs chofes réelles, par la confufion
defquelles nous nous formons cette idée d'é-
tendue ; c'eft de cette confufion que naiffent
prefque tous les objets qui tombent fous nos
fens, & dont les réalités font fouvent infiniment différentes des apparences(§. 53.) Ainfi,
fi nous pouvions voir diftinctement tout ce
qui compofe l'étendue , cette apparence d'é-
tendue, qui tombe fous nos fens, difparoîtroit,
& notre Ame n'appercevroit que des Etres fimples éxiftans les uns hors des autres, de même que
fi nous diftinguons toutes les petites portions de
matiére differemment mues, qui compofent un
portrait, ce portrait qui n'eft qu'un Phenoméne
difparoîtroit pour nous. Ainfi , la même confufion , qui eft dans mes organes & qui fait que
de la reffemblance d'un vifage humain refulte
l'affemblage de plufieurs portions de matiére
différemment mues, dont aucune n'a de rapport
au Phenoméne, qui en refulte pour moi, cette
même confufion , dis-je, fait que le Phenoméne
de l'étendue refulte pour nous de l'affemblage

Comment l'étenduë peut réfulter de l'affemblage des Etres fimples.

K 3   des

des Etres simples & de leurs différences internes;
mais comme il est impossible que nous nous
représentions l'état interne de tous les Etres simples, duquel, cependant, le Phenoméne de l'é-
tendue dépend, toute perception des réalités
nous doit échapper par notre nature ; & il ne
nous reste des idées confuses que nous avons
de chacun de ces Etres simples, qu'une idée de
plusieurs choses coéxistantes, & liées ensemble, sans que nous sachions distinctement comment elles sont liées, & c'est cette idée confuse qui fait naître le Phenoméne de l'étendue.

Pourquoi
les Etres
simples
révoltent
tant l'ima-
gination.

§. 135. La répugnance que l'on a à concevoir comment des Etres simples & non étendus
peuvent par leur assemblage composer des Etres
étendus, n'est pas une raison pour les rejetter: cette révolte de l'imagination contre les Etres simples, vient vraisemblablement de l'habitude ou
nous sommes de nous représenter nos idées sous
des images sensibles, qui ne peuvent ici nous aider

Dans les choses dont on ne peut se faire
d'images sensibles, & qu'on ne peut se représenter par des caractéres, il faut tâcher d'y suppléer en ne perdant jamais les principes incontestables de vûe, & en tirant des conclusions
par des conséquences liées entr'elles, sans faire
jamais aucun saut dans nos raisonnemens.

Il en seroit des vérités Géometriques comme des Etres simples, si on n'avoit pas inven-
té des signes pour les représenter à l'imagination

tion, cependant ces vérités n'en seroient pas moins sûres, peut-être quelques jours trouvera-t'on un calcul pour les vérités Metaphysiques, par le moyen duquel par la seule substitution des caractéres, on parviendra à des vérités comme dans l'Algebre. M. de Leibnits croyoit l'avoir trouvé ; mais par malheur il est mort sans communiquer sur cela ses idées, qui du moins nous auroient mis sur la voie, si elles n'avoient pas donné tout ce que le nom d'un aussi grand homme promettoit.

§. 136. Il est fâcheux sans doute que tous les gens qui pensent ne soient pas d'accord sur les premiers principes des choses, il sembleroit que le droit que la vérité a sur notre assentiment devroit s'étendre sur toutes les notions & sur tous les tems. Cependant, combien de vérités ont été combattues des siécles entiers avant d'être admises ; tel a été, par exemple, le véritable sistême du Monde, & de nos jours les forces vives. Il ne m'appartient pas de décider si les Monades de M. de Leibnits sont dans le même cas : mais soit qu'on les admette, ou qu'on les refute, nos recherches sur la nature des choses n'en seront pas moins sûres ; car nous ne parviendrons jamais dans nos expériences jusqu'à ces premiers Elemens qui composent les Corps, & les Atomes physiques (§.172.), quoique composés encore d'Etres simples, sont plus que suffisans, pour exercer le desir que nous avons de connoître.　　　　K 4　　CHAP.

CHAPITRE VIII.

De la nature des Corps.

§. 137.

DESCARTES, le Pere Mallebranche, & tous leurs sectateurs ont fait consister l'essence du Corps dans l'étendue; ils croyoient qu'il ne falloit que de l'étendue en longueur, largeur, & profondeur pour faire un Corps, & voici comment ils raisonnoient. L'essence d'une chose est ce qu'on reconnoît de premier dans cette chose, ce qui en est inseparable, & d'où dépendent toutes les proprietés qui lui conviennent. (37.) Ainsi, pour découvrir en quoi consiste l'essence de la Matiere, il faut examiner quelles sont

font les proprietés qui font renfermées dans l'i-
dée qu'on a de la Matiere , comme la fluidité ,
la dureté , le mouvement , le repos, l'étenduë ,
la figure , la divifibilité , &c:, & confiderer enfuite quels font de tous ces attributs ceux qui
en font inféparables. Or la fluidité , la moleffe,
le mouvement, & le repos pouvant être féparés de la Matiere , puifqu'il y a plufieurs Corps
qui font fans dureté , ou fans fluidité , ou fans
moleffe , quelques - uns qui ne font point en
mouvement d'une façon fenfible , & d'autres
qui ne font point en repos , il s'enfuit que tous
ces attributs n'étant point inféparables de la
Matiere , ne lui font point effenciels.

Mais il refte quatre attributs que nous concevons comme inféparables de la Matiere , qui
font la figure , la divifibilité , l'impénétrabilité ,
& l'étendue. Pour connoître quel eft de ces
quatre attributs celui qu'on doit prendre pour
l'effence de la Matiere , il faut donc examiner
quel eft celui, qui n'en fuppofe point d'autres ,
& qui doit fe trouver le premier dans l'Etre.
On reconnoît facilement alors que la figure ,
la divifibilité , l'impénétrabilité fuppofent l'é-
tendue , & que l'étendue ne fuppofe rien ; mais
que dès qu'elle eft donnée , la figure , l'impénétrabilité & la divifibilité le font auffi : donc ,
continuent ces Philofophes , on doit conclure
que l'étendue eft l'effence du Corps , puifque
toutes fes autres proprietés dépendent de l'é-
tendue.

Quatre attributs principaux des Corps.

Defcartes & le Pere Malle- branche faifoient confifter l'effence du Corps dans l'é- tendue.

§. 138.

§. 138. Cette définition de l'essence du Corps les conduisoit nécessairement à ôter toute force, & toute activité aux créatures ; car quelques réfléxions que l'on fasse sur l'étendue, qu'on la limite comme on voudra, qu'on arrange ses parties de toutes les manieres possibles, on ne voit point comment il en peut naître une force & un principe interne d'action : car la Matiere étant, selon cette définition, une substance seulement passive, elle ne peut jamais devenir active par toutes les modifications possibles. Cependant comme l'experience prouve que les Corps agissent & sont doüés d'une activité, les Cartesiens ont eu recours, pour expliquer cette force active, à la volonté de Dieu. Ainsi, selon eux, ce ne sont point les créatures qui agissent, c'est Dieu lui-même qui meut immédiatement un Corps à l'occasion d'un autre ; & cela suivant une certaine loi qu'il s'est prescrite au commencement, & qu'il ne viole jamais que lorsqu'il fait des miracles ; car on appelle *miracle* un effet qui n'est point explicable par les loix du mouvement & par l'essence des Corps. Ainsi, les causes secondes paroissent bien avoir quelque éfficace dans ce sistême, mais elles n'en ont réellement point. Dieu fait tout par son concours immédiat, les créatures sont les occasions, mais jamais les causes ; elles peuvent recevoir, mais elles ne peuvent jamais ni agir, ni produire.

Et ils ô- toient tou- te activité aux créatu- res.

§. 139.

§. 139. Tout cet enchaînement de conféquences & de démonstrations des Cartéfiens
tombe bientôt par le principe de la raifon fuffifante ; car fi l'effence du Corps confifte dans la
fimple étendue, & qu'il n'y ait point de différences internes dans les parties de la Matiere qui
les diftinguent réellement, la Matiere eft fimilaire, & une de fes parties ne differe de l'autre
que par la pofition, comme les Cartéfiens l'a-
vouent eux - mêmes. Or nous avons vû (§. 12.)
que le principe de la raifon fuffifante ne fouffre
point dans l'Univers de Matiere fimilaire, & qui
ne foit pas diftinguée par des qualités internes.
Ainfi l'effence du Corps ne peut confifter dans
la fimple étenduë, puifqu'il eft néceffaire, pour
fatisfaire au principe de la raifon fuffifante, d'accorder une différence originaire dans les parties
de la Matiere, qui lui foit auffi effentielle que
l'étendue - même.

Mais cette opinion fe trouve fauffe, lorfqu'on admet le principe d'une raifon fuffifante.

Il faut donc qu'il y ait quelque chofe dans la
Matiere d'où cette différence interne tire fon
origine ; mais elle n'en peut point avoir d'autre
que la force interne ou tendante au mouvement
qui eft dans toute la Matiere, & qui fe diver-
fifiant à l'infini, met une différence réelle entre toutes les parties de la Matiere, enforte
qu'il eft impoffible de mettre l'une à la place de
l'autre, parce qu'il n'y en a pas deux qui ayent la
même force & le même mouvement, & par conféquent la même forme ; car toute forme fuppofe
du mouvement, & par conféquent de la force.

il faut ajouter à l'étenduë la force active & paffive, pour avoir une idée jufte de l'effence du Corps.

La

La force eſt donc auſſi néceſſaire à l'eſſence du Corps que l'étendue ; car on ne ſçauroit admettre aucune portion de Matiere ſans mouvement , puiſqu'une portion de Matiere quelconque , quelque petite qu'elle fût , ſeroit compoſée de parties ſimilaires , ſi toutes ſes parties étoient dans un parfait repos. Mais c'eſt ce qui ne peut être par le principe de la raiſon ſuffiſante, (§. 12.)

§. 140. La premiere choſe que nous comprenons des Corps, c'eſt que ce ſont des Etres compoſés de pluſieurs parties. Ainſi , ſles proprietés d'un Etre compoſé leur doivent convenir; or il ne peut arriver de changemens dans le compoſé qu'à l'égard de ſa figure, de ſa grandeur , de la ſituation de ſes parties & du lieu du tout : & par conſéquent tous les changemens des Corps ſe doivent réduire à ceux - là. Mais comme aucun de ces changemens ne ſe peut faire ſans le mouvement , tout changement doit être cauſé par le mouvement de la Matiere, ou de ce qui eſt étendu. Ainſi , tous les Corps , toutes les portions de Matiere ſont des Machines ; car nous appellons *Machine* un compoſé dont les changemens ſe font en vertu de ſa compoſition & par le moyen du mouvement.

§. 141. L'étenduë qui réſulte de la compoſition n'eſt donc pas la ſeule proprieté qui convient au Corps, il y faut ajouter encore le pouvoir

Il n'y a point de Matiere ſans force.

voir d'agir : ainſi la force qui eſt le principe de
l'action ſe trouve répandue dans toute la Matiere, & il ne ſçauroit y avoir de Matiere ſans
force motrice, ni de force motrice ſans Matiere, comme quelques Anciens l'avoient fort
bien reconnu.

ni de force ſans Matiere.

§. 142. La raiſon nous montre & l'experience nous confirme une autre proprieté des Corps,
c'eſt celle de réſiſter, ou la force paſſive ; car
en raiſonnant d'après la force active qui eſt
dans les Corps, on ne voit pas ſur quoi elle
agiroit, ſi les Corps n'étoient pas réſiſtans,
puiſqu'il n'y auroit point alors de raiſon ſuffiſante de leur action.

D'un autre côté, nous éprouvons tous les
jours que lorſque nous voulons mettre en mouvement un Corps qui nous paroît en repos,
nous ne pouvons y parvenir ſans un effort qui
ſurmonte la réſiſtence de ce Corps lourd & pa-
reſſeux, qui ne ſe met en mouvement que par
une action continuée. Ce Corps a donc une
force par laquelle il réſiſte au mouvement qu'on
veut lui imprimer.

La force paſſive étoit né-ceſſaire pour que le mouve-ment s'e-xécutât a-vec raiſon ſuffiſante,

Cette force réſiſtante a été exprimée par Képler d'une maniere fort ſignificative par les mots
de *vis inertia*, force d'*inertie*. Sans cette force,
aucune des loix du mouvement ne pourroit
ſubſiſter, & tous les mouvemens ſe feroient ſans
raiſon ſuffiſante : car dès qu'on admettroit que
la Matiere fût ſans réſiſtance, ou force d'inertie,

tie, il n'y auroit plus de proportion entre la cause & l'effet ; & l'on ne pourroit point juger de ce qu'un Corps a une telle quantité de mouvement & une telle masse, qu'il a fallu une telle force pour le lui communiquer. Car le plus grand Corps & le plus petit pourroient être mûs par la même force avec la même facilité & la même vîtesse, s'ils étoient l'un & l'autre sans inertie : la moindre force suffiroit pour donner le plus grand mouvement à cette étendue légere, & pour ainsi dire, vuide, & pour l'arrêter, quand elle est dans le plus grand mouvement, il ne faudroit qu'un effort infiniment petit.

Il n'y auroit aucune vérité déterminée dans les changemens qui arrivent dans les Corps, si la Matiere étoit sans inertie, puisque ces changemens pourroient être indifféremment tels qu'ils sont, ou tous autres, sans qu'on en pût donner aucune raison, ce qui est entierement contraire au principe de la raison suffisante, selon lequel les effets doivent être proportionnés aux causes. Mais cette proportion entre la cause & l'effet se trouve toujours dans l'action des Corps les uns sur les autres, dès qu'on admet de la résistance dans l'étendue : car alors une double étendue opposant une double résistance, il faut une double force pour lui imprimer le même mouvement ; & l'on peut dire en général que les forces sont comme les masses, quand les vîtesses sont égales.

Ainsi,

Ainsi, si l'on veut que le mouvement se fasse avec raison suffisante, c'est-à-dire, qu'il soit possible, il faut admettre dans les Corps cette force résistante, ou force passive, sans quoi on ne pourroit jamais déterminer quelle force seroit nécessaire pour faire un effet donné.

§. 143. L'étenduë combinée avec la force d'inertie est ce qu'on appelle *Matiere* : car ordinairement on considere la Matiere comme une masse lourde & sans action ; & l'on appelle l'étenduë Matiere, en tant qu'on la regarde comme quelque chose de passif.

L'étendue jointe à la force d'inertie, est ce qu'on appelle Matiere.

§. 144. Mais l'idée de la Matiere conçue de cette façon n'est encore qu'incomplette ; car aucun des changemens dont la Matiere est susceptible, ne pourroit arriver ou devenir actuel par l'étendue & la force d'inertie. Il faut donc y joindre la force motrice, laquelle contient la raison suffisante de l'actualité des changemens dans les Corps; & l'on a vû que cette force motrice est inséparable de la Matiere, parce que le principe de la raison suffisante n'admet point de Matiere similaire dans l'Univers.

Mais c'est improprement, car il faut ajouter la force motrice, qui est la raison suffisante de l'actualité du mouvement.

§. 145. Tous les changemens qui arrivent dans les Corps peuvent s'expliquer par ces trois principes, *l'étendue, la force résistante, & la force active* ; car en tant qu'étendu, le Corps a une grandeur, une figure, & une situation :

Tout ce qui arrive dans les Corps peut se déduire de l'étendue, & de la force active & passive.

ainsi,

l'on peut comprendre par la proprieté d'étendue quels changemens font poffibles dans les Corps, puifqu'on peut comprendre par là quels changemens & quelles limites ils peuvent recevoir dans leur figure & leur fituation. Or tous ces changemens peuvent devenir actuels par la force motrice qui eft le principe du mouvement ; la force motrice peut donc faire comprendre comment les changemens, qui étoient poffibles dans le Corps en vertu de fon étendue, deviennent actuels. Mais aucun de ces changemens n'étant plus néceffaire qu'un autre, puifque le Corps par fon étendue & fa force eft également fufceptible de les fubir tous, il faut une raifon pourquoi tels changemens arrivent, tandis que d'autres qui étoient auffi poffibles par l'étendue & par la force motrice, n'arrivent point ; & cette raifon fe trouve dans la force d'inertie ou force réfiftante. Ainfi, l'on peut comprendre par l'étendue, la force motrice & la force d'inertie, pourquoi de certains changemens font poffibles dans les Corps, comment ils deviennent actuels, & pourquoi les uns ont lieu plutôt que d'autres, & dans un tems plutôt que dans un autre ; & l'on peut dire par conféquent que ces trois principes fuffifent, & que c'eft en eux que confifte la nature du Corps.

Et c'eft dans ces trois principes que confifte leur effence.

§. 146. On voit par là que les Philofophes. qui veulent que l'on n'admette en Philofophie que

que des principes méchaniques, & qui prétendent que tous les effets naturels doivent être
explicables méchaniquement, ont raison ; car
la possibilité d'un effet se doit prouver par la figure, la grandeur, & la situation du composé,
& son actualité, par le mouvement. Et quiconl-
que raisonne ainsi, procede dans ses raisonnemens, comme la nature des choses l'exige.

§. 147. Ces trois principes, sçavoir, *l'éten-*
due, la force passive, & la force motrice, ne dépendent point l'un de l'autre ; car ce sont les
essentielles du Corps, & on a vû que les essentielles ne se déterminent point mutuellement,
mais qu'elles peuvent seulement subsister ensemble sans se détruire. Ainsi, la force active
& la force passive ne découlent point de l'étendue, & ces deux forces ne font point une suite
l'une de l'autre, ni l'origine de la proprieté
qu'on nomme étendue.

Il est aisé de voir que la force active
ne résulte ni de l'étendue, ni de la force
d'inertie ; car ni la figure, ni la grandeur, ni la
combinaison des parties ne sçauroient produire
une tendance au mouvement, une force, ou un
certain degré de vîtesse, comme les Cartésiens
l'avoient très-bien compris. La force d'inertie
ne peut être non plus la cause de la force active
à laquelle elle résiste : ainsi, l'on est obligé d'admettre la force active dans les Corps comme un
principe fort différent de l'étendue & de la ré-

Tome I. 　　 * 　　 L 　　 sistance,

Ces trois principes ne dépen-dent point l'un de l'autre.

fiftance , & qui n'en découle nullement : or comme on peut dire la même chofe de la force d'inertie & de l'étendue , les trois propriétés ne dépendent point l'une de l'autre.

§. 148. La force active ne dépendant ní de l'étendue ní de l'inertie de la matiére , on doit fe la repréfenter comme un Etre à part qui dure & qui fubfifte par lui-même , & qui donne l'Etre & la perfection à la matiére, qui fans elle feroit un cahos & une maffe fimilaire, qui ne pourroit éxifter.

Pourquoi la force active doit nous paroître une fubftance. La force active doit paroître une fubftance, parce qu'elle a des Modes, la vîteffe, par exemple , en eft un ; car la force active confifte dans une tendance continuelle de changer de lieu , & c'eft par cette tendance que le mobile devient capable de parcourir un certain Efpace en un certain tems. Or cette capacité d'employer un certain tems à parcourir un certain Efpace, c'eft ce qu'on appelle vîteffe ; la vîteffe, eft donc attachée à la force active, comme à fon fujet : mais cette vîteffe peut changer ; or , il n'y a que les Modes qui puiffent changer dans un fujet ; donc la vîteffe eft un Mode de la force active , & la modification de la force confifte dans la variation de la vîteffe.

On appelle l'état interne d'un Etre , les déterminations de fes changemens internes , c'eft-à-dire, des changemens qui peuvent arriver dans lui-même, comme , par exemple ,

l'état

l'état interne de ma Montre dépend de la dif-
position des rouës les unes à l'égard des autres;
mais son état externe est déterminé par les relations qu'elle obtient avec d'autres Etres, comme d'être posée sur la table, sur la cheminée,
&c. Ainsi, la force motrice étant susceptible
de toutes sortes de degrés de vîtesse, son état
interne est déterminé par la vîtesse, & cet état
est plûtôt tel dans un tems quelconque que tout
autrement, parce qu'une vîtesse donnée le détermine. D'où il suit que la vîtesse est une limitation de la force motrice. On peut dire de
même que l'état externe de la force motrice
dépend de la direction de la vîtesse; car la direction n'ajoute rien de nouveau à la vîtesse & à
la force, elle ne produit d'autre effet que de faire
obtenir au mobile des relations différentes aux
Corps coéxistans : donc l'état externe de la
force motrice dépend de la détermination de la
direction.

La vîtesse & la direction sont des Modes de la force motrice.

§. 149. On regarde ordinairement la force
motrice comme resultant de la matière modifiée par la vîtesse, mais cette notion de la force
motrice est absolument fausse; car la possibilité
des Modes dans un sujet doit venir ou des objets antérieurs, ou des Modes antécedens de ce
sujet (§. 44.) Or, si la vîtesse étoit un Mode
de la matiére, & qu'elle résultât des Corps extérieurs, il faudroit en trouver la raison dans
ces Corps extérieurs, qui sont eux-même de la

La vîtesse ne peut être un Mode de la matiere.

L 2   matiére

matiére : ainfi, la même queftion reviendroit.
Cette raifon ne peut être non plus dans les Modes
antécedens de l'étenduë ; car l'étenduë par elle-
même, jointe à la force d'inertie, & fans la force
motrice, n'a point de Modes actuels, elle en a feulement de poffibles que la force rend actuels.
Donc fi on admettoit que la vîteffe fût un
Mode de la matiére, ce feroit reconnoître dans
un fujet des Modes aufquels il eft inhabile, &
qu'il ne fauroit recevoir.

De plus, tous les Modes font les limites de
leur fujet ; (§. 43.) or la vîteffe ne peut point
être la limite de la matiére, parce qu'en limi-
tant l'étenduë & la force d'inertie, il n'en peut
refulter que de la figure & du repos : la vîteffe ne peut donc être un Mode de la matiére.

D'ailleurs, dans la notion de la matiére & de
l'inertie, qui ne renferme que plufieurs chofes
éxiftantes l'une hors de l'autre, unies en un &
capables de refifter, on ne trouve point la raifon fuffifante de l'actualité de la vîteffe ; il faut
donc la chercher ailleurs, & on l'a trouvera
dans la force : la force motrice doit donc être
conçûe comme une fubftance, puifqu'elle peut
recevoir des modifications par la vîteffe, & qu'elle dure; car nous ne pouvons douter que la force
motrice ne dure, & il eft aifé même de prouver que la quantité en demeure toujours la même dans l'Univers. Car puifque la matiére ne
périt point, & qu'elle ne fauroit être fans force,

il

il eſt néceſſaire que la quantité de la force demeure la même ; puiſque la quantité de matiére à laquelle elle eſt inſéparablement attachée, ne diminuë point, la force motrice doit donc nous paroître un ſujet durable & modifiable, c'eſt-à-dire, une ſubſtance différente de la matiére, & qui reçoit dès limites par la vîteſſe comme l'étendue en reçoit par la figure.

§. 150. L'Etendue eſt une des propriétés eſſentielles de la matiére. Il eſt certain que la matiére dure, puiſque l'expérience nous montre que l'étendue ſubſiſte dans la diſſolution des compoſés ; l'eſprit doit donc concevoir la matiére comme un ſujet durable : mais comme la matiére peut avec la même étendue recevoir diverſes figures, on doit auſſi la concevoir comme un ſujet modifiable. Or, puiſque tout ſujet qui dure & qui peut recevoir des Modes, eſt une ſubſtance, on doit concevoir la matiére, c'eſt-à-dire, l'étendue jointe à la force d'inertie, comme une ſubſtance, quoiqu'elle tire ſa ſubſtantialité des Etres ſimples, comme vous l'avez vû. (§. 134.)

§. 151. Il paroît d'abord bien étrange de compoſer les Corps de deux ſubſtances comme l'étendue & la force active, & d'admettre une eſpece d'action d'une ſubſtance immatérielle, telle que la force active, ſur la matiére ; mais comme d'un côté les Phénomenes mon-

marginal note: Il n'y a de véritable ſubſtances que les Etres ſimples.

L 3   trent

trent la fubftantialité de la force active, de même que celle de la matiére, & que de l'autre, il y a des difficultés infurmontables, qui s'y oppofent, on en doit conclure que ni la matiére, ni la force active ne font de véritables fubftances, mais qu'il faut remonter plus haut, & chercher leur fource dans quelque chofe d'antérieur, d'où l'on puiffe montrer pourquoi la force active & la matiére doivent paroître des fubftances & des fubftances différentes, & cette recherche nous conduira aux Elemens qui font la force commune de l'une & de l'autre.

L'Etenduë ni la force ne font point de véritables fubftances.

§. 152. La matiére & la force active, qui nous paroiffent des fubftances, n'en font pas réellement; de même que l'on a vû (§. 134.), que l'étendue n'eft pas une fubftance, mais un aggregat, un compofé de fubftances: il en eft de même de la force active, & de la force paffive; ce ne font que des Phénomenes qui refultent de la confufion, qui régne dans nos organes, & dans nos perceptions.

Ce font des Phénomenes qui réfultent de la confufion des réalités.

§. 153. Les couleurs & toutes les qualités fenfibles peuvent éclaircir ce que j'entens par cette confufion, d'où naiffent les Phénomenes que nos fens apperçoivent; ce dégré de confufion & d'imperfection de nos organes nous eft néceffaire, pour voir les objets tels que nous les appercevons; un Etre plus parfait que nous, auroit de toutes autres idées, & verroit les chofes tout

tout autrement que nous ; & pour qu'il pût
voir les mêmes objets que nous , & recevoir
les mêmes impreſſions , il faudroit qu'il ſe dé-
poüillât de la faculté d'appercevoir diſtinctement ; car la diſtinction des parties , & les Phénomenes qui réſultent de leur confuſion , &
qui naiſſent de l'enſemble ſont incompatibles :
voilà pourquoi une ſtatue qui eſt faite pour être
placée ſur une grande élévation nous paroît
hideuſe & groſſiére, quand nous la voyons de
près , & hors du point de vûe , pour lequel elle
eſt deſtinée , parce que l'on ſe fait alors une
idée diſtincte de tous les traits, deſquels le tout
qui fait le viſage, doit reſulter ; & cela, parce que
ces traits ſont trop grands, pour qu'on les puiſſe
confondre, paſſé une certaine diſtance , au point
où il faut qu'ils le ſoient pour faire une image
agréable.

C'eſt par la même raiſon que les Chœurs de
l'Opera ne font point le même plaiſir à ceux
qui ſont dans les couliſſes, qu'à ceux qui ſont
dans les Loges ; car lorſqu'on eſt très-près des
Voix qui font les Chœurs , on les diſtingue
chacune en particulier, & l'on en perd l'enſemble qui en fait la beauté.

La façon dont les Peintres font leurs couleurs & ſurtout celle dont le blanc eſt compoſé, nous fournit encore un exemple palpable de
cette vérité : car du bleu & du jaune mêlés enſemble nous donnent du vert ; mais ce Phénomene qui n'étoit qu'une apparence , diſparoît,

L 4   quand

Exemple
de cette
confuſion
pris des
couleurs.

quand nous nous fervons d'un Microfcope, qui
nous fait voir diftinctement ce que nous voyons
confufement : car le Phénomene du vert n'éxif-
roit que par cette confufion, & il n'avoit de réel
que des particules bleues & jaunes mifes auprès
les unes des autres : de même la couleur blan-
che n'eft qu'un Phénomene qui naît de la confufion, qui fe fait fur notre retine, de toutes les
couleurs primitives ; le prifme fait difparoître
ce Phénomene. Ainfi, un Etre dont les yeux
feroient des prifmes naturels, n'auroit pas plus
d'idée du blanc qu'un fourd n'a l'idée du fon.
On voit qu'à mefure que notre vûe feroit plus
diftincte, lesPhénomenes que nous prenons pour
des réalités, difparoîtroient; & on fent aifément
que cette diftinction afcendante, & cette confufion decroiffante pourroient avoir des dégrés
prefqu'infinis, fi nos organes en étoient fufceptibles ; & que tous les Phénomenes qui tombent fous nos fens, & que nous prenons pour
des réalités, faute de diftinguer ce qui les produit, difparoîtroient l'un après l'autre; & dans le
fiftême de M. de Leibnits cette gradation nous
meneroit jufques aux Etres fimples ou aux Monades, qui font felon lui, l'origine de tout ce
que nous voyons, & les feules fubftances réelles
qui éxiftent.

§. 154. Il eft donc certain qu'il n'y a rien
dans la Nature, comme les couleurs & les objets
qui refultent de leurs affemblages, ni comme les
faveurs

faveurs, les fons, & toutes les qualités fenfibles,
& que toutes les chofes n'éxiftent qu'autant qu'il
éxifte des Etres, qui, en confondant les réalités
qu'ils ne fauroient difcerner, font naître chez
eux ces images, qui ne font que des Phénomenes ; car on entend par Phénomene, *des ima-*
ges ou apparences, qui naiffent par la confufion
de plufieurs réalités : & il importe infiniment de
diftinguer l'image, qui naît en nous de la confufion d'une infinité de chofes que nous ne
diftinguons point, de la réalité de ces chofes ;
car cela eft fouvent fort différent, & c'eft en
fe rendant attentif à cette diftinction, que l'on
peut pénétrer jufqu'à l'origine des Phénomenes.

§. 155. C'eft par ce moyen que nous pouvons parvenir à découvrir, comment les Phénomenes de l'étenduë, de la force motrice & de
la force d'inertie, refultent de la confufion des
Etres fimples. On a vû déja comment le Phénomene de l'étenduë en refulte : la force active, & la force paffive font dans le même cas ;
car chaque Etre fimple étant continuellement
en action, & cette action ayant une relation,
une harmonie avec les actions de tous les Etres
fimples, toutes ces actions qui confpirent enfemble, doivent paroître aux fens une feule &
unique action. Ainfi, il eft impoffible que nous
puiffions nous repréfenter diftinctement la force
motrice : on la concevroit diftinctement, fi on
pouvoir

Comment les Phéno-menes de l'étenduë, de la force active & de la force paffive peuvent réfulter de la confu-fion des E-tres fim-ples.

pouvoit se représenter de quelle façon la force réside dans un Etre simple, pour engendrer enfin, dans le composé que tous ces Etres forment par leur aggregat, cette force motrice; dont les effets tombent sous nos sens: or comme nous ne pouvons point distinguer ces choses les unes des autres, nous appercevons dans la force une infinité de choses à la fois, que nous ne distinguons point, & que par cette raison nous confondons en une seule, & nous ne nous représentons que ce qui résulte de cette confusion, qui est une image infiniment différente des réalités qui y entrent. Ainsi, on voit que la force motrice, telle que nous nous la figurons & qu'elle tombe sous nos sens, n'est qu'un Phénomene, qui ne naît dans nous, que parce que nous voyons de très-loin les réalités qui la constituent, c'est une apparence comme l'étendue.

§. 156. La force passive ou la force d'inertie est aussi un Phénomene, parce que nous ne voyons point distinctement le principe passif qui se trouve dans chaque Elément, ni la façon dont par la multiplication & la confusion de toutes leurs résistances relatives & conspirantes, la force d'inertie peut résulter dans les composés.

Les trois propriétés qui font l'essence du Corps, sont donc des Phénomenes; mais on peut dire que ce sont des *Phénomenes substantiés*, comme les appelle M. *Wolf*, c'est-à-dire, des

des Phénomenes qui nous paroiffent des fubftances, mais qui n'en font cependant pas ; car
il n'y a de véritables fubftances que les Etres
fimples ; or comme on a vû dans le Chapitre
précedent que les Elemens doivent contenir
l'origine de tout ce qui fe trouve dans les Corps
qui en font compofés , puifqu'il fe trouve de
l'action & de la réfiftance dins les Corps, on
en doit conclure que les Etres fimples ont un
principe actif , par lequel on peut comprendre
pourquoi les compofes agiffent, & un principe paffif, d'où les paffions ou la faculté de pa-
tir des compofés , refulte.

§. 157. L'étendue & la force paroiffent donc
des fubftances très-différentes , quoiqu'elles re-
connoiffent une même origine, qui eft les Etres
fimples ; car l'étendue de la matiére provient
de l'agregat des Etres fimples, & la force motrice & refiftante fe manifefte , en tant que ces
Elemens agrégés poffedent en eux un principe
actif & refiftant. Or comme nous pouvons fort
bien par abftraction mentale concevoir l'agregat , fans faire attention à ce qui eft dans chaque agrégé, de même nous pouvons concevoir
ce qui eft dans chaque Element, fans faire attention à leur agrégation. Ainfi, les deux idées
de l'étendue & de la force , doivent nous paroître très différentes , & indépendantes l'une de
l'autre, quoique l'une & l'autre n'ayent de fubftantiel que ce qu'elles tirent des Elemens ; car

. cette

cette substantialité entre dans l'une & dans l'autre de ces notions d'une maniére très-dif-férente.

De la force primitive, & de la force déri-vative.

§. 158. Il y a deux sortes de force motrice ; M. *de Leibnits* appelle la force qui se trouve dans tous les Corps, & dont la raison est dans les Elemens, *force primitive*, & celle qui tombe sous nos sens, & qui naît dans le choq des Corps, du conflict de toutes les forces primiti-ves des Elemens, *force derivative*; cette der-niére force découle de la premiere, & n'est qu'un Phénomene, comme je vous l'ai expliqué plus haut (§. 155.).

§. 159. La force primitive étant le résultat des déterminations internes des Elemens, on ne peut l'expliquer distinctement, sans connoî-tre les déterminations ; mais comme on n'est pas encore allé assez loin dans cette matiére, pour connoître ces déterminations internes des Elemens, nous devons nous contenter pour le présent de sçavoir que cette force éxiste ; or c'est cette force primitive, que l'on regarde comme un sujet durable & modifiable (§.152.), en faisant abstraction des modifications actuel-les, qu'elle reçoit par la vîtesse & la direction.

§. 160. La force primitive étant indifférente à toutes sortes de vitesses & de directions, on ne peut s'en servir pour rendre raison, pourquoi dans

dans un cas donné, un corps a une vîteſſe quelconque, & pourquoi il ſe meut dans une certaine direction, puiſqu'il pourroit ſe mouvoir
en toute autre direction, & avec une toute
autre vîteſſe. Ainſi, pour rendre raiſon des Phénomenes particuliers, on ne peut ſe ſervir de la
force primitive; car il ne faut jamais alléguer
des raiſons éloignées, lorſque l'on en demande
d'immédiates & de prochaines, puiſque ce ſeroit retourner aux formes ſubſtantielles de
l'Ecole: mais par les raiſons générales, on ne
peut expliquer que les Phénomenes en général, & il faut en venir à des raiſons immédiates, lorſqu'il s'agit des Phénomenes particuliers. C'eſt donc par la force dérivative qui naît
du choq des Corps, qu'on peut rendre raiſon
des Phénomenes qui naiſſent du mouvement,
par l'action des Corps les uns ſur les autres, &
par laquelle la force primitive eſt modifiée, &
limitée, lorſqu'elle reçoit une certaine vîteſſe &
une certaine direction: or comme le Corps ne
peut point ſe donner par lui-même cette vîteſſe
& cette direction, il faut qu'il la reçoive par le
choq des Corps environnans, & par-là la force dérivative devient explicable diſtinctement,
parce que l'on peut expliquer par les loix du
mouvement pourquoi un Corps ayant été choqué, il ſe meut avec une vîteſſe plûtôt qu'avec
toute autre, c'eſt-à-dire, pourquoi la force primitive a été modifiée de cette maniére dans un
cas donné.

§. 16 L.

C'eſt par la force déri-vative qu'on peut rendre rai-ſon de ce qui arrive dans le choq des Corps.

§. 161. Les Philosophes ont eu de grandes disputes sur ce qu'on appelle *Nature*. Plusieurs ont voulu bannir ce mot de la Philosophie, parce que, disoient-ils, on en fait une idole que l'on met à côté de Dieu pour expliquer les Phénomenes; mais comme on a vû que les Corps ont une puissance d'agir & de pâtir, & qu'ils ont aussi une force active & passive, puisqu'ils agissent, & qu'ils pâtissent en effet, on peut appeller, avec les Anciens, cette puissance d'agir & de pâtir jointe à la force active & passive, *Nature*, & l'on ne doit point se revolter contre ce mot ni contre l'usage que l'on en fait, lorsque l'on dit que *par la Nature des Corps*, tous les changemens qui leur arrivent, deviennent explicables : car par la puissance active, on voit pourquoi une action peut arriver, & par la force, pourquoi elle devient actuelle, & tous les changemens des Corps doivent être explicables par ces deux principes.

Quand on parle de la Nature en général, on entend un principe interne des changemens qui arrivent dans le monde : ainsi, ce n'est point un petit Dieu distinct du monde, qui a soin de gouverner cette machine, ce n'est que la force motrice jointe aux autres propriétés, qui composent avec elle l'essence des Corps; cette force motrice est le seul principe de mouvement dans l'Univers, & c'est par elle que l'on peut comprendre pourquoi les changemens possibles deviennent actuels. Ainsi, c'étoit un véritable fantôme

tôme que cette *Nature*, que M. *Boyle* a voulu
détruire dans son Livre *sur la Nature*, lorsqu'il
rejette ce qu'on appelle *Nature*, parce qu'il lui
paroît absurde de composer le monde de deux
substances qui se pénetrent, la matiére, & la
nature. Ainsi, quand on dit qu'un effet est naturel, lorsqu'il peut s'expliquer par l'essence
de l'Etre & par sa nature, cela veut dire par sa
construction, & par son mouvement.

§. 162. Nous ne pouvons guerre nous flatter Comment
de découvrir autre chose par nos recherches on doit
que des qualités Physiques, des figures, des rendre rai-
mouvemens, &c. par où nous pouvons atteindre son des Phénome-
dre à la raison la plus proche de quelques effets; nes.
car il faut tâcher, autant qu'il est possible, d'expliquer les Phénomenes méchaniquement, c'est-
à-dire, par la matiére, & le mouvement; &
quand la possibilité de cette explication surpasse nos forces, nous devons avouer notre
ignorance, & nous bien souvenir que la volonté
du Créateur étant la source de l'actualité, mais
non de la possibilité des choses, nous n'avançons pas plus en recourant à cette volonté pour
expliquer les Phénomenes, que, si en voulant rendre raison du mouvement regulier de l'éguille
d'une Montre, nous disions que c'est parce que
l'Ouvrier l'a voulu ainsi; car outre la volonté
de l'Ouvrier, qui l'a porté à arranger ensemble
d'une certaine maniére des pignons & des roues,
il falloit encore que cette combinaison pût produire

duire une Montre, c'eſt-à-dire, qu'une Montre fût poſſible : ainſi, dans ce grand automate
de l'Univers, l'état préſent eſt né du paſſé, &
fera naître le ſuivant ; & tous les changemens
méchaniques découlent de l'arrangement des
parties, & des régles du mouvement, & ce
qui ne découle pas de ces principes, n'éxiſte
point.

§. 163. Quand on dit qu'il faut tâcher de
rendre raiſon de tous les effets naturels par la
matiére & le mouvement, cela ne veut pas
dire que l'on ſoit obligé de trouver cette raiſon pour tous les Phénomenes, ni de remonter
juſqu'à la raiſon premiere des choſes ; la foible
portée de notre eſprit & l'état préſent des Sciences ne le permettent pas : mais on peut s'arrêter à des qualités Phyſiques, & ſe ſervir d'un
Phénomene ou de pluſieurs, dont on ne connoît point encore les raiſons méchaniques ;
(quoiqu'ils en ayent) pour rendre raiſon d'un
autre Phénomene, qui en dépend. Ainſi, on ſe
ſert de l'élaſtilité de l'air, de la fluidité de l'eau,
de la chaleur du feu, qui ſont des qualités Phyſiques, dont on n'a pas encore trouvé l'explication méchanique (quoiqu'il y en ait une)
pour rendre raiſon d'autres propriétés, qui ſe
rencontrent dans la nature, & qui naiſſent du
mélange de quelques-unes de celles-là, comme l'aſcenſion de l'eau dans une pompe, que
l'on explique par l'élaſtilité de l'air ſans être
obligé

obligé de faire voir la raifon de cette élafticité ; car c'eft une nouvelle queftion , & quand
même cette nouvelle queftion ne pourroit être
réfolue , cela n'empêcheroit qu'on ne pût expliquer l'afcenfion de l'eau par cette élafticité :
de même , quand on rend raifon des effets
d'une Montre , on employe les principes méchaniques, quand il n'eft queftion que de l'arrangement & de la configuration des parties ;
mais quand on paffe plus avant , à l'élafticité
du reffort, & à la matiére qui compofe ces parties , en tant que fufible , malleable , &c. on
arrive à des qualités Phyfiques , qui dépendent
à leur tour d'autres principes méchaniques, que
l'on n'apperçoit pas à la vérité toujours, & que
l'on fuppofe comme donnés dans l'explication
dont il s'agit : & quand même on connoîtroit
ces principes , on ne devroit pas les expliquer
alors , parce que leur explication entraîneroit
dans d'autres queftions, qui ne font pas celle
qu'on traite.

§. 164. C'eft ainfi qu'on peut, & qu'on doit fe
fervir de l'attraction comme d'une qualité Phyfique, dont la caufe méchanique eft inconnue ,
pour rendre raifon d'autres Phénomenes qui
en réfultent. Ainfi , on peut affûrer , par exemple, que le Soleil attire les Planetes & d'autres matiéres qui les environnent, puifque les
Phénomenes le démontrent, pourvû qu'on ne
faffe pas de cette attraction une propriété in-

Précaution nécessaire pour admettre l'attraction Newtonienne.

hérente

hérente de la matiére , & qu'on ne détour-
ne pas les Philosophes d'en chercher la cause
méchanique ; car ceux qui ne veulent point
admettre dans la Philosophie des miracles perpetuels , doivent rendre raison des effets , par
l'essence des choses & par le mouvement ,
& tout ce qui n'est point explicable par ces
principes, n'est point du ressort de la Philosophie , qui ne doit s'occuper que des effets naturels , qu'on doit concevoir distinctement, &
expliquer intelligiblement.

CHAPITRE

CHAPITRE IX.

De la divisibilité & subtilité de la Matiére.

§. 165.

Planche 2.
Fig. 6. &
& 8.

L'EXTENSION peut-être conçûe en longueur, largeur, & profondeur ; ainfi, la Ligne A B. eſt étendue en longueur, la ſurface A B D E. eſt étendue en longueur & en largeur, & le cube A B C D E F G H. eſt étendu en longueur, largeur, & profondeur : ce ſont là les trois dimenſions de l'étendue.

§. 166. Tout Corps a ces trois dimenſions,

&

à parler avec exactitude, il n'y a que des solides
dans la Nature ; mais notre esprit ayant le pouvoir de faire des abstractions, nous pouvons considérer la longueur sans songer à la largeur, ni à
la profondeur ; nous pouvons considérer de même la longueur & la largeur seulement, sans songer à la profondeur, & c'est sur ces abstractions
de notre esprit que la Géometrie est fondée : les
superficies, les lignes & les points ne sont donc
point dans la Nature, ou ne se trouvent dans la matière que ....

§. 167. Cependant, on peut imaginer,
pour aider l'imagination, & pour se former une
idée distincte des trois dimensions de l'étendue, deux points A & B. distans l'un de l'autre,
& supposer que le point A. allant trouver le
point B. laisse, dans chaque partie de l'intervalle qui les sépare, une production de lui-même, il formera la ligne A.B. que l'on suppose
étendue en longueur seulement.

On peut supposer ensuite que la ligne A B.
coulant le long de la ligne A D. laisse une production d'elle - même, dans tout le chemin,
qu'elle parcourt pour arriver du point A. au
point D. il s'en formera la surface A B D E. que
l'on suppose étendue en longueur & en largeur.

Enfin, si la surface A B C D E. coule le long
de la surface C D E F. il s'en formera le Cube
A B C D E F G H. lequel a les trois dimensions
de

Fig. 6.

Comment
nous pou-
vons nous
former l'i-
dée de la
longueur,
de la lar-
geur, &
de la pro-
fondeur.

Fig. 7.

Fig. 10.
Fig. 9.

de la Nature, puisqu'il est étendu en longueur, largeur, & profondeur.

§. 168. La plûpart des Philosophes ayant confondu les abstractions de notre esprit avec le Corps Physique, ont voulu démontrer la divisibilité de la Matiére à l'infini, par les raisonnemens des Géometres sur la divisibilité des lignes qu'on pousse jusqu'à l'infini ; ce qui a donné lieu à ce labyrinthe fameux de la divisibilité du continu, qui a tant embarrassé les Philosophes : mais ils se seroient épargné toutes les difficultés que cette divisibilité entraîne, s'ils avoient pris soin de ne jamais appliquer les raisonnemens que l'on fait sur la divisibilité du Corps Géometrique, aux Corps naturels & Physiques.

De la divisibilité de l'étenduë.

§. 169. Le Corps Géometrique n'est que la simple étenduë, il n'a point de parties déterminées, & actuelles, il ne contient que des parties simplement possibles, qu'on peut augmenter tant qu'on veut à l'infini ; car la notion de l'étendue ne renferme que des parties coéxistantes & unies, & le nombre de ces parties est absolument indéterminé, & n'entre point dans la notion de l'étendue. Ainsi, on peut, sans nuire à l'étendue, déterminer ce nombre comme on veut, c'est-à-dire, que l'on peut établir qu'une étendue renferme dix mille, ou un million, ou dix millions, ou, &c. de parties,

Il faut distinguer avec soin l'étenduë géométrique, & l'étenduë physique.

M 3   selon

felon que l'on voudra accepter une partie quelconque pour *un* : ainfi, une ligne renfermera
deux parties , fi on prend fa moitié pour *une* ,
& elle en aura ou dix, ou mille, fi on prend fa
dixiéme ou fa milliéme partie pour l'unité : ainfi,
cette unité eft abfolument indéterminée , &
dépend de la volonté de celui qui confidére
cette étendue.

Toute é-
tenduë
géométri-
que eft di-
vifible à
l'infini.

§. 170. Chaque étendue abftraite & géometrique peut donc être exprimée par un nombre
quelconque, mais il en eft tout autrement dans
la Nature; tout ce qui éxifte actuellement, doit
être déterminé en toute maniére , & il n'eft
point en notre pouvoir de le déterminer autrement. Une Montre , par exemple , a fes parties,
mais ce ne font point des parties fimplement
déterminables par l'imagination , ce font des

Mais il
n'en eft pas
de même de
l'étenduë
Phifique ,
qui eft à la
fin compo-
fée d'Etres
fimples.

parties réelles , actuellement éxiftantes , & il
n'eft point libre de dire , *cette Montre a dix ,*
cent , ou un million de parties ; car en tant que
Montre, elle en a un nombre, qui conftitue fon
effence ; & elle n'en peut avoir ni plus ni moins,
tant qu'elle reftera Montre : il en eft de même
de tous les Corps naturels , ce font tous des
machines qui ont leurs parties déterminées &
diffemblables, qu'il n'eft point permis d'exprimer par un nombre quelconque.

Origine
des Sophif-

§. 171. C'eft en confondant l'étendue Géometrique , & l'étendue Phyfique, & en fuppofant

mes des
Anciens
contre le
mouve-
ment.

fant que l'étendue Physique est toujours composée à l'infini de parties étendues, que les
Anciens avoient formé ces argumens si faux,
& si specieux contre la possibilité du mouvement.

De l'A-
chille de
Zenon.

Le plus fameux de tous les Sophismes étoit
celui que Zenon avoit appellé l'*Achille*, pour
marquer sa force invincible, il supposoit Achille courant après une Tortue, & allant dix fois
plus vîte qu'elle, il donnoit une lieue d'avance à la Tortue, & il raisonnoit ainsi : tandis
qu'Achille parcourt la lieue que la Tortue a
d'avance sur lui, celle-ci parcourra un dixiéme de lieue; pendant qu'il parcourra le dixiéme, la Tortue parcourra la centiéme partie
d'une lieue; ainsi, de dixiéme en dixiéme, la
Tortue devancera toujours Achille, qui ne
l'atteindra jamais.

Premierement, quand il seroit vrai qu'Achille
n'attrapât jamais la Tortue, il ne s'ensuivroit
pas pour cela que le mouvement fût impossible; car Achille & la Tortue se meuvent réellement, puisqu'Achille approche toujours de
la Tortue, qui est supposée le devancer toujours, quoiqu'infiniment peu.

Mais, secondement, cet ingénieux Sophisme
étant fondé sur la divisibilité de l'étendue à
l'infini, le principe de la raison suffisante le ren-
verse facilement; car on a vû qu'il est prouvé
par ce principe, que l'étendue Physique est à
la fin composée d'Etres simples, & que par

M 4   conséquent

conséquent ses divisions, même possibles ; ont des bornes positives & réelles.

On a écrit des Traités entiers pour résoudre le Sophisme de Zenon, peut-être suffisoit-il pour le refuter de marcher en sa présence comme fit Diogene ; mais outre cette réponse de fait, on vient de voir qu'il étoit aisé d'en faire une de droit.

Grégoire de Saint Vincent fut le premier qui en démontra la fausseté, & qui assigna le point précis, auquel Achille devoit atteindre la Tortue, & ce point se trouve par le moyen des progressions Géometriques infinies, au bout d'une lieue & d'un neuviéme de lieue : car la somme de toute progression Géometrique infinie, est finie ; & cela, parce qu'Etre infini, ou s'étendre à l'infini, sont deux choses très-différentes. Car un tout fini quelconque, un pied, par exemple, est un composé de fini, & d'infini : ce pied est fini, en tant qu'il ne contient qu'un certain nombre d'Etres simples, mais je puis le supposer divisé en une infinité, ou plûtôt en une quantité non-finie de parties, en considérant ce pied comme une étendue abstraite. Ainsi, si j'ai pris d'abord dans mon esprit la moitié de ce pied, & que je prenne ensuite la moitié de ce qui reste, ou un quart de pied, puis la moitié de ce quart ou un huitiéme de pied, je procederai ainsi mentalement à l'infini, en prenant toujours de nouvelles moitiés decroissantes, qui toutes ensemble ne feront jamais

Différence entre la divisibilité, & l'extensibilité à l'infini.

jamais que ce pied, lequel devient alors un corps Géometrique, parce que de toutes ſes propriétés je n'ai retenu dans mon eſprit que celle d'étendue, ſur laquelle ma diviſion idéale s'eſt operée. Ainſi, la diviſibilité de l'étendue à l'infini eſt en même tems une vérité Géometrique, & une erreur phiſique : ainſi, tous les raiſonnemens ſur la diviſibilité de la Matiére tirés de la nature des Aſymptotes de l'incommenſurabilité de la diagonale du quarré, des ſuites infinies & d'autres conſidérations Géometriques, ſont abſolument inapplicables aux Corps naturels, de même que les Théoremes de M. Keill, par leſquels il prétend prouver qu'avec un grain de ſable on pourroit remplir l'Univers entier ; car on ne doit admettre dans la Phiſique, que des partics actuelles, dont l'éxiſtence peut être démontrée par l'expérience, ou par des raiſonnemens inconteſtables.

§. 172. On a vû ci-deſſus que les atômes ou parties inſecables de la Matiére ſont inadmiſſibles, quand on les regarde comme des Matiéres ſimples ; irréſolubles & primitives, parce qu'on ne peut point donner alors de raiſon ſuffiſante de leur éxiſtence ; mais lorſqu'on reconnoît qu'ils tirent leur origine des Etres ſimples, on peut fort bien les admettre : car il eſt très-poſſible, & les expériences rendent très-vraiſemblable qu'il y a dans l'Univers un certain nombre déterminé de parties de Matiére,

Il eſt vraiſemblable qu'il y a dans l'Univers des parties étenduës, que la Nature ne reſout plus en d'autres.

que

que la Nature ne réfout jamais dans leur principe, qui reftent indivifées dans la conftitu-
tion préfente de cet Univers, & que tous les
Corps qui le compofent, refultent de la compofition & de la mixtion de ces particules folides; enforte qu'on peut les regarder comme
des Elemens doués de figures, & de différences
internes, qui refultent de leurs parties.

Que la Nature s'arrête dans l'analyfe de la
Matiére à un certain degré fixe & déterminé,
c'eft ce qui eft affez probable, par l'uniformité qui régne dans fes Ouvrages, & par une infinité d'expérience.

1°. Si la Matiére étoit refoluble à l'infini, il
feroit impoffible que les mêmes germes & les
mêmes fémences produififfent conftamment les
mêmes animaux, & les mêmes plantes, que les
plantes & les animaux acquiffent leur croiffance
toujours exactement dans le même efpace de
tems, qu'ils confervaffent toujours les mêmes
propriétés, & qu'ils fuffent tels à préfent qu'ils
étoient autrefois : car fi le fuc qui les nourrit,
étoit tantôt plus fubtil, & tantôt plus groffier,
il feroit impoffible qu'ils ne fuffent pas fujets à
des variations perpétuelles, puifque, lorfque les
parties de ce fuc feroient plus fubtiles, il faudroit plus de tems pour l'accroiffement du même corps, que lorfque ce fuc auroit plus de
confiftance; & ce corps par conféquent, feroit
plus ou moins folide, & acquerroit fa croiffance en plus ou moins de tems, felon que les
parties

parties du fuc qui le nourrit, feroient plus grof-
fieres ou plus fubtiles : ainfi, la forme & la façon
d'être dans les compofés, feroient fujettes à
mille changemens, & les efpéces des chofes
feroient à tout moment brouillées.

Or il n'y a aucun de ces dérangemens dans
l'Univers; les plantes, les animaux, les foffiles,
tout enfin produit conftamment fon femblable
avec les attributs, qui conftituent fon effence :
la Matiére n'eft donc pas actuellement réfolue
à l'infini.

2°. Si les parties de la Matiére fe réfolvoient
à l'infini, non-feulement les efpéces fe mêle-
roient, mais il s'en formeroit tous les jours
de nouvelles; or il ne fe forme aucune nouvelle efpéce dans la Nature, les Monftres même ne perpétuent point la leur, la main du
Créateur a marqué les bornes de chaque Etre,
& ces bornes ne font jamais franchies : cependant, fi la Matiére fe divifoit à l'infini, elles
le feroient à tout moment, l'ordre qui régne
dans l'Univers, & la confervation de cet ordre
paroiffent donc prouver qu'il y a des parties
folides dans la Matiére.

3°. Les diffolutions des Corps ont des bornes fixes auffi-bien que leur accroiffement; ainfi
le feu du miroir ardent, le plus puiffant diffol-
vant que nous connoiffions, fond l'or, le pul-
vérife, & le vitrifie; mais fes effets ne vont
point au-delà : cependant, fi la Matiére étoit
refoluble à l'infini, le feu devroit tout détruire;

& l'on ne pourroit dire, ni pourquoi les liqui-
des n'acquerrent jamais qu'un certain dégré de
chaleur déterminé, ni pourquoi l'action du feu
sur les Corps a des bornes si précises, si la solidité & l'irresolubilité actuelle n'étoient pas
attachées aux parties de la Matiére, quand
elles passent une certaine petitesse, & n'oppo-
soient pas par leur solidité une barriére insur-
montable à l'action de ce puissant agent.

4°. Cette irresolubilité des premiers Corps
devient indispensablement nécessaire, si l'on
adopte le sistême des germes, que les nouvelles découvertes, que l'on a faites par le moyen
des Microscopes, semblent démontrer ; tout le
Monde connoît celles de M. Hartsoeker, &
il devient tous les jours plus vraisemblable,
que la Nature n'agit que par développement:
or si chaque grain de bled contient le germe
de tous les bleds qu'il doit produire, il faut
nécessairement que les divisions actuelles de la
Matiére ayent des bornes, quoique ces bornes
soient inassignables pour nous.

Il est donc bien vraisemblable qu'il y a des
particules de Matiére d'une certaine petitesse
déterminée, que la Nature ne divise plus.

La cohé-
sion vient
des mouve-
mens cons-
pirans.

§. 173. Si l'on demande la raison suffisante de
cette irresolubilité actuelle des petits corps de la
Matiére, il sera aisé de la trouver dans les mouvemens conspirans de leurs parties, puisque les
mouvemens conspirans, sont la cause de la cohésion, selon M. Leibnits.   §. 174.

§. 174. Quoique les divisions actuelles que la Matiére peut subir, ayent des bornes réelles, les expériences nous découvrent une subtilité dans les parties des Corps naturels, qui étonne l'imagination, & qu'on ne sauroit assez admirer. M. Volf a observé dans l'espace d'un grain de poussiére cinq cens œufs, dont il est éclos des animaux semblables à des poissons, & dans lesquels on remarque une infinité de parties, comme dans les plus grands animaux de la mer.

De l'extrême subtilité de la Matiére.

Le même Auteur fait voir que l'espace d'un grain d'orge peut contenir vingt-sept millions d'animaux vivans, qui ont chacun vingt ou vingt-quatre pieds, & que le moindre grain de sable peut servir de demeure à deux cens quatre-vingt-quatorze millions d'animaux organisés, qui propaguent leur espéce, & qui ont des nerfs, des veines, & des fluides qui les remplissent, & qui sont sans doute au corps de ces animaux, dans la même proportion que les fluides de notre corps sont à sa masse.

L'ouvrage des Tireurs & Batteurs d'or fournit de belles preuves de la subtilité des parties de la Matiére. M. Boyle rapporte qu'un seul grain d'or battu en fbuille, remplit l'espace de cinquante pouces quarrés, mesure géometrique; mais si on divise le côté d'un pouce en deux cens parties, ou la ligne en vingt, ce qui fait encore des parties visibles à l'œil, & sans Microscope; chaque pouce quarré aura quarante mille

parties

parties d'or qu'on pourra encore distinguer sans
Microscope , & par conséquent toute la feuille
aura deux millions de parties visibles à l'œil
seulement : & si l'on ajoute à cela , qu'une telle
feuille est encore divisible dans son épaisseur en
six feuilles au moins , comme on le peut conclure par les Observations de M. de Reaumur,
qui a observé que l'épaisseur d'une feuille d'or
est environ la $\frac{1}{30000}$ partie d'une ligne , & l'é-
paisseur de l'or à celle des fils d'argent la $\frac{1}{175000}$
partie d'une ligne , l'argent est par conséquent
environ six fois moins épais qu'une feuille d'or :
ainsi, cette feuille d'or réduite à l'épaisseur d'u-
ne feuille d'argent , seroit divisée en six, d'où il
sensuit que chaque grain d'or renferme environ
douze millions de parties discernables à la simple vûe. Or, comme ces parties ne sont que de
l'or , & restent encore de l'or, quand on les
regarde par des Microscopes, qui augmentent
un objet jusqu'à vingt ou trente mille fois, &
qui par conséquent montrent encore trente
mille parties dans chacune de ces douze millions de parties, que l'œil seul distinguoit dans
ce grain d'or , on peut concevoir jusqu'à quel
point de finesse la nature subdivise la Matière.
Car l'or est une mixtion d'autres Matières plus
fines, qui ne sont point de l'or, & il renferme une
infinité de pores remplis d'une autreMatière que
sa Matière propre : or puisqu'après cette énor-
me division , on ne distingue encore ni les parties constituantes de l'or , ni la Matière qui passe

à

à travers ſes pores, on peut encore moins eſ-
pérer de voir jamais les figures & les mouvemens de ces parties des mixtes, qui doivent contenir la raiſon immédiate des qualités que nous
remarquons dans l'or, leſquelles parties ſont
encore compoſées elles-mêmes des Etres ſimples.

§. 175. Ces conſidérations nous montrent que
la ſubtilité des parties de la Matiére eſt inexpri-
mable, & qu'il n'y a perſonne, qui puiſſe jamais
déterminer le nombre des parties, dont un
grain de ſable eſt compoſé, puiſque ce nombre paſſe notre imagination, & tout ce que
nous pouvons nous figurer ; & comme la raiſon nous montre que cette diviſion n'a point
de bornes, & que la Matiére ne ceſſe point
d'être diviſible tant qu'elle eſt Matiére, on peut
dire que par rapport à nous la Matiére eſt non-
ſeulement diviſible, mais diviſée à l'infini, quoique réellement ſes diviſions ayent des bornes ;
car ces bornes ſont ſi reculées, qu'elles s'éten-
dent juſqu'à l'infini pour nous, car l'infini pour
nous eſt une quantité qu'aucun nombre ne peut
exprimer.

§. 176. Il eſt donc évident qu'il y a dans la
nature une infinité de Matiéres diverſement figurées, & differemment muës, leſquelles échapent à nos ſens & à nos obſervations par leur
petiteſſe, & qui cependant produiſent les Phénomenes

nomenes que nous obfervons ; & les raifons premieres des qualités Phifiques fe trouvant toutes dans ces Matiéres diverfement figurées qu'il nous eft impoffible de diftinguer, nous devons en conclure qu'il peut fe paffer une infinité de chofes dans le moindre efpace comme dans le monde entier: mais l'attention humaine ne pourra jamais les appercevoir, & c'eft beaucoup pour notre entendement d'avoir pû feulement en connoître la poffibilité. Ainfi, c'eft perdre notre tems que de vouloir effayer de deviner ces myftéres imperceptibles, & nous devons nous borner à obferver foigneufement les qualités qui tombent fous nos fens, & les Phénomenes qui en refultent, & dont nous pouvons faire ufage pour rendre raifon d'autres Phénomenes qui en dépendent.

Les Corps contiennent deux fortes de matiéres, l'une qui agit & péfe avec eux, l'autre qui n'agit, ni ne péfe.

§. 177. Tous les Corps contiennent deux fortes de Matiéres, la Matiére propre, & la Matiére étrangére : la Matiére propre peut être ou conftante, ou variable; la Matiére conftante eft celle fans laquelle le Corps ne peut point fubfifter, la Matiére variable eft celle qui s'arrête quelquefois dans les pores les plus larges, comme l'air & l'eau, par exemple, qui augmentent le poid des Corps, en s'introduifant & s'arrêtant entre leurs parties. Toute la Matiére propre d'un Corps repofe, fe meut, péfe, & agit avec lui; mais la Matiére étrangére ne fe meut point avec le Corps, mais elle paffe librement

brement à travers ses pores, comme l'eau à travers d'une caisse percée de plusieurs trous.

§. 178. La réalité de l'éxistence de ces deux Matiéres se démontre aisément par l'expérience ; car l'expérience nous apprend que les Corps ont différentes densités & des poids différens, l'eau, par exemple, pése plus que l'air, & l'or est plus dense que le bois, & pése davantage.

Or toutes les Matiéres jusqu'à l'or même, la plus dense de toutes, ayant des pores qui ne sont point remplis de la même matiére, que leur matiére propre, & n'y ayant point de vuide absolu dans l'Univers, il est nécessaire que ces pores soient remplis d'une matiére étrangére, qui ne pése point avec ces Corps, & qui ne choque point avec eux, lorsqu'ils en rencontrent d'autres dans leur chemin, mais qui remplit tous leurs interstices, & qui se meut à travers avec autant de liberté que l'air, à travers un crible, & l'eau, à travers un filet.

§. 179. C'est encore ce qui peut se prouver par la cohésion ; car puisque le principe de la raison suffisante bannit le vuide d'entre les parties des Corps, & montre qu'il ne sauroit y avoir deux parties de matiére indiscernable l'une de l'autre dans l'Univers, il ne peut y avoir de figure ni de diversité dans la Nature que par le mouvement; car si toutes les parties de

Tome I.   N   la

la matiére repofoient les unes auprès des autres,
il eft évident qu'il n'en refulteroit qu'une parfaite continuité fimilaire fans aucune figure : il
eft donc néceffaire, non-feulement que toute la
matiére fe meuve, mais que fon mouvement foit
varié à l'infini dans fa vîteffe & dans fa direction, pour qu'il puiffe en refulter les différentes
qualités, & toutes les différences internes des
parties de la matiére : or, lorfque plufieurs parties
de la matiére paroiffent être fans force & dans
un repos parfait, il faut que le mouvement
de ces parties tende vers les directions oppofées avec la même force, & qu'elles s'arrêtent
par conféquent dans la même place, ce qui fait
la cohéfion ; car on fait que deux Corps fortement preffés l'un contre l'autre, ne peuvent
être féparés que difficilement, & femblent ne
faire qu'un feul Corps. Le mouvement confpi-
rant eft donc l'origine de la cohéfion, felon le
fentiment de M. de Leibnits & de fes Difciples : or nous avons vû que le dégré de vîteffe dont un Corps eft mû, & la direction de
fon mouvement ne font déterminés que par
le mouvement de quelques-autres Corps qui
en contiennent la raifon fuffifante. ($. 149)°
Ainfi, afin que des parties fe meuvent dans
des directions oppofées avec des vîteffes égales, & qu'elles coherent par ce moyen, il
eft néceffaire que le mouvement d'une matiére externe, qui ne cohere point avec ces parties, détermine leur direction & leur vîteffe ;

il

il y a donc des matiéres très-fines & très-ra-
pidement mues qui ʃe dérobent à nos ʃens,
& qui produiʃent pluʃieurs des effets que nous
remarquons ; de ce genre , ʃont vraiʃemblable-
ment la matiére magnetique , la matiére élec-
trique , celle du feu , de la cohéʃion, de l'élaʃti-
cité, de la péʃanteur, & ʃans doute une infinité
d'autres qui ʃe modifient differemment , & qui
concourent en diverʃes maniéres pour produire
les qualités ʃenʃibles des Corps.

§. 180. Ces réflexions doivent précautionner
contre la précipitation de quelques Philoʃo-
phes, qui, lorʃqu'ils voyent des Phénomenes
que les fluides que l'on ʃuppoʃe , n'ont pû expliquer juʃqu'à préʃent, tranchent le nœud qu'ils
devoient délier , & décident qu'aucun fluide
tel qu'il puiʃʃe être , ne peut produire les effets
que nous obʃervons ; car pour former une telle
déciʃion , il faudroit connoître toutes les façons
dont la matiére peut-être mue , & tout ce qui
peut reʃulter de tous ʃes mouvemens divers ;
mais c'eʃt de quoi nous ʃommes encore bien
éloignés.

Précaution contre les déciʃions précipitées.

§. 181. Les ʃeules expériences de l'électricité
montrent aʃʃez quels effets ʃinguliers la nature
peut produire par le mouvement des matiéres
ʃubtiles , quoique la façon dont elles les em-
ploie pour produire les effets ʃoit inexplicable pour nous ; car ces matiéres ʃe font appercevoir ʃenʃiblement dans les expériences de l'é-
lectricité

lectricité., cependant celui qui entreprendroit
d'expliquer méchaniquement par le moyen du
mouvement .& d'un fluide .très-subtile tous les
Phénomenes de l'électricité , entreprendroit un

problême infiniment plus difficile que celui de
la cause .qui fait mouvoir les Planetes : car
dans le mouvement des Planetes, il régne une
grande régularité , & une grande uniformité , mais les Phénomenes de l'électricité
font diverfifiés presqu'à l'infini ; cependant ,
oferoit-on conclure qu'il est impossible que les
Phénomenes de l'électricité foient exécutés par
des fluides , parce qu'on n'a pas encore découvert la maniére dont ces Phénomenes s'execu-
tent ? Non fans doute , nous ne devons point
nous décourager, parce que jufqu'à préfent on
n'a pû parvénir à deviner tous les fecrets de
la Nature: les premiers refforts éluderont peut-
être à jamais nos recherches par leur finesse &
leur multiplicité ; mais en cherchant à les deviner, on ne laisse pas de faire fur la route bien
des découvertes qui nous en approchent.

§. 182. Ainfi, quelque difficile que foit l'application des principes méchaniques aux effets
Phifiques, il ne faut jamais abandonner cette
maniére de Philofopher qui est la feule bonne,
parce qu'elle est la feule dans laquelle on puisse
rendre raifon des Phénomenes d'une façon in-
telligible ; on ne doit pas fans doute en abufer,
& pour expliquer méchaniquement les effets
naturels

naturels, créer des mouvemens & des matiéres
à son gré, (qui ordinairement même dans l'explication, ne produisent point l'effet qu'on s'en
étoit promis,) & cela, sans se mettre en peine
de démontrer l'éxistence de ces matiéres & de
ces mouvemens. Mais il ne faut pas non plus
borner la nature au nombre de fluides, dont
nous croyons avoir besoin pour l'explication
des Phénomenes ; comme ont fait plusieurs
Philosophes, & en particulier M. Hartsoëker qui
avoit choisi, pour rendre raison des Phénomenes, deux espéces d'Elemens, l'un parfaitement
fluide, l'autre absolument dur, & qui croyoit
le monde composé de ces deux espéces de matiéres qu'il supposoit inaltérables ; mais M. de
Leibnits lui fit voir que ces deux matiéres ou
élemens, n'étoient qu'une fiction, contraire au
principe de la raison suffisante: car ce principe
est la Pierre de touche qui distingue la vérité
de l'erreur. Ceux qui connoissent la diversité
qui régne dans la nature, & le méchanisme
admirable qui y est employé, ne fixent point
ainsi par une hypothése téméraire le nombre &
les qualités des ressorts qu'elle employe, mais
ils n'admettent que ceux dont l'expérience ou
des raisonnemens inébranlables démontrent
l'éxistence.

§. 183. La petitesse des parties indivisées de
la Matiére surpasse si fort tout ce que nos sens
peuvent découvrir, qu'il n'y a aucune espérance
que nous en puissions jamais connoître les qua-

N 3   lités,

lités, les mouvemens , & les figures ; ce qui nous fait voir combien nous fommes loin des Etres fimples , dont ces parties folides font formées.

§. 184. Ainfi, on fe tromperoit fi on croyoit pouvoir rendre raifon des Phénomenes, qui tombent fous nos fens par la fimple figure & la grandeur des parties fenfibles , puifque nous ne favons point combien de mélanges des parties primitives & irréfolubles de la Matiére, ont été néceffaires , avant que les parties qui tombent fous nos fens en ayent réfulté ; car tant que la Matiére d'un Corps eft compofée d'autres Matiéres mélangées enfemble, il faut déterminer la différence des parties de ce Corps par les Matiéres qui les compofent , & par la proportion dans laquelle elles font mêlées : ainfi, fi quelqu'un vouloit expliquer les effets de la poudre à canon, par exemple , il faudroit qu'il commençât par déterminer de combien de fortes de Matiéres elle eft compofée, & la proportion de leur mixtion , avant que de paffer à la figure de fes parties ; car les Matiéres mélangées, & leur proportion, doivent préceder les caufes méchaniques, c'eft-à-dire, la détermination de la figure & de la grandeur des parties , dont il n'eft permis de parler que lorfqu'on eft arrivé aux Matiéres primitives : ces qualités Phifiques , qui font l'effet des caufes méchaniques , doivent néceffairement les préceder âre dans l'explication des Phénomenes.

§. 185. Mais comme il nous reste peu d'esperance de découvrir les Matiéres plus simples par les mixtions desquelles les Corps sensibles résultent, un Physicien qui ne veut pas perdre son tems, doit se contenter de découvrir les raisons les plus prochaines, que l'industrie humaine peut appercevoir, & n'admettre de Matiéres & de Mouvemens, que ceux dont l'éxistence peut être démontrée.

CHAPITRE

CHAPITRE X.

De la Figure, & de la Porosité de Corps.

§. 186.

Toute é-
tendue fi-
nie a une
figure.

LA Figure est un attribut nécessaire du Corps ; car on entend par Corps une étendue qui a des bornes : or toute étendue terminée a nécessairement une Figure.

§. 187. On a vû dans le Chapitre précédent que tous les Corps que nous voyons, sont vrai-semblablement composés par l'adunation & la mixtion des parties premieres de la Matiére, c'est-à-dire, des parties que la nature ne résout plus en d'autres, & qui sont indivisées dans l'ordre

dre des choses qui exiftent ; or les premieres parties de la Matiere ont néceffairement une Figure, mais nous n'avons pas d'organes pour la diftinguer ; nous fçavons feulement que leurs formes font diverfes, puifque le principe de la raifon fuffifante ne fouffre point de Matiere fimilaire dans l'Univers.

Nous ne favons point quelle eft la forme des parties indivifées de la matiére.

§. 188. Pour avoir une idée de la façon dont les différens Corps qui tombent fous nos fens peuvent réfulter de l'affemblage des parties infécables de la Matiere. Suppofons, par exemple, que 3. 4. ou un nombre quelconque de ces parties folides foient unies enfemble, & qu'elles compofent une maffe quelconque ; les particules ainfi compofées pourront être appellées, *particules du premier ordre* : que plufieurs maffe de ce premier ordre s'uniffent enfemble, elles compoferont plufieurs groffes particules, lefquelles pourront être appellées *du fecond ordre.* Ces particules du fecond ordre en s'uniffant entr'elles, compoferont encore une efpéce de particules plus groffes que celles des deux ordres-précedens, lefquelles feront *les particules du troifiéme ordre.* On fent qu'on peut pouffer prefqu'à l'infini cette progreffion de particules differentes les unes des autres, & que les particules d'un feul ordre font elles-mêmes fufceptibles d'une quantité innombrable de combinaifons, felon la façon dont elles s'arrangent.

Planche 3. *Fig.* 11. 12. & 13.

§. 189.

Obferva-
tions qui
portent à
admettre
différens
ordres de
particules
dans l'U-
nivers.

§. 189. Les Corps qui font compofés des
particules d'un ordre feulement, font plus homogenes que les autres, & l'on voit aifément
que ceux qui font compofés des particules du
premier ordre font les plus homogenes de tous.

Les Corps compofés de particules de plufieurs ordres font hétérogenes, & le font d'autant plus, qu'ils font compofés d'un plus grand
nombre de particules, & que les ordres de ces
particules different davantage les unes des autres.

§. 190. Diverfes obfervations portent à admettre les différens ordres de particules, & à
conclure que leurs combinaifons forment les
différens Corps.

1°. L'Acier trempé, quoique plus dur, eft
plus caffant que l'acier non trempé ; & cela parce que fes grains font plus gros, comme le microfcope le découvre : or plus les particules
fphériques font groffes, moins elles font cohé-
rentes.

2°. Lorfqu'on regarde les globules du fang
avec un microfcope, on voit lorfqu'ils fe dif-
folvent, que chaque globule rouge eft compofé de fix petits globules féreux tirant fur le jaune, & que chacun de ces globules féreux eft
compofé de fix autres globules limphatiques ;
& on ne fçait point encore jufqu'où cette progreffion de petits globules fe continuë dans notre fang.

Fig. 14.
Obferva-
tion fingu-
liére fur
notre fang.

3°. On diftingue quelquefois à l'œil les plus
groffes

groffes des particules qui compofent les Corps, le microfcope en découvre de toutes les façons. On remarque, à l'aide de cet inftrument, des variétés infinies entre les particules qui compofent les Corps ; & les différences font quelquefois fi remarquables, qu'on reconnoît les particules du même ordre, quand on les retrouve en différens compofés.

§. 191. Comme toutes ces particules, de quelqu'ordre qu'elles foient, font compofées des parties indivifées du premier Corps de la Matiere, les parties qui les compofent peuvent être féparées l'une de l'autre. Ainfi, les plus grandes particules peuvent fe réfoudre en de plus petites, & celles-là dans de plus petites encore, jufqu'à ce que l'on foit arrivé aux parties indivifées de la matiere. On voit aifément par là comment le Corps le plus dur peut être réduit en poudre très-fine par l'attrition, le feu, la putréfaction, ou par l'action de quelque menftruë : ces particules ainfi décompofées peuvent fe rejoindre enfuite, foit qu'elles éprouvent les mêmes combinaifons, foit qu'elles en fubiffent d'autres. De là, lorfque les parties d'un animal ou d'une plante font différentes, elles peuvent entrer dans la compofition de quelque plante, ou de quelque animal différent du premier.

§. 192. Nous voyons dans ce qui arrive à l'Eau, qui

qui eft un des Corps les plus-fimples que nous
connoiffions , combien les compofés formés
par les mêmes particules peuvent différer fenfiblement les uns des autres ; car lorfque les parties de l'Eau font raffemblées dans un verre , elles compofent une maffe liquide affez pefante ;
élevées en vapeurs , elles fe féparent l'une de
l'autre , & échapent à nos fens ; enfuite elles
reparoiffent en forme de nuages , puis elles retombent en rofée, en neige, en glace, &c. & étant
de nouveau fondues , elles redeviennent cette
maffe liquide & pefante qui étoit dans le vafe.
On voit aifément que ces variations ne font que
différentes combinaifons des parties folides dont
l'Eau eft formée , & qu'il eft très-vrai-femblable
que la génération , l'accroiffement & la corrup-
tion des Corps fenfibles dépendent des divifions
& des affemblages des parties irréfolubles de la
matiere , lefquelles reftent inaltérables à toutes
ces variations, & confervent par leur ftabilité ,
les efpéces des chofes.

§. 193. Les différens ordres de particules
dont je fuppofe ici que les Corps font compofés , ne font encore à la vérité que dans l'ordre
des chofes que quelques expériences rendent
vrai-femblables , & dont il faut chercher la
confirmation dans d'autres expériences : mais
de quelque façon que fe faffe le nombre innombrable de combinaifons néceffaires pour produire la diverfité qui regne dans la nature , on
ne

ne peut trop admirer l'artifice par lequel tant de choses si diverses résultent de l'assemblage des premiers Corps.

§. 194. On ne peut mieux se représenter la façon dont les Corps en général sont composés, qu'en imaginant plusieurs cribles posés les uns sur les autres, il en résultera des masses percées de tous côtés, & c'est ainsi que tous les Corps paroissent au microscope. Ces nouveaux yeux que l'industrie humaine a sû se procurer, nous ont fait voir que les parties des Corps que l'on croyoit les plus solides, sont à peu près arrangées comme dans la Figure 15. & il n'y a aucun Corps qui, regardé au microscope, ne paroisse contenir infiniment plus de pores que de matiere propre.

De la porosité des Corps.

Figure 15.

§. 195. Mille exemples s'accordent avec celles du microscope pour nous démontrer cette extréme porosité des Corps.

Expériences qui le prouvent.

1°. Le mercure pénetre dans l'or, dans le cuivre, dans l'argent, enfin dans tous les métaux, aussi facilement que l'Eau pénetre dans une éponge.

2°. L'Eau pénetre dans les membranes des animaux & des végetaux, à qui elle porte les parties nutritives.

3°. L'Or même donne passage * à travers sa

---

* Un Globe d'or creux, rempli d'eau, & fermé hermétique-
substance

substance, à l'Eau, qui n'est que dix-neuf fois environ moins solide que lui.

4°. Les Fluides se pénetrent l'un l'autre ; ainsi, si vous versez sur de l'huile de vitriol une certaine quantité d'eau, la mixtion commencera par s'élever, mais après que l'effervescence sera cessée, & que le mélange sera en repos, la liqueur descendra ; & cela, parce que l'eau s'est introduite dans les pores de l'huile.

5°. Les Corps les plus denses deviennent transparens, quand ils sont très-minces. Ainsi, une feuille d'or paroît transparente au microscope, ou au trou d'une chambre obscure : or cette transparence des Corps opaques, quand ils sont réduits en lames très-minces, vient en partie des pores qui séparent leur matiére propre.

6°. Les Phénomenes de l'électricité, de l'Aimant, & de la lumiére prouvent encore invinciblement cette extrême porosité des Corps.

7°. La fumée qui sort du souffre, va percer plusieurs linges & étoffes pour noircir l'argent ou l'or qu'on en a enveloppé, & il y a mille exemples dans la Chimie de cette pénétration des esprits, & des odeurs, à travers les pores des Corps.

§. 196. On a vû ci-dessus qu'il faut distinguer

ment, ayant été mis sous une presse, l'eau qui y étoit renfermée, sortit par les pores de l'Or, comme une pluie très-fine : M. Newton rapporte cette expérience dans son Traité d'Optique.

dans

dans les Corps leur matiére propre qui se meut & agit avec eux, d'avec la matiére qui passe dans leurs pores, laquelle ne participe ni à leurs actions, ni à leurs passions : ainsi, comme il n'y a point de vuide dans la Nature, tous les Corps de volume égal, contiennent autant de matiére absoluë; mais cependant deux Corps de volume égal & mus avec la même vîtesse, ne font pas le même effet, s'ils n'ont pas la même gravité spécifique, c'est-à-dire, s'ils ne contiennent pas également de matiére propre : car la matiére qui passe dans les pores des Corps ne pése point avec eux, & ne participe ni à leur mouvement, ni à leur action.

En quel sens on peut dire qu'un corps est plus ou moins solide qu'un autre.

§. 197. La solidité est cette résistance que tous les Corps nous font éprouver, lorsque nous voulons les comprimer.

Le tact est le seul sens qui nous donne l'idée de la solidité, ce sens est répandu par tout notre Corps, & les autres sens ne sont eux-mêmes qu'un tact diversifié, l'ébranlement des nerfs, quoiqu'insensible pour nous, étant la source de toutes nos sensations.

Nous n'avons l'idée de la solidité que par le tact.

Il paroît singulier que tous nos sens n'étant que des modifications du tact, l'idée de la solidité qui en est l'objet propre, ne nous vienne cependant que par un seul sens, & que nos yeux, ni nos oreilles ne nous donnent point cette idée.

Il est bien vraisemblable que le Créateur qui

a voulu que nos yeux jugeaſſent des co uleurs & des figures, & qu'ils ſerviſſent à nous conduire, & que nos oreilles jugeaſſent des ſons, & nous ſerviſſent à la communication de nos penſées avec nos ſemblables, nous a caché l'ébranlement de la retine & du timpan, pour éviter la confuſion que tant d'ébranlemens diffens auroient mis dans nos ſenſations.

Un Eſtre privé de toute faculté tactile, & qui n'auroit de ſens que celui des oreilles, éprouveroit à la vérité une eſpéce de douleur en entendant un bruit trop aigu; mais quoique cette douleur ne ſoit cauſée que par l'ébranlement trop fort du timpan, cependant elle ne donneroit à cet Eſtre aucune idée de ce qui a cauſé cet ébranlement; car le ſentiment de la douleur ne nous donne point l'idée de ce qui la cauſe. Ainſi, quoique la ſource de nos ſenſations ſoit commune, quoique nos ſens ſemblent ſe tenir, cependant rien n'eſt plus ſéparé que leurs objets, la main ne jugera jamais des ſons, ni l'oreille des couleurs, & l'on peut leur appliquer ce beau Vers de M. Pope ſur les différens Eſtres.

For ever near, and for ever ſeparate.

Toujours près l'un de l'autre, & toujours ſéparés.

Les Corps ſont plus ou moins ſolides, ſelon qu'ils contiennent plus ou moins de matiére propre ſous un même volume.

§. 198.

§. 198. Lorſque l'on compare la ſolidité d'un Corps à celle d'un autre Corps, on ſuppoſe toujours que ces Corps ſont d'un volume égal, c'eſt-à-dire, quel'un peut-être ſubſtitué à l'autre par rapport à leur étenduë, quelque ſoit la for-me de ces deux Corps. Ainſi, le Corps A. & le Corps B. par exemple, quoique de forme très-différente, ont cependant le même volume, parce que le Corps B. regagne en longueur, ce que le Corps A. a de plus que lui en largeur.

Fig. 16. &. 17.

§. 199. Quoique les Corps ſoient plus ou moins ſolides, ſelon qu'ils contiennent plus ou moins de matiére propre ſous un même volu-me, ils ſont tous également reſiſtans.

Lorſque l'on n'a pas encore des idées bien nettes des choſes, on pourroit être tenté de croire que les fluides ſont privés de cet attribut de la matiére par lequel elle reſiſte ; mais lorſ-que nous voulons les traverſer, ils nous font ſentir par la réſiſtance qu'ils nous oppoſent, qu'ils poſſedent auſſi cette propriété de la ma-tiére.

§. 200. Si on connoiſſoit quelque Corps qui n'eût que de la matiére propre, on pourroit connoître combien les Corps contiennent de matiére propre, & de matiére étrangére ſous un volume déterminé ; car ſi un Corps d'un pouce cubique, par exemple, ne contenoit que de la matiére propre, & qu'il eût un poids quel-

Nous ne connoiſ-ſons la maſſe réel-le d'aucun Corps.

Tome I.   * O   conque

conque, & qu'un autre Corps auſſi d'un pouce cube ne peſât que la moitié du premier, le ſecond Corps contiendroit autant de matiére étrangére que de matiére propre.

L'or ſert ordinairement de meſure comparative de la ſolidité des Corps.

Mais comme nous ne connoiſſons point de telle portion de matiére, on a choiſi l'or, qui eſt un Corps très-denſe, & cependant très-poreux, pour ſervir de commune meſure, & l'on a ſuppoſé que ſous un volume quelconque, l'or contenoit autant de matiére étrangére que de matiére propre ; ayant donc comparé la peſanteur des autres Corps à celle de l'or, & les faiſant de même volume, on a déterminé leur gravité ſpécifique comparée à celle de l'or : ainſi, un volume d'eau quelconque peſant environ 19. fois $\frac{1}{2}$ moins qu'un égal volume d'or, & ayant par conſéquent 19. fois $\frac{1}{2}$ moins de matiére propre que l'or, qui n'en a déja que la moitié, on a conclu que la quantité des pores & de la matiére étrangére de l'eau étoit à ſa matiére propre comme 39. à 1. environ.

L'or eſt donc le Corps le plus denſe que nous connoiſſions, cependant il a des pores : ainſi, il n'y a aucune portion de matiére abſolument denſe, & la raiſon eſt ſur cela d'accord avec l'expérience ; car s'il y avoit quelque maſſe entierement denſe, elle compoſeroit un Corps entierement dur & ſans reſſort, quoiqu'il y ait des parties que la nature ne reſout plus en d'autres, car il ne peut point y avoir de Corps entierement denſe dans la nature, comme on l'a vû

(§. 15.)   §. 201.

§. 201. Les Corps que nous croyons les plus denses à la simple vûë, & qui nous paroissent les plus continus dans leur surface, paroissent percés d'une infinité de pores, quand on les regarde avec un Microscope, telle est, par exemple, l'écorce d'arbre.

Ainsi, il n'y a de Corps dense que par comparaison à des Corps plus poreux.

§. 202. Si la matiére propre du Corps subit quelque changement, le composé est changé & résolu dans ses principes : si les changemens n'arrivent qu'à la matiére qui passe dans ses pores, ils ne sont qu'accidentels, & ce composé n'est point détruit.

§. 203. Les particules qui composent un Corps, peuvent être arrangées de façon que leurs superficies paroissent se toucher immédiatement dans tous leurs points, ou qu'elles ne se touchent que dans quelques points : si elles se touchent dans tous leurs points, le Corps est continu, & ses parties sont simplement possibles ; & l'on appelle ce Corps, *un Corps dense* ; dans le cas opposé, ce Corps est *un Corps poreux.*

§. 204. Si les parties propres qui composent un Corps, s'approchent l'une de l'autre, ensorte que ses pores deviennent plus petits, le volume de ce Corps diminuë, & de poreux, il devient

dense

denſe; cet effet s'appelle *condenſation*: ſi au contraire ſes interſtices ou pores deviennent plus grands, le volume de ce Corps augmente, & de denſe, il devient poreux; & cela s'appelle, *rarefaction*: ces deux effets ſont cauſés par la quantité plus ou moins grande de la matiére, qui paſſe dans les pores de ces Corps; quand cette matiére y eſt en plus grande abondance, le Corps eſt rarefié, quand ſa quantité diminuë, le Corps eſt condenſé.

Cauſes de la rarefaction, & de la condenſation.

§. 205. Si les parties d'un Corps cedent difficilement, en ſorte que l'on ſente la réſiſtance qu'elles ſont, quand on veut les ſéparer, on appelle ce Corps, *un Corps dur*: mais ſi ſes parties cedent facilement, & ſont très-peu de réſiſtance, quand on veut les ſéparer, on appelle ce Corps, *un Corps mol*; & quand cette réſiſtance eſt encore moindre, ce Corps devient fluide.

Définition de la dureté, & de la molleſſe.

§. 206. La cohéſion des Corps venant des mouvemens conſpirans de leurs parties (§. 173.) ils ſont plus ou moins durs, ſelon que les ſurfaces de leurs parties ſont plus ou moins exactement appliquées l'une ſur l'autre, & que leurs mouvemens conſpirent plus ou moins; d'où naiſſent les différentes cohéſions, qui ſont que certains Corps ſont ſécables, d'autres friables, d'autres caſſans, &c.

§. 207. Si dans la ſurperficie d'un Corps, il

y a des éminences ou asperités qui debordent les autres parties, ce Corps est brute; mais sa surface est polie ou unie, lorsque l'une de ses parties ne surpasse point l'autre.

§. 208. Si les particules de matiére constante qui composent un Corps, viennent à être séparées l'une de l'autre par un fluide qui se meut avec beaucoup de rapidité à travers, & qu'il n'y ait plus aucun contact entre ces parties; ce Corps devient fluide; & lorsque ces parties commencent à se rapprocher, ensorte que leur contact immédiat recommence, le Corps devient un Corps solide : le plomb subit successivement ces deux états, lorsqu'on l'expose au feu, & qu'on le laisse ensuite refroidir.

Comment un Corps devient fluide.

Quoique les corpuscules qui composent les Corps fluides, soient réellement séparés, cependant ils paroissent continus à l'œil, à cause de leur extrême subtilité, & de celle de la matiére qui se meut entre eux : ainsi, il n'est pas étonnant que les fluides cedent facilement aux solides, qui les fendent en séparant leurs parties.

§. 209. Les Corps deviennent mols avant de devenir fluides, car le contact de leurs parties diminuë peu à peu, avant de cesser entierement, & de là naît successivement la mollesse, & la fluidité.

Cette séparation des parties qui composent les Corps, se fait par la matiére variable qui

remplit

romplit leurs pores, laquelle se fraie de nouveaux chemins dans les Corps, & rompt ainsi le contact de leurs parties.

§. 210. Lorsqu'il ne peut s'introduire entre ces parties qu'une certaine quantité de cette matiére, les Corps restent mols, & ne deviennent point fluides; mais ces Corps redeviennent durs, si cette matiére se retire d'entre leurs parties, soit par l'action du feu, soit par l'evaporation de cette matiére, ou par la compression du Corps par laquelle on la force d'en sortir.

Je vous dirai dans le Chapitre XVI. comment les Newtoniens expliquent par l'attraction ces mêmes Phénomenes de la cohésion, de la dureté, de la mollesse, & de la fluidité; car selon quelques-uns d'entr'eux, c'est dans les détails que la nécessité d'admettre l'attraction se manifeste le plus, leurs Observations méritent assurément qu'on les étudie, & que l'on tâche de trouver une raison méchanique des Phénomes qu'ils ont observés.

CHAPITRE

CHAPITRE XI.

Du Mouvement, & du Repos en général, & du Mouvement simple.

§. 211.

LE Mouvement est le passage d'un Corps du lieu qu'il occupe dans un autre lieu. **Définition du Mouvement.**

§. 212. On distingue trois sortes de mouvemens, le mouvement absolu, le mouvement rélatif commun, & le mouvement rélatif propre. **Trois sortes de mouvement.**

§. 213. Le mouvement absolu est le rapport successif d'un Corps à différens Corps considerés comme immobiles, & c'est-là le mouvement réel, & proprement dit. **Du mouvement absolu.**

O 4 §. 214.

§. 214. Le mouvement relatif commun est celui qu'un Corps éprouve, lorsqu'étant en repos, par rapport aux Corps qui l'entourent, il acquiert cependant avec eux des relations successives, par rapport à d'autres Corps, que l'on considére comme immobiles, & c'est le cas dans lequel le lieu absolu des Corps change, quoique leur lieu relatif reste le même ; & c'est ce qui arrive à un Pilote, qui dort sur le tillac pendant que son Vaisseau marche, ou à un poisson mort, que le courant de l'eau entraîne.

Du mouvement relatif commun.

§. 215. Le mouvement relatif propre est celui que l'on éprouve, lorsqu'étant transporté avec d'autres Corps d'un mouvement relatif commun, on change cependant sa relation avec eux, comme lorsque je marche dans un Vaisseau qui fait voile ; car je change à tout moment ma relation avec les parties de ce Vaisseau, qui est transporté avec moi.

Du mouvement relatif propre.

§. 216. Les parties de tout mobile font dans un mouvement relatif commun ; mais si elles venoient à se séparer, & qu'elles continuassent à se mouvoir comme auparavant, elles acquerroient un mouvement relatif propre.

Exemples des différentes sortes de mouvemens.

§. 217. Si un Vaisseau marchoit vers l'Orient, & qu'un homme se promenât dans un Vaisseau de la poupe à la prouë, c'est-à-dire, de l'Orient

tient vers l'Occident avec la même vîteſſe ,
dont le Vaiſſeau eſt emporté , cet homme auroit , pendant qu'il parcourt la longueur de ce
Vaiſſeau , un mouvement relatif propre, mais
ſon mouvement abſolu ne ſeroit qu'apparent ,
puiſqu'en changeant à tout moment ſa ſituation, par rapport aux parties de ce Vaiſſeau , il
répondroit cependant toujours aux mêmes
points hors dui Vaiſſeau.

Si au contraire cet homme marchoit dans ce
Vaiſſeau de la poupe à la prouë, c'eſt-à-dire ,
dans la même direction que le Vaiſſeau qui le
porte , il auroit en même tems un mouvement
relatif commun avec le Vaiſſeau , & un mouvement relatif propre; car il changeroit à tout moment ſa ſituation avec les parties de ce Vaiſſeau,
& avec les Corps hors du Vaiſſeau : c'eſt cette
ſorte de mouvement que tous les Corps qui
marchent ſur la terre éprouvent , car la terre
marche ſans ceſſe.

§. 218. Si au lieu de cet homme , on imagine une pierre jettée horiſontalement dans ce
Vaiſſeau, dans un ſens contraire à celui dans lequel le Vaiſſeau marche, mais avec une vîteſſe
égale à celle dont il eſt emporté , cette pierre
paroîtra à ceux qui ſont dans le Vaiſſeau avoir
un mouvement relatif propre, dans le ſens dans
lequel on l'a jettée; mais ceux qui ſont ſur le
rivage la verront dans un repos abſolu , par
rapport à ſa direction horiſontale, & ce repos
eſt ſon état réel.

Cette

Cette pierre eſt dans un repos abſolu par rapport à ſon mouvement horiſontal, parce qu'étant tranſportée avec ce Vaiſſeau, elle avoit acquiſe dans la direction dans laquelle ce Vaiſſeau marche, une force égale à celle dont le Vaiſſeau étoit emporté ; or, comme on ſuppoſe qu'elle a été jettée en ſens contraire par une force égale à celle qui emporte le Vaiſſeau, ces deux forces égales & oppoſées ſe détruiſent mutuellement, & la pierre reſte dans un repos abſolu par rapport au mouvement horiſontal ; car la main qui l'a jettée, a trouvé en elle une force réelle, & celle qu'elle lui a imprimée, a été employée toute entiere à la détruire. Il en arriveroit tout autrement, ſi cette pierre étoit jettée dans le Vaiſſeau par une main qui fût hors du Vaiſſeau ; car alors la pierre auroit réellement un mouvement relatif propre de l'Orient vers l'Occident, & elle tomberoit dans la mer hors du Vaiſſeau.

§. 219. A l'égard du mouvement de cette pierre vers le centre de la Terre, il n'eſt pas arrêté ; car le mouvement horiſontal qui lui a été imprimé, ni celui du Vaiſſeau n'eſt point oppoſé au mouvement que ſa gravité lui imprime vers le centre de la Terre.

Celui qui eſt dans le Vaiſſeau & qui croit que la pierre a marché d'Orient en Occident, attribuë à la pierre le mouvement qui n'appartient qu'au Vaiſſeau ; & il eſt trompé par

ſes

les sens de la même maniére que nous le sommes, quand nous croyons que le rivage que nous quittons s'enfuit, quoique ce soit le Vaisseau qui nous porte qui s'en éloigne, car nous jugeons les objets en repos, quand leurs images occupent toujours les mêmes points sur notre retine. Ainsi, comme nous marchons avec le Vaisseau, ses parties occupent toujours la même place dans nos yeux, mais les parties du rivage, au contraire en occupant tantôt une partie, & tantôt une autre, nous les jugeons en mouvement par cette raison : ainsi, le mouvement vrai, & le mouvement apparent, font quelquefois très-différens.

Pourquoi le rivage paroit s'enfuir, lorsqu'on s'en éloigne.

§. 220. Le Repos est l'éxistence continuë d'un Corps dans le même lieu.

On distingue entre Repos relatif & Repos absolu.

Du Repos en général.

§. 221. Le Repos relatif est la continuation des mêmes rapports du Corps, que l'on considére, aux Corps qui l'entourent, quoique ces Corps se meuvent avec lui.

Du Repos relatif.

§. 222. Le Repos absolu est la permanence du Corps dans le même lieu absolu, c'est-à-dire, la continuation des mêmes rapports du Corps, que l'on considére, aux Corps qui l'entourent, considérés comme immobiles.

Du Repos absolu.

§. 223.

§. 223. Lorſque la force active ou la cauſe du mouvement n'eſt point dans le Corps mu, ce Corps eſt en repos, & c'eſt là le repos réel, & proprement dit.

Exemples de ces deux ſortes de Repos. §. 224. Aucun Corps ſur la terre n'eſt dans un Repos abſolu, car la terre change ſans ceſſe ſa relation aux Corps qui l'environnent.

Les Corps qui ſont attachés à la terre comme les Arbres, les Plantes, &c. ſont dans un Repos relatif; car les Corps ne changent point de relation entre eux, mais la terre à laquelle ils ſont attachés, & les Corps qui les entourent marchent ſans ceſſe, ils ſont dans un mouvement relatif commun. Ainſi, un Corps peut-être dans un Repos relatif, quoiqu'il ſe meuve d'un mouvement relatif commun.

§. 225. Mais pour éviter l'embarras que toutes ces diſtinctions mettroient dans le diſcours, on ſuppoſe ordinairement, lorſque l'on parle du mouvement & du repos, que c'eſt d'un mouvement & d'un repos abſolu; car il n'y a de mouvement réel que celui qui s'opére par une force réſidente dans le Corps qui ſe meut, & il n'y a de repos réel que la privation de cette force.

Il n'y a point dans ce ſens de repos dans la Nature, car toutes les parties de la matiére ſont toujours en mouvement, quoique les

Corps

Corps qu'elles compofent, puiffent être en repos : ainfi, on peut dire qu'il n'y a point de
repos interne.

§. 226. Il n'y a point de degrés dans le repos , comme dans le mouvement ; car un
Corps peut fe mouvoir plus ou moins vîte ,
mais quand il eft une fois en repos, il n'y eft ni
plus, ni moins.

Cependant le repos & le mouvement ne
font fouvent que comparatifs pour nous, car
les Corps que nous croyons en repos , & que
nous voyons comme en repos , n'y font pas
toujours.

§. 227. Un Corps qui eft en repos , ne commencera jamais de lui-même à fe mouvoir ;
car puifque toute matiére eft douée de la force
paffive , par laquelle elle réfifte au mouvement,
elle ne peut fe mouvoir d'elle-même; pour que
le mouvement fe faffe avec raifon fuffifante, il
faut donc une caufe qui mette ce Corps en
mouvement: ainfi, tout Corps en repos refteroit éternellement en repos , fi quelque caufe
ne le mettoit en mouvement , comme par
exemple, lorfque je retire une Planche , fur
laquelle une pierre eft pofée , ou que quelque
Corps en mouvement communique fon mouvement à un autre Corps, comme lorfqu'une
bille de Billiard pouffe une autre bille.

§. 228.

§. 228. Par le même principe de la raison suffisante, un Corps en mouvement ne cesseroit jamais de se mouvoir, si quelque cause n'arrêtoit son mouvement, en consumant sa force ; car la matiére résiste également au mouvement & au repos par son inértie.

§. 229. La force active & la force passive des Corps, se modifie dans leur choq, selon de certaines Loix que l'on peut réduire à trois principales.

PREMIERE LOI.

Loix générales du mouvement.

Un Corps persévère dans l'état où il se trouve, soit de repos, soit de mouvement, à moins que quelque cause ne le tire de son mouvement, ou de son repos.

SECONDE LOI.

Le changement qui arrive dans le mouvement d'un Corps, est toujours proportionel à la force motrice qui agit sur lui ; & il ne peut arriver aucun changement dans la vitesse, & la direction du Corps en mouvement que par une force extérieure ; car sans cela ce changement se feroit sans raison suffisante.

TROISIE'ME LOI.

La reaction est toujours égale à l'action ; car un

un Corps ne pourroit agir fur un autre Corps, fi cet autre Corps ne lui refiſtoit: ainſi, l'action & la reaction ſont toujours égales & oppoſées.

§. 230. On confidére pluſieurs choſes dans le mouvement.

Ce qu'il faut confi- dérer dans le mouve- ment.

1°. La force qui imprime le mouvement au Corps.

2°. Le tems pendant lequel le Corps ſe meut.

3°. L'Eſpace que le Corps parcourt.

4°. La vîteſſe du mouvement, c'eſt-à-dire, le rapport de l'Eſpace que le Corps a parcouru, & du tems employé à le parcourir.

5°. La maſſe des Corps, felon laquelle ils ré- fiſtent à la force qui veut leur imprimer , ou leur ôter le mouvement.

6°. La quantité du mouvement.

7°. La direction du mouvement, ſoit qu'il ſoit ſimple, ſoit qu'il ſoit compoſé.

8°. L'élaſticité des Corps auſquels on imprime le mouvement.

9°. L'effet de la force des Corps en mouve- ment, ou la quantité d'obſtacles qu'ils peuvent déranger en confumant leur force.

10°. Enfin, la façon dont le mouvement ſe communique.

§. 231. Il n'y a point de mouvement ſans une force qui l'imprime.

La cauſe active qui imprime le mouvement
au

au Corps, ou qui le follicite à fe mouvoir, s'apꝑ pelle force motrice.

L'effet de cette force quand elle n'eſt pas détruite par une réſiſtance invincible , eſt de faire parcourir au Corps un certain Eſpace , en un certain tems , dans un Eſpace qui ne réſiſte point ſenſiblement ; & dans un Eſpace qui reſiſte , ſon effet eſt de lui faire ſurmonter une partie des obſtacles qu'il rencontre.

Cette cauſe , qui tire le mobile de l'état de repos , dans lequel il étoit , & qui lui fait parcourir un certain eſpace , & ſurmonter une certaine quantité d'obſtacles , communique à ce Corps une force qu'il n'avoit pas , lorſqu'il étoit en repos, puiſque par la premiere Loi ; ce Corps, de lui - même , ne ſeroit jamais ſorti de ſa place.

§. 232. Par la même Loi , lorſqu'un Corps en mouvement ceſſe de ſe mouvoir, il faut néceſſairement que quelque force égale , & oppoſée à la ſienne , ait arrêté ſon mouvement , & conſumé ſa force.

§. 233. Toute cauſe efficiente eſt égale à ſon effet pleinement exécuté : ainſi , des forces égales produiront toujours en s'épuiſant des effets égaux.

§. 234. On appelle *Obſtacle* , tout ce qui s'oppoſe au mouvement d'un Corps , & qui
conſume

confume fa force en tout, ou en partie.

§. 235. Puifque par la première Loi du mouvement, un Corps de lui-même perfevére toujours dans l'état où il fe trouve ; & que la force
par laquelle un Corps fe meut, ne peut fe confumer en tout, ou en partie, qu'en furmontant
des obftacles ; un Corps qui feroit une fois en
mouvement dans le vuide abfolu, (s'il étoit
poffible,) continueroit à fe mouvoir pendant
toute l'éternité dans ce vuide, & y parcourroit à jamais des Efpaces égaux en tems égaux,
puifque dans le vuide aucun obftacle ne confu-
meroit la force de ce Corps en tout, ni en partie.

*Le mouve-
ment feroit
éternel
dans le
vuide.*

§. 236. Tout mouvement contient donc un
infini en tems, puifque tout mouvement pourroit durer éternellement dans le vuide ; mais
tout mouvement ne contient pas un infini en
vîtesse ; car un Corps qui fe mouvroit éternellement dans le vuide, pourroit s'y mouvoir avec une vîtesse plus ou moins grande.

§. 237. L'Efpace parcouru par un Corps,
eft la Ligne décrite par ce Corps, pendant fon
mouvement.

Si le Corps qui fe meut, étoit un point,
l'Efpace parcouru ne feroit qu'une Ligne ma-
thématique ; mais comme il n'y a point de
Corps qui ne foit étendu, l'Efpace parcouru
a toujours quelque largeur. Quand on mefure

*2.
De l'Efpa-
ce parcou-
ru.*

le chemin d'un Corps, on ne fait attention qu'à
sa longueur.

§. 238. Si le Corps A. parcourt l'Espace
C. D. il s'écoulera une portion quelconque de
tems, pendant qu'il ira de C en D. quelque
petit que l'Espace C D. puisse être; car le moment où ce Corps sera en C. ne sera pas celui
où il sera en D. un Corps ne pouvant être
en deux lieux à la fois : ainsi, tout Espace parcouru, l'est en un tems quelconque.

§. 239. Outre l'Espace que le Corps en mouvement parcourt, la force qui le lui fait parcourir, & le tems qu'il y employe, on conçoit encore dans le mouvement une autre chose
qu'on appelle *vitesse* : on entend par ce mot,
la propriété qu'a le mobile de parcourir un
certain Espace, en un certain tems.

On connoît la vitesse d'un Corps par l'Espace
qu'il parcourt en un tems donné : ainsi, la vitesse
est d'autant plus grande que le mobile parcoure
plus d'Espace en moins de tems ; & par conséquent, si un Corps A. parcourt l'Espace C. D.
en deux minutes, & que le Corps B. parcourre,
le même Espace en une minute, la vitesse du
Corps B. sera double de celle du Corps A.

Il n'y a point de mouvement sans une vitesse
quelconque, car tout Espace parcouru, est parcouru dans un certain tems ; mais ce tems
peut être plus ou moins long à l'infini ; car
l'Espace

l'Efpace C D. que je fuppofe être d'un pied,
peut être parcouru par le Corps A. en une *Fig.* 18.
heure, ou dans une minute qui eft la 60. partie
d'une heure, ou dans une feconde qui en eft la
3600. partie, &c.

§. 240. Le mouvement, c'eft-à-dire, fa vîteffe, peut être uniforme, ou non uniforme,
accelerée ou retardée, également ou inégalement accelerée & retardée.

§. 241. Le mouvement uniforme eft celui
qui fait parcourir au mobile des Efpaces égaux
en tems égaux : ainfi, dans le mouvement uniforme les Efpaces parcourus font comme les
vîteffes du mobile, & comme les tems de fon
mouvement.

§. 242. Dans un tems infiniment petit, on
confidére toujours le mouvement comme étant
uniforme, c'eft-à-dire, qu'à chaque inftant infiniment petit, le mobile eft fuppofé parcourir
des Efpaces égaux, foit que fon mouvement
dans un tems fini foit acceleré ou retardé, uniforme ou non uniforme.

§. 243. Il n'y a que dans un Efpace qui ne
feroit aucune réfiftance, dans lequel un mouvement parfaitement uniforme pût s'exécuter,
de même qu'il n'y a que dans un tel Efpace,
dans lequel un mouvement perpétuel fût poffible ; car dans cet Efpace il ne fe pourroit rien

P 2 rencontrer

rencontrer qui pût accelerer ou retarder le mouvement des Corps.

Preuve de
l'impoffi-
bilité du
mouve-
ment per-
petuel mé-
chanique.

§. 244. L'inégalité de tous les mouvemens
que nous connoiffons, eft une démonftration
contre le mouvement perpétuel méchanique,
que tant de gens ont cherché : car cette inégalité ne vient que des pertes continuelles de
force que font les Corps en mouvement, par
la réfiftance des milieux dans lefquels ils fe meuvent, le frottement de leurs parties, &c. Ainfi,
afin qu'un mouvement perpétuel méchanique
pût s'exécuter, il faudroit trouver un Corps
qui fût exemt de frottement, ou qui eût reçû du
Créateur une force infinie, puifqu'il faudroit
que cette force lui fît furmonter des réfiftances
à tout moment répétées ; & que cependant,
elle ne s'épuisât jamais, ce qui eft impoffible.

Nous ne
connoif-
fons point
de mouve-
ment par-
faitement
égal.

§. 245. Quoi qu'à parler exactement, il n'y ait
point de mouvement parfaitement uniforme,
cependant lorfqu'un Corps fe meut dans un
Efpace, qui ne réfifte point fenfiblement, & que
ce Corps ne reçoit, ni accélération, ni retarde-
ment fenfible dans fon mouvement, on confidére ce mouvement comme s'il étoit parfaitement uniforme.

§. 246. Le mouvement non uniforme eft
celui qui reçoit quelque augmentation ou
quelque

quelque diminution dans fa vîteſſe.

§. 247. Un Corps a un mouvement acceleré, lorſque quelque nouvelle force agit ſur lui, & augmente ſa vîteſſe.

Du mouvement acceleré.

§. 248. Le mouvement d'un Corps ne peut cependant être acceleré, que lorſque la nouvelle force qui agit ſur lui, agit en tout, ou en partie dans la direction dans laquelle le Corps ſe meut déja.

§. 249. Le mouvement d'un Corps eſt retardé, lorſque quelque force oppoſée à la ſienne lui ôte une partie de ſa vîteſſe.

Du mouvement retardé.

§. 250. Le mouvement d'un Corps eſt également ou inégalement acceleré, ſelon que la nouvelle force qui agit ſur lui, y agit également ou inégalement en tems égal; & il eſt également ou inégalement retardé, ſelon que les pertes qu'il fait, ſont égales ou inégales en tems égaux.

§. 251. Quand le mouvement d'un Corps eſt également acceleré en tems égal, les vîteſſes de ce Corps croiſſent comme les tems de ſon mouvement.

§. 252. Il faut une plus grande quantité de force pour augmenter la vîteſſe d'un Corps

Il faut plus de force pour acce-lerer le mouve-

d'un

ment, que d'un degré que pour lui imprimer le premier
pour l'im- degré de vîteffe, lorfqu'il est en repos.
primer.

§. 253. Si le mouvement est uniforme, c'est-
à-dire, si la vîteffe du Corps demeure la même,
l'Efpace parcouru augmentera en même proportion que le tems du mouvement de ce
Corps, (en faifant abftraction des obftacles)
de façon que si on multiplie la vîteffe de ce
Corps, par le tems de fon mouvement, le
produit fera l'Efpace parcouru : si l'Efpace est
divifé par le tems, le produit marquera la vîteffe, & ce même Efpace divifé par la vîteffe,
donnera le tems : ainfi, dans le mouvement
uniforme quand on a deux de ces chofes, efpace, tems, & vîteffe, on aura néceffairement
la troifiéme.

§. 254. Plus la vîteffe d'un Corps est grande,
plus il parcourt d'Efpace dans un tems donné,
& au contraire.

Dans le mouvement accéleré l'Efpace parcouru est d'autant plus grand dans un tems
donné, que la vîteffe est plus augmentée ; &
dans le mouvement retardé, l'Efpace parcouru
est d'autant moindre en un même tems, que la
vîteffe est plus diminuée ; car par la feconde
Loi, les changemens qui arrivent dans le mouvement, font toujours proportionnels à la force
qui les produit.

§. 255.

§. 255. Si on compare plusieurs Corps qui sont dans un mouvement uniforme, & qui ont des vîtesses égales, les Espaces parcourus seront comme les tems de leur mouvement.

De la comparaison du mouvement des Corps.

Si les vîtesses sont inégales, & les tems égaux, les Espaces parcourus seront comme les vîtesses. Si les vîtesses & les tems sont inégaux, les Espaces feront en raison composée des raisons des vîtesses, & des tems, ou comme les produits du tems de chacun de ces Corps multiplié par sa vîtesse; & enfin, si les vîtesses & les Espaces sont inégaux, les tems seront en raison directe des Espaces, & en raison inverse des vîtesses; car il faut d'autant plus de tems à un Corps pour parcourir un Espace quelconque, que ce Corps a moins de vîtesse.

§. 256. On distingue les vîtesses, *en vîtesses absoluës, & vîtesses respectives.*

Ce que l'on entend par vîtesse absoluë & vîtesse respective.

La vîtesse propre ou absoluë d'un Corps, est le rapport de l'Espace qu'il parcourt, & du tems pendant lequel il se meut.

La vîtesse respective, est la vîtesse avec laquelle deux Corps s'approchent ou s'éloignent l'un de l'autre d'un certain Espace dans un tems déterminé, quelques soient leurs vîtesses absoluës: ainsi, la vîtesse absoluë est quelque chose de positif; mais la vîtesse respective n'est qu'une simple comparaison que l'esprit fait de

P 4   deux

deux Corps, felon qu'ils s'approchent, ou s'éloignent l'un de l'autre.

§. 257. Les Corps réfiftent également au
mouvement & au repos; cette réfiftance étant
une fuite néceffaire de leur force d'inertie,
elle eft proportionnelle à leur quantité de matiére propre, puifque la force d'inertie appar-
partient à chaque *minimum* de la matiére : un
Corps réfifte donc d'autant plus au mouvement
qu'on veut lui imprimer, qu'il contient une
plus grande quantité de matiére propre fous
un même volume, c'eft-à-dire, d'autant plus,
qu'il a plus de maffe, toutes chofes d'ailleurs
égales.

Ainfi, plus un Corps a de maffe, moins
il acquiert de vîteffe par la même preffion, *&*
vice verfâ.

Les vîteffes des Corps qui reçoivent des
preffions égales, font donc en raifon inverfe de
leur maffe.

§. 258. Il eft une fois plus facile d'imprimer
une certaine vîteffe à un Corps, que d'imprimer au même Corps une vîteffe double de la
premiere : ainfi, il faut une double preffion
pour imprimer au même Corps une vîteffe
double; & il faut précifément la même preffion pour donner à un Corps deux degrés de
vîteffe, ou pour donner un degré de vîteffe à
un autre Corps, dont la maffe eft double de
celle du premier.　　　　　　　　　　Ainfi

Ainsi, la preſſion qui fait mouvoir différens Corps avec une même vîteſſe, eſt toujours proportionnelle à la maſſe de ces Corps, toutes choſes égales d'ailleurs.

Le mouvement d'un Corps eſt d'autant plus difficile à arrêter, que ce Corps a plus de maſſe : ainſi, il faut la même force pour arrêter le mouvement d'un Corps qui ſe meut avec une vîteſſe quelconque, & pour communiquer à ce même Corps le même dégré de vîteſſe qu'on lui a fait perdre.

§. 259. Cette réſiſtance que tous les Corps oppoſent, lorſqu'on veut changer leur état préſent, eſt le fondement de la troiſiéme Loi du mouvement, par laquelle la réaction eſt toujours égale à l'action.

De l'égalité de l'action, & de la reaction.

L'établiſſement de cette Loi étoit néceſſaire, afin que les Corps puſſent agir les uns ſur les autres ; & que le mouvement étant une fois produit dans l'Univers, il pût être communiqué d'un Corps à un autre avec raiſon ſuffiſante.

Dans toute action, le Corps qui agit, & celui contre lequel il agit, luttent entr'eux, & ſans cette eſpéce de lutte, il ne peut point y avoir d'action ; car je demande comment une force peut agir contre ce qui ne lui oppoſe aucune réſiſtance.

Il ne peut y avoir d'action ſans réſiſtance.

Quand je tire un Corps attaché à une corde, quelqu'aiſément que je le tire, la corde eſt
tenduë

tenduë également des deux côtés, ce qui marque l'égalité de la réaction, & si cette corde n'étoit pas tenduë, je ne pourrois tirer ce Corps.

Objection contre l'égalité de l'action, & de la reaction.

Réponse.

Mais, dit-on, comment puis-je faire avancer ce Corps, si je suis tiré par lui avec une force égale à celle que j'employe pour le tirer? Ceux qui font cette objection, ne font pas attention que lorsque je tire ce Corps & que je le fais avancer, je n'employe pas toute ma force à vaincre la résistance qu'il m'oppose; mais lorsque je l'ai surmontée, il m'en reste encore une partie que j'employe à avancer moi-même; & ce Corps avance par la force que je lui ai communiquée, & que j'ai employée à surmonter sa résistance; ainsi, quoique les forces soient inégales, l'action & la réaction sont toujours égales.

La raison de cette égalité de l'action & de la réaction, est qu'un Corps ne sauroit employer un degré de force à surmonter la résistance d'un autre Corps, sans en perdre lui-même une quantité égale à celle qu'il y a employée; car ce Corps ne peut garder & employer sa force en même tems: or cette force qu'il employe à surmonter cette résistance, n'est pas perduë, mais le Corps qui résiste, l'acquiert.

Quand la masse de ce Corps a une certaine proportion à la masse du Corps qui l'a poussé, ce Corps avance sensiblement, & quand sa masse surpasse à certain point celle du Corps qui

qui agit fur lui, ce Corps avance infiniment
peu; mais dans l'un & dans l'autre cas, la réaction eft toujours égale à l'action, c'eft-à-dire,
que la diminution de la force dans le Corps
qui agit, eft toujours égale à la force qu'il a
communiquée: ainfi, un Corps perd autant de
fon mouvement qu'il en communique; puifque
le mouvement d'un Corps ne peut lui être ôté
que par une force égale & oppofée, & dans
ces deux chofes fi différentes, la ceffation du
mouvement & fa communication, la réaction
eft toujours égale à l'action.

On a vû ci-deffus que la communication du
mouvement fe fait en raifon des maffes, ce
qui eft encore une preuve que l'action eft égale
à la réfiftance; car les Corps réfiftent en raifon
directe de leur maffe.

§. 260. Les Corps réagiffent par leur force
d'inertie, & en réagiffant, ils tendent à changer l'état du Corps qui les pouffe, & auquel
ils réfiftent, & ils acquerent dans cette réaction
la force que le Corps qui agit fur eux, confume
en y agiffant, car ces Corps réfiftent en acquerant le mouvement: ainfi, la force que les Corps
acquerent pour fe mouvoir, ils l'acquerent
en partie par leur force d'inertie, qui eft le
principe de leur réaction: de forte qu'à parler
proprement, toute la force de la matiére, foit
qu'elle foit en repos, ou en mouvement, foit
qu'elle communique le mouvement, foit qu'elle
                                                    le

le reçoive, toute fon action, & fa réaction,
toute fon impulfion, & fa réfiftance, n'eft autre chofe que cette *vis inertiæ* en différentes circonftances.

C'eft l'éga-
lité de l'ac-
tion, & de
la réaction,
qui fait al-
ler un Na-
vire par
des rames.

§. 261. Un Navire va par des rames, parce
que les rames pouffent l'eau vers le côté op-
pofé, & l'eau réagit contre les rames, & les
repouffe avec le batteau auquel elles tiennent,
& cela avec une force égale à celle avec laquelle les rames l'ont fenduë; ainfi, le Vaiffeau
va d'autant plus vîte qu'il y a plus de rames,
que les rames font plus grandes, & qu'elles
font remuées plus vîte, & plus fortement.

C'eft par cet artifice qu'on fe foutient dans
l'eau en nageant, car les pieds & les mains fervent alors de rames.

Il en eft de même des oifeaux. Quand ils
volent, ils font dans l'air avec leurs aîles, ce
que les hommes qui nagent, font dans l'eau
avec leurs pieds, & leurs mains.

De la
quantité
du mouve-
ment.

§. 262. Il y a encore une chofe à confidérer dans le mouvement; c'eft fa quantité; car
la quantité du mouvement dans un inftant infiniment petit, eft proportionnelle à la maffe
& à la vîteffe du Corps mû, en forte que le
même Corps a plus de mouvement quand il fe
meut plus vîte; & que de deux Corps dont
la vîteffe eft égale, celui qui a le plus de maffe,
a le plus de mouvement : car le mouvement
imprimé

imprimé à un Corps quelconque , peut être conçû divisé en autant de parties que ce Corps contient de parties de matière propre , & la force motrice appartient à chacune de ces parties qui participent également au mouvement de ce Corps , en raison directe de leur grandeur : ainsi, le mouvement du tout , est le résultat de toutes les parties , & par conséquent, le mouvement est double dans un Corps dont la masse est double de celle d'un autre , lorsque ces Corps se meuvent avec la même vîtesse.

Car supposé qu'un Corps A. qui a quatre de masse , & un Corps B. qui en a deux, se mouvent avec la même vîtesse , ce Corps A. peut être coupé en deux parties égales , sans que son mouvement soit arrêté ; & alors chacune de ses moitiés sera égale au Corps B. & continuëra à se mouvoir avec la même vîtesse qu'avoit ce Corps A. entier , avant qu'on l'eût coupé en deux. Ce Corps double avoit donc un mouvement double.

§. 263. Il n'y a point de mouvement sans une détermination particuliére : ainsi , tout mobile qui se meut, tend vers quelque point.

Lorsqu'un Corps qui se meut , n'obéit qu'à une seule force qui le dirige vers un seul point, ce Corps se meut d'un mouvement simple.

§. 264. Le mouvement composé , est celui dans lequel le mobile obéit à plusieurs forces,

qui

qui le font tendre vers plusieurs Points à la fois.

Le mouvement simple est le seul que j'éxamine ici, je parlerai du mouvement composé dans le Chapitre suivant.

§. 265. Dans le mouvement simple, la Ligne droite tirée du mobile au point vers lequel il tend, représente la direction du mouvement de ce Corps, & si ce Corps se meut, il parcourra certainement cette Ligne.

Ainsi, tout Corps qui se meut d'un mouvement simple, décrit pendant qu'il se meut, une Ligne droite.

Nous ne connoissons à proprement parler, de mouvement simple, que celui des Corps qui tombent perpendiculairement vers le centre de la terre par la seule force de la gravité, à moins que les Corps ne se meuvent sur un plan immobile ; car la gravité agissant également sur tous les Corps à chaque instant indivisible, son action se mêle à tous les momens, & de simples, elle les fait venir composés.

§. 266. La gravité ou la pésanteur, est aussi une des causes pour laquelle il ne pourroit y avoir de mouvement uniforme que dans le vuide absolu, ou sur un plan immobile ; car cette force fait parcourir aux Corps des Espaces inégaux en tems égaux.

§. 267.

§. 267. Les Corps qui reçoivent ou qui communiquent le mouvement , peuvent être ou entiérement durs, c'eſt-à-dire , incapables de compreſſion , ou entiérement mols, c'eſt-à-dire , incapables de reſtitution après la compreſſion de leurs parties, ou enfin à reſſort, c'eſt-à-dire, capables de reprendre leur premiere forme après la compreſſion.

Ces derniers peuvent être encore à reſſort parfait, de ſorte qu'après la compreſſion , ils reprennent entiérement leur figure ; ou à reſſort imparfait, c'eſt-à-dire, capables de la reprendre ſeulement en partie : nous ne connoiſſons point de Corps entiérement durs , ni entiérement mols , ni à reſſort parfait ; car, comme dit M. de Fontenelle, *la nature ne ſouffre aucune pré-ciſion.*

Mais pour rendre les raiſonnemens plus intelligibles, on ſuppoſe la préciſion la plus éxacte : ainſi , on ſuppoſe que tous les Corps à reſſort, ont un reſſort parfait.

On appelle *Corps durs*, ceux dont la figure ne s'altére point ſenſiblement par le choc ; tels ſont, par exemple , les Diamans ; & on nomme *mols*, les Corps qui par le choc prennent une nouvelle figure, qu'ils conſervent après le choc , comme la cire, l'argile , &c. Je parlerai dans la ſuite de cet ouvrage des Corps élaſtiques, & de la façon dont le mouvement ſe communique entr'eux.

§. 268.

§. 268. Lorſqu'un Corps en mouvement rencontre un obſtacle, il fait effort pour deranger
cet obſtacle ; ſi cet effort eſt détruit par une réſiſtance invincible, la force de ce Corps eſt
une *force morte*, c'eſt-à-dire, qu'elle ne produit aucun effet, mais qu'elle tend ſeulement
à en produire un.

Si la réſiſtance n'eſt pas invincible, la force
eſt alors *une force vive*, car elle produit un
effet réel, & cet effet eſt ce qu'on appelle *l'effet
de la force de ce Corps*.

La quantité de la force vive, ſe connoît par
le nombre & la grandeur des obſtacles, que
le Corps en mouvement peut deranger en épuiſant ſa force.

Il y a de grandes diſputes entre les Philoſophes, pour ſavoir ſi la force vive, & la force
morte doivent être eſtimées différamment, &
c'eſt de quoi je parlerai dans le Chapitre 21. de
cet ouvrage.

10.
De la com-
munica-
tion du
mouve-
ment.

§. 269. Enfin, la derniere choſe qui me reſte
à examiner dans le mouvement, c'eſt la façon
dont il ſe communique ; car l'expérience nous
apprend qu'un Corps en mouvement qui en rencontre un autre en repos, lui communique une
partie de la force, qu'il avoit pour ſe mouvoir,
& alors le Corps qui a été choqué, paſſe de
l'état de repos dans lequel il étoit, à celui du
mouvement, & il continuë à ſe mouvoir après
le

le choc jusqu'à ce que quelque obstacle ait
consumé sa force.

§. 270. La cause pour laquelle ce Corps continuë à se mouvoir après l'absence du moteur,
est une suite de la force d'inertie de la matiére,
force par laquelle les Corps restent dans l'état
où ils sont, si quelque cause ne les en retire. Or,
quand ma main jette une pierre, cette pierre &
ma main commencent à se mouvoir ensemble ;
je retire ma main, & voilà une cause qui fait ceffer son mouvement de ce côté, mais la pierre
que je n'ai point retirée, continuë à se mouvoir,
jusqu'à ce que la résistance de l'air lui ait fait perdre le mouvement de projectile, que je lui avois
imprimé, ou que la gravité la fasse retomber
vers la terre : ainsi, la continuation du mouvement de cette pierre, après l'absence de ma
main, est l'effet de la force que je lui ai imprimée.

C'est par cette raison, que quand un Vaiffeau va fort vîte, & qu'il est arrêté subitement,
les choses qui sont dans ce Navire tendant à
conserver le mouvement qu'elles ont acquis,
en étant transportées avec lui, courroient rif-
que d'être précipitées, si elles n'étoient pas re-
tenuës.

C'est par la même cause encore que le roulis que la mer cause au Vaisseau, & plus encore
l'agitation d'une tempête rend les hommes ma-
lades, & les fait vomir, sur tout s'ils ne sont

Pourquoi
le roulis
d'un Vaif-
feau cause
des vomif-
femens.

Tome I. * Q pas

pas accoutumés à la mer ; car les liqueurs qui
sont dans leur Corps ne reçoivent que peu à
peu un mouvement *harmonique* , à celui du
Vaisseau , & jusqu'à ce qu'elles l'ayent acquis , il
s'y fait un trouble & une commotion , qui se manifeste par des vomissemens , & d'autres mala-
dies , & il se passe alors dans le Corps des hommes la même chose , à peu près , que nous
voyons arriver dans un vase plein d'eau, que l'on
tourne en rond ; car l'eau ne prend que peu à
peu le mouvement du vase , & elle le garde
encore quelque tems , quand ce mouvement est
arrêté.

CHAPITRE

CHAPITRE XII.

Du Mouvement composé.

§. 271.

E Mouvement composé est celui dans lequel le Corps obéit à la fois à plusieurs forces, qui lui impriment des directions différentes, & qui le font tendre en même tems vers divers points.

Définition du mouvement composé.

§. 272. Le mouvement d'un Corps, qui est poussé en même tems par deux forces, est différent selon que l'action de ces forces est dirigée.

1°. Si ces forces agissent dans la même direction, le mobile se meut plus vîte ; mais la direction de son mouvement n'étant point chan-

Q 2   gée,

gée , ce Corps se meut d'un mouvement simple.

2°. Si ces deux forces sont égales & opposées l'une à l'autre , elles se détruisent mutuellement. Alors le Corps ne sort point de sa place, & il n'y a aucun mouvement produit.

3°. Si les forces opposées sont inégales, elles ne se détruisent qu'en partie, & le mouvement qui en résulte , est l'effet du restant de ces deux forces.

4°. Si ces deux forces sont perpendiculaires l'une à l'autre, comme par exemple, la force désignée par la Ligne AB, à la force active désignée par la Ligne AD, elles ne se détruiront ni ne s'accelereront : chacune agira sur le Corps comme s'il étoit en repos ; alors le chemin du mobile sera changé , & ce Corps aura un mouvement composé du mouvement imprimé par ces deux forces.

Il n'y a que dans le cas où les deux forces qui agissent sur le Corps, sont perpendiculaires l'une à l'autre , dans lequel chacune agisse sur lui comme si ce Corps étoit en repos.

5°. Enfin , si ces deux forces sont obliques l'une à l'autre , comme la force A F. à la force A E ou bien comme la force A G. à la force A H. elles retarderont ou accelereront le mouvement l'une de l'autre , selon que l'obliquité des Lignes qui les représentent , sera dirigée , & elles auront outre cela une action perpendiculaire l'une à l'autre , selon laquelle elles n'accelereront ni ne retarderont le mouvement l'une de l'autre.

§. 273

Des différences que les directions des forces, qui poussent un Corps , apportent dans son mouvement.

Fig. 19.
Planch. 4.

Planch. 4.
Fig. 20. &
21.

§. 273. Si le Corps A. est mû par une force quelconque dans la direction AB. & avec la vîtesse désignée par cette Ligne A B. & que ce Corps soit poussé en même tems par une autre force , qui lui imprime la direction & la vîtesse AC. ce Corps étant mû par deux forces qui tendent en même tems à lui faire parcourir les deux Lignes AB. AC. il obéira à ces deux forces, selon la quantité de leur action sur lui ; & ce Corps aura un mouvement dont la direction & la vîtesse seront composées , de la vîtesse & de la direction des deux forces qui agissent sur lui.

Fig. 22.

§. 274. Pour déterminer quelle ligne un Corps qui est ainsi mû décrira dans son mouvement, imaginons que la ligne A C. & la ligne A B. soient divisées dans les parties égales entr'elles A, e, g, i, o, C. & A, F, H, K, M, B. & supposons que tandis que le mobile A. parcourt les divisions de la ligne A C. cette ligne coule parallelement à elle-même le long de la ligne AB. ensorte que dans le même tems, pendant lequel le Corps A. parcourt sur la ligne A C. l'espace A e, la ligne AC. parcourt sur la ligne AB. l'espace AF ; il est certain qu'au bout de ce premier moment, le mobile se trouvera au point E. De même si dans le second instant , pendant lequel le mobile va de e, en g. sur la ligne AC. cette ligne coule de F. en H. sur la

Fig. 22.

Fig. 23.

Q 3   ligne.

ligne AB. le mobile au bout de ce second inſtant ſera en G. par la même raiſon il ſera en I. au bout du troiſiéme inſtant, puis en O. dans le quatriéme, puis enfin en D. dans le cinquiéme. Ainſi, ſi l'on tire les lignes CD. BD. paralleles à AB. & à AC. & qu'on acheve ainſi le parallelogramme ABCD. le Corps en obéiſſant aux deux forces AB. AC. qui agiſſent ſur lui en même tems, décrira la diagonale AD. de ce parallelogramme ; car la force qui le pouſſe vers AB. fait ſur lui le même effet que le mouvement, par lequel j'ai ſuppoſé que la ligne AC. parcouroit la ligne AB.

La quantité du tranſport du Corps vers la ligne BD. eſt donc l'effet de la force qui agit de A. vers B. & la quantité de ſon tranſport vers la ligne CD. eſt l'effet de celle qui agit de A. vers C. ainſi, ces forces ſe retrouvent encore diſtinctes dans leur effet compoſé.

§. 271. Le mobile parcourt cette diagonale AD. dans le même tems dans lequel il auroit parcouru les lignes AC. AB. ſéparement ; car par la ſeule force dirigée vers AB. le Corps s'approchera de la ligne BD. dans le même tems, ſoit que la force vers AC. lui ſoit imprimée ou non ; de même, il s'approchera de la ligne CD. dans le même tems par la force qui le dirige vers AC. ſoit que la force vers AB. lui ſoit imprimée, ſoit qu'elle ne le ſoit pas. Donc lorſque la ligne AC. que j'ai ſuppoſée couler ſur la ligne AB.

Fig. 22

ſera

fera arrivée en BD, le Corps A. qui parcourt
cette ligne AC. fera alors au point C. de cette
ligne AC. mais le point C. & le point D. feront alors coïncidents; Ainfi, tout Corps qui
eft mû par deux puiffances qui font entr'elles
un angle quelconque, parcourt la diagonale du
parallelogramme formé fur les lignes, dont la
longueur & la pofition repréfentent la direction
& la vîteffe de ces deux forces; & cette diagonale repréfente la vîteffe du mouvement compofé, & elle eft le refultat des mouvemens im-
primés au mobile.

§. 276. Il fuit de-là que le mouvement d'un
Corps peut toujours fe réfoudre en deux autres mouvemens, en faifant que la ligne dans
laquelle un Corps fe meut, devienne la diagonale d'un parallelogramme dont les deux côtés,
dans leur longueur & leur pofition, repréfenteront les directions & les vîteffes des deux mouvemens, dans lefquels celui du Corps que l'on
confidére fera refolu.

§. 277. L'angle EAB. que les lignes AB. AE. Fig. 23.
qui marquent les directions des forces, font entre elles, s'appelle l'angle de direction.

§. 278. La ligne parcourue par un Corps
pouffé en même tems par deux forces, eft plus
ou moins longue felon l'angle de direction des
forces qui le pouffent; car fuppofé que les lignes

Fig. 24.
25. & 26.
gnes AE. AB. soient égales dans les Figures 24. 25. & 26. on voit aisément que la ligne AD. qui est le chemin que le mobile parcourt dans le même tems, n'est pas égale dans ces trois Figures.

§. 279. Plus l'angle de direction EAB. est aigu, comme dans la Fig. 24. plus la ligne AD. que le Corps parcourt est longue; & plus cet angle EAB. est obtus comme dans la Fig. 25. plus le chemin du mobile est court; car dans le premier cas la force qui pousse le Corps dans la ligne AE. & qu'on peut résoudre dans les lignes Fig. 24. Af. & Ag. conspire avec la force qui pousse le Corps vers AB. & l'augmente de la quantité Ag. ou de son action perpendiculaire vers Af. & dans le second cas la force qui pousse le Corps Fig. 25. vers AE. décomposée comme dans le cas précédent, s'oppose à la force vers AB. & la diminuë de la quantité Ag. Ainsi, dans le premier cas, le mobile doit parcourir plus d'espace, puisque sa vîtesse est augmentée, & par la raison contraire, il doit en parcourir moins dans le second; car le tems de son mouvement est supposé le même.

§. 280. Comme les deux côtés d'un triangle pris ensemble, sont toujours plus longs que le troisième (Euclide, Livre premier, Prop. 20.) le Corps A. va par un chemin plus court, lorsqu'il obéit, à la fois, à deux puissances quelconques,

ques , que s'il obéiſſoit ſucceſſivement à chacune d'elles en particulier.

§. 281. On voit par l'inſpection de la Fig. 24.
que le chemin d'un mobile peut être la diagonale d'une infinité de parallelogrammes divers ; car la ligne AD. eſt en même tems ſa
diagonale des parallelogrammes A E B D. &
Aſ Dh. &c.

§. 282. Ainſi, un Corps peut parcourir la même ligne droite dans le même tems , ſoit qu'il
ſoit pouſſé par pluſieurs forces , ou par une ſeule
force ; le Corps A. par exemple , parcourera
également la ligne AD. dans un tems donné ,
s'il eſt pouſſé par une ſeule force dirigée vers   *Fig. 23.*
AD. & qui lui imprime cette vîteſſe AD. ou
par les deux forces AB. AE. qui lui impriment
les vîteſſes déſignées par ces lignes AB. AE. &
l'on peut également conſidérer le Corps qui parcourt la ligne AD. comme étant mû par ces deux
différentes forces , ou par une ſeule qui leur ſoit
égale ; car la vîteſſe ou le mouvement vers AD.
ne contient que la vîteſſe AB. dans la direction
AB. & que la vîteſſe AE. dans la direction AE.
Ainſi , l'effet eſt toujours le même , lorſque le
mobile eſt pouſſé par trois ou quatre , ou une
quantité quelconque de forces réünies , ou bien
par une ſeule force qui lui imprime la même vîteſſe dans la même direction dans laquelle l'action de ces différentes forces ſe réüniroit ; &
                                                        l'on

l'on peut également confidérer toutes ces forces comme étant réünies dans celle qui les repréfente, ou cette force unique, comme étant
divifée dans les forces qui la compofent.

De la ré-
folution &
de la com-
pofition du
mouve.
ment.
§. 283. Ces deux différentes façons de confidérer le mouvement des Corps, s'appellent ré-
folution & compofition.

Utilité de
cette mé-
thode.
Cette méthode eft d'un grand ufage, & d'une
grande utilité dans les Méchaniques, pour découvrir la quantité de l'action des Corps qui
agiffent obliquement les uns fur les autres.

Comment
on connoît
le chemin
du mobile
dars toutes
les compo-
fitions du
mouve-
ment.
§. 284. On connoît le chemin d'un mobile
mû par deux forces quelconques, lorfque l'on
connoît la vîteffe que chacune de ces deux forces lui imprime, & l'angle que leurs directions
font entr'elles; car ce chemin eft le troifiéme
côté d'un triangle dont on connoît les deux autres côtés, & l'angle compris.

§. 285. Par ce moyen on connoît le chemin
d'un Corps qui obéït à un nombre quelconque
de forces qui agiffent fur lui à la fois; car lorfqu'on a déterminé le chemin que deux de ces
forces font parcourir au mobile par la régle de
la §. précédente, ce chemin devient le côté d'un
nouveau triangle, dont la ligne qui repréfente
la troifiéme force devient le fecond côté, &
le chemin du mobile la bafe; en procédant
ainfi jufqu'à la derniere force, on parviendra à
connoître

connoître le chemin du mobile par l'action
réunie de toutes les forces qui agiſſent ſur lui ;
car le Corps A. pouſſé par les deux forces E. &
D. dans les directions , & avec les vîteſſes AB.
AG. décrira la diagonale AH. pouſſé enſuite par
la force C. dans la direction , & avec la vîteſſe
AF. il parcourera la ligne AT. Enfin , la force
M. lui fera décrire la ligne AL. en lui imprimant
la direction & la vîteſſe AK. Ainſi, AL. eſt le
chemin du mobile A. pouſſé en même tems par
les forces E, D, C, M.

Fig. 27.

§. 286. Un Corps peut éprouver pluſieurs
mouvemens à la fois ; car un Corps que l'on
jette horiſontalement dans un batteau , par
exemple , éprouve le mouvement de projectile
qu'on lui communique , & celui que la péſanteur lui imprime à tout moment vers la Terre ;
il participe outre cela au mouvement du vaiſſeau dans lequel il eſt. La Riviere ſur laquelle
eſt ce vaiſſeau s'écoule ſans ceſſe , & le Corps
participe à ce mouvement. La Terre ſur laquelle
coule cette Riviere , tourne ſur ſon axe en vingt-
quatre heures ; voilà encore un mouvement
nouveau que le Corps partage : Enfin , la Terre
a encore ſon mouvement annuel autour du
Soleil , la révolution de ſes poles , le balance-
ment de ſon équateur , &c. & le Corps que nous
conſidérons participe à tous ces mouvemens ;
mais il n'y a que les deux premiers qui lui ap-
partiennent , par rapport à ceux qui ſont tranſ-
portés

portés avec le Corps dans ce batteau ; car tous
les Corps qui ont un mouvement commun avec
nous , font comme en repos par rapport à
nous.

§. 287. Un Corps qui reçoit plufieurs déterminations , demeure dans la derniere comme
dans le dernier degré de vîteffe , s'il eft abandonné à lui-même , & qu'aucune force n'agiffe
davantage fur lui ; il conferve cette détermination & cette vîteffe , jufqu'à ce que la rencontre de quelque obftacle lui faffe perdre fon mouvement , en confumant fa force , ou que quelque nouvelle puiffance change fa direction. Cet
effet eft une fuite néceffaire de la premiere Loi
du mouvement , fondée fur la force d'inertie de
la matiére.

§. 288. Le mouvement compofé , peut être
uniformément ou non uniformément acceleré
comme le mouvement fimple.

Du mou-
vement en
ligne cour-
be.
Si les deux forces qui pouffent le Corps, font
inégalement accelerées , ou bien fi l'une eft accelerée , tandis que l'autre eft uniforme , la ligne décrite par le Corps en mouvement, ne fera plus une ligne droite , mais une ligne courbe dont la courbure fera différente , felon la
combinaifon des inégalités des forces qui la font
décrire; car ce Corps obéira à chacune des forces
qui le pouffent , felon la quantité de fon action
fur lui (2e. Loi §. 229.) Ainfi , par exemple,
s'il

s'il y a une des forces qui renouvelle son action à chaque instant, tandis que l'action de l'autre force reste la même, le chemin du mobile sera changé à tout moment ; & c'est de cette façon que tous les Corps que l'on jette retombent vers la terre (Chap. 19.)

§. 289. Tout mouvement en ligne courbe est nécessairement un mouvement composé du mouvement qui fait aller le Corps en ligne droite, & du mouvement qui l'en retire; car décrire une ligne courbe, c'est changer à tout moment de direction.

Le mouvement en ligne courbe, est toujours un mouvement composé.

§. 290. Le mouvement se fait toujours en ligne droite ; car bien qu'un Corps mû par deux forces qui lui impriment des vîtesses inégalement accelerées, décrive une ligne courbe; cependant le mouvement partial de ce Corps est toujours en ligne droite, & son mouvement total n'est en ligne courbe, que parce que les points vers lesquels le mobile est dirigé, changent à chaque moment, & que la petitesse des droites que ce mobile parcourt à chaque instant, nous empêchant de les distinguer chacune en particulier, tout cet assemblage de lignes droites infiniment petites & inclinées les unes aux autres, nous paroît une seule ligne courbe ; mais chacune de ces petites droites représente la direction du mouvement à chaque instant infiniment petit, & elle est la

Le mouvement est toujours en ligne droite dans un instant infiniment petit.

diagonale

diagonale d'un parallelogramme formé fur la direction des forces actuelles qui agiffent fur ce Corps : ainfi, le mouvement eft toujours en ligne droite à chaque inftant infiniment petit, de même qu'il eft toujours uniforme.

§. 291. Si la force accelerative ceffoit tout d'un coup d'agir, le Corps continueroit à fe mouvoir dans la ligne droite dans laquelle il fe trouveroit dirigé dans cet inftant; car tout Corps qui fe meut continue à fe mouvoir dans une ligne droite, & avec des viteffes égales lorfque rien ne l'empêche felon la premiere Loi du mouvement (§. 229.) c'eft en fuivant cette Loi que tout Corps qui fe meut en rond, tend à s'échapper par fa tangente; & c'eft ce qu'on appelle *la force centrifuge.*

§. 292. Il y a encore une autre forte de mouvement circulaire, c'eft le mouvement relatif d'un Corps qui tourne fur lui-même, comme la terre, par exemple, dans fon mouvement journalier: ce font alors les parties de ce Corps qui tendent à décrire les droites infiniment petites dont je viens de parler (§. 290.)

On peut définir cette forte de mouvement circulaire, *un mouvement dans lequel les parties changent de place, quoique le tout n'en change point.*

CHAPITRE XIII.

De la Pesanteur.

§. 293.

Définition de la Pesanteur.

ON appelle Pesanteur la force par laquelle tout Corps étant abandonné à lui-même, tombe vers la surface de la terre.

§. 294. Cette même force qui fait tomber les Corps, lorsqu'ils ne sont soutenus par rien, leur fait presser les obstacles qui les retiennent, & qui les empêchent de tomber : ainsi une pierre pése sur la main qui la soutient, & tombe selon une ligne perpendiculaire à l'horison, si cette main vient à l'abandonner.

§. 295.

La gravité produit une force morte, ou une force vive, selon les circonstances dans lesquelles elle agit.

§. 295. La force qui anime les Corps à tomber, fait donc naître dans les Corps une force morte ou une force vive, selon les circonstances dans lesquelles elle agit.

§. 296. Quand les Corps sont retenus par un obstacle invincible, la gravité qui leur fait presser cet obstacle, produit qu'une force morte; car elle ne produit aucun ...

§. 297. Mais quand rien ne retient le Corps, alors la gravité produit une force vive dans ces Corps, puisqu'elle les fait tomber vers la surface de la terre.

§. 298. On s'est apperçu dans tous les tems, que de certains Corps tomboient vers la terre, lorsque rien ne les soutenoit, & qu'ils pressoient la main qui les empêchoit de tomber; mais comme il y en a quelques-uns dont le poids paroît insensible, & qui remontent, soit sur la surface de l'eau, soit sur celle de l'air, comme la plume, le bois très-léger, la flame, les exhalaisons, &c. tandis que d'autres vont au fonds comme des pierres, la terre, les métaux, &c.

Opinion d'Aristote sur la pesanteur.

Aristote, le père de la Philosophie & de l'erreur, avoit imaginé deux appétits dans les Corps. Les Corps pesans avoient, selon lui, un appétit pour arriver au centre de la terre (qu'il croyoit être celui de l'Univers), & les Corps légers avoient

avoient un appétit tout contraire qui les éloignoit de ce centre, & qui les portoit en en-
haut.

Mais on reconnut bien-tôt combien ces appétits des Corps étoient chimériques ; & la légereté positive fut une des erreurs d'Aristote, dont
on se désabusa le plûtôt.

§. 299. La pesanteur étant reconnüe appartenir à tous les Corps sensibles, & la légereté positive étant bannie, c'étoit déja beaucoup ; puisque c'étoit une erreur de moins ; mais il restoit
encore bien des vérités à découvrir sur cette propriété des Corps, & sur ses effets.

§. 300. Aristote, c'est-à-dire, tout le monde,
(car avant Galilée on ne connoissoit gueres
d'autre preuve de vérité que l'autorité d'Aristote) Aristote, dis-je, croyoit que les différens
Corps tomboient dans le même milieu avec des
vîtesses proportionnelles à leur masse ; mais Galilée combattit cette erreur, & osa assurer, malgré l'autorité d'Aristote, que la résistance des
milieux dans lesquels les Corps tombent, étoit
la seule cause des différences qui se trouvent
dans le tems de leur chûte vers la terre ; & que
dans un milieu qui ne résisteroit point du tout,
tous les Corps de quelque nature qu'ils fussent,
tomberoient également vîte : *Che se si levasse
totalmente la resistenza del mezzo, tutte le ma-
terie descenderebbero con eguali velocità.*

Tome I. * R §. 301.

Marginalia: La pesanteur appartient à tous les Corps. — Erreur d'Aristote sur la vîtesse des Corps qui tombent. — Galilée combattit cette erreur.

Expérien-
ce qui fit
penser à
Galilée
que tous
les Corps
tomberoient en
mêmetems
fans la réfiftance du
milieu.

§. 301. Les différences que Galilée trouva
dans le tems de la chute de plufieurs mobiles,
qu'il fit tomber dans l'air de la hauteur de 100.
coudées, le porta à cette affertion, parce qu'il
trouva que ces différences étoient trop peu confidérables pour être attribuées aux différens poids
des Corps.

Ayant de plus fait tomber les mêmes mobiles dans l'eau & dans l'air, il trouva que les
différences de leur chute refpective dans les différens milieux, répondoient, à peu près, à la
denfité de ces milieux, & non à la maffe des
Corps: donc, conclut Galilée, la réfiftance des
milieux, & la grandeur & la fcabrofité de la
furface des différens Corps, font les feules caufes qui rendent la chute des uns plus prompte
que celle des autres.

Lucrece
avoit deviné cette
vérité.

Lucrece, lui même, tout mauvais Phyficien
qu'il étoit d'ailleurs, avoit entrevû cette vérité,
& l'a exprimée dans le fecond Livre par ces
deux vers.

*Omnia quapropter debent per inane
quietum
Aeque ponderibus non æquis concita
ferri.*

Expérien-
ce qui fit
foupçonner à Gali-

§. 302. Une vérité découverte en améne prefque toujours une autre. Galilée ayant encore
remarqué que les vîteffes des mêmes mobiles,
étoient

étoient plus grandes dans le même milieu, quand ils y tomboient d'une hauteur plus grande, il en conclut que puisque le poids du corps, & la densité du milieu restant les mêmes, la différente hauteur apportoit des changemens dans les vîtesses acquises en tombant, il falloit que les corps eussent naturellement un mouvement acceleré vers le centre de la terre : Voici comme il s'exprime, Dialog. premier : *Dico per tanto che un corpo grave ha dà natura intrinseco principio di muoversi verso 'l comun centro de i gravi eioe del nostro globo terrestre, con movimente continuamente accelerato.*

lée que les Corps avoient en tombant un mouvement acceleré vers la terre.

pag. 56.

Ce fut cette observation qui porta Galilée à rechercher les Loix que suivroit un corps qui tomberoit vers la terre d'un mouvement également acceleré.

§. 303. Il supposa donc que la cause (quelle qu'elle soit) qui fait la pesanteur, agit également à chaque instant indivisible, & qu'elle imprime aux corps qu'elle fait tomber vers la terre, un mouvement également acceleré en tems égal : en sorte que les vîtesses qu'ils acquerent en tombant, sont comme les tems de leur chute.

C'est de cette seule supposition si simple, & si conforme au génie de la nature, que ce grand Philosophe a tiré toute la théorie de la chute des corps dont je vais rendre compte : Théorie qui est à présent adoptée par tous les Philoso-

phes,

phes, & dont chaque expérience eft devenue une démonftration.

§. 304. L'Efpace parcouru dans une feconde par un corps qui tombe vers la terre par la force de la gravité, peut être repréfenté par l'aire du triangle ABC. comme je le démontrerai par la fuite. Suppofé donc que cet Efpace ABC. foit parcouru par le corps A. d'un mouvement également acceleré, pendant le tems repréfenté par la ligne AB. lequel tems j'ai fuppofé d'une feconde, & que la ligne BC. repréfente la fomme des vîteffes acquifes à la fin de cette feconde. Si la force, quelle qu'elle foit, qui accélére le corps vers la terre, ceffoit d'agir, lorfque le corps eft arrivé au point B. il eft certain que ce corps, par la force d'inertie, continueroit à fe mouvoir d'un mouvement uniforme avec la vîteffe BC. acquife au point B. (2e. Loi §. 229.) Or dans le mouvement uniforme, l'Efpace parcouru eft le produit de la vîteffe & du tems. (§. 241.) Donc l'efpace que le mobile A. parcourroit d'un mouvement uniforme pendant le même tems d'une feconde, & avec la vîteffe BC. feroit le parallelogramme B C D E. formé par la ligne BD. =AB. qui repréfente le tems, & par la ligne BC. qui repréfente la vîteffe ; mais ce parallelogramme eft double du triangle ABC. que j'ai fuppofé être parcouru par le corps d'un mouvement acceleré pendant le même tems AB. car ce triangle & ce parallelogramme ont mê-me

me bafe & même hauteur (Euclide, Liv. premier, Prop. 41.) Donc fi la caufe accélératrice
venoit à ceffer, l'efpace que le corps parcourroit
d'un mouvement uniforme, avec la fomme des
vîteffes acquifes par l'accélération, feroit double, en tems égal, de l'efpace que ce corps
auroit parcouru par un mouvement acceléré
en acquerant cette même vîteffe.

§. 305. Le corps A. parcourera donc dans le
fecond inftant, par la feule vîteffe acquife au
point B. & indépendamment de l'effet actuel de
fa pefanteur, l'efpace BCDE. double de l'efpace
ABC. parcouru dans le premier inftant ; mais
la caufe qui fait tomber ce corps étant fuppofée agir également à chaque inftant indivifible,
ce corps dans la deuxiéme feconde acquerera
un fecond degré de vîteffe égale à celui qui lui
a fait parcourir l'efpace ABC. dans la premiere ;
il parcourera donc pendant la deuxiéme feconde un efpace triple de l'efpace parcouru dans la
premiere ; fçavoir, l'efpace BCDE. double de
l'efpace ABC. par un mouvement uniforme, &
l'efpace CEF.＝ABC. par l'accélération imprimée par la gravité dans la deuxiéme feconde.

Fig. 29.

§. 306. Ce corps, par la même raifon, parcourera dans le troifiéme inftant un efpace quintuple du premier, & un efpace feptuple dans le
quatriéme, & ainfi de fuite ; & par conféquent
les efpaces que ce corps parcourera en tom-

bant

Fig. 29. bant pendant les tems égaux & confécutifs 1.
2. 3. 4. &c. feront comme les nombres impairs
1. 3. 5. 7. &c. & c'eft ce qu'il eft aifé de voir par
la feule infpection de la Figure 29.

§. 307. Mais ces nombres impairs dont la
progreffion repréfente les efpaces inégaux parcourus par le mobile d'un mouvement uniformément accéléré en tems égal, étant ajoutés les
uns aux autres à la fin de chacun de ces tems,
forment la fuite naturelle des nombres quarrés
1. 4. 9. 16. dont les nombres 1. 2. 3. 4. qui repréfentent les tems & les vîteffes, fe trouvent
être les racines; car $1 \times 1 = 1$. $2 \times 2 = 4$. 3×3
$= 9$. & $4 \times 4 = 16$. &c. les efpaces que les
corps parcourent en tombant vers la terre, doivent donc être comme le quarré des tems de
leur chute, & des vîteffes acquifes en tombant,
s'ils y tombent d'un mouvement uniformément
accéléré, comme l'avoit fuppofé Galilée.

On doit trouver toujours la même proportion entre l'efpace & le tems, depuis le premier
moment de la chute, jufqu'à la fin d'un tems
quelconque: Ainfi, le corps au bout du cinquiéme inftant, par exemple, aura parcouru un efpace 25. au bout du feptiéme un efpace 49. &
ainfi de fuite.

§. 308. Quant à ce que j'ai fuppofé (§. 304.)
que l'efpace parcouru par le corps A. d'un mouvement accéléré pendant la première feconde,

pouvoit

pouvoit être représenté par l'aire du triangle
ABC. il eſt aiſé d'en montrer la vérité.

Fig. 30.

Car on vous a fait voir dans la Géométrie, que
lorſque l'on érige ſur une ligne droite AB. pluſieurs autres lignes droites, comme DE. BC. enſorte que AD. ſoit à DE. comme AB. eſt à BC.
les extrémités C. & E. de ces lignes ſont dans
une même ligne droite AC. & que la Figure
eſt un triangle, parce qu'il n'y a que le triangle
auquel la propriété d'avoir ſes côtés proportionnels, convienne.

Or, nous avons vû (§. 303.) que dans la
théorie de Galilée les tems ſont comme les vîteſſes, c'eſt-à-dire, que le tems qu'il a fallu au
mobile pour acquérir une vîteſſe quelconque,
eſt au tems qu'il lui a fallu pour acquérir une
autre vîteſſe, comme la premiere vîteſſe eſt à la
ſeconde : ainſi, en exprimant le tems des chutes
par les lignes AD. DB. il faudra repréſenter les
vîteſſes reſpectives, acquiſes pendant ces tems
par les lignes DE. BC. d'où le triangle ABC.
réſultera par la propoſition de Géométrie que je
viens de vous citer. Or ce triangle ABC. repréſente l'eſpace parcouru par le mobile dans ſa
chute pendant le tems AB. car vous avez vû
dans le chap. 11. (§. 241.) que dans le mouvement uniforme l'eſpace parcouru eſt le produit de la vîteſſe & du tems : vous avez vû auſſi
dans le même chapitre (§. 242.) que dans un
inſtant infiniment petit, le mouvement eſt toujours uniforme. Donc l'eſpace parcouru dans

R 4

le

le premier inftant infiniment petit, fera un parallelogramme infiniment petit formé par la ligne
qui repréfente le tems, & par celle qui repréfen-
tera la vîteffe : or le triangle entier ABC. peut
être confidéré comme étant divifé en parallelogrammes infiniment petits, la fomme defquels
formera le triangle ABC. par la propofition ci-
tée. Donc l'aire de ce triangle peut repréfenter
l'efpace parcouru par le mobile dans un tems
fini quelconque de fa chute, comme je l'ai fuppofé dans la (§. 304.)

§. 309. Il eft très-poffible que les corps en
tombant parcourent un très-petit efpace fans
accélérer leur mouvement, par la raifon qu'il
faut du tems pour produire tous les effets naturels ; mais fi cela eft ainfi, il eft impoffible que nous nous en appercevions, à caufe
de la petiteffe extrême de cet efpace ; ainfi,
cela ne change rien aux démonftrations ci-
deffus.

Expérien-
ce que fit
Galilée, &
dans la-
quelle il
trouva que
les corps
en tombant
vers la ter-
re par leur
feule pe-
lanteur, par-

§. 310. Galilée ayant démontré ce qui doit
arriver à un mobile qui tomberoit vers la terre
par un mouvement également accéléré, chercha à s'affurer par l'expérience que la nature
fuit réellement cette proportion, dans la chute
des graves. Il imagina, pour y parvenir, une expérience très-ingénieufe. Il fit un grand tuyau
de bois haut de douze coudées, & large environ d'un pouce, au dedans duquel il colla un
parchemin

parchemin très-léger, afin qu'il fût uni autant qu'il le pouvoit être ; & ayant élevé le bout supérieur de ce canal sur un plan horifontal de la hauteur d'une, de deux, & fucceffivement de plufieurs coudées, en forte que ce canal devenoit un plan incliné, il laiffa tomber une petite boule de cuivre parfaitement ronde, & parfaitement polie le long de ce canal, & la faifant tomber fucceffivement de la longueur entiere, ou du quart, ou de la moitié de ce canal, il trouva toujours dans fes expériences, qu'il affure avoir répétées jufqu'à cent fois, que les tems de la chute étoient en raifon fous-double des efpaces parcourus ; or, en faifant un plan incliné de ce canal dans lequel la boule tomboit, Galilée rallentiffoit le mouvement du mobile, & en rendoit, par ce moyen, la vîteffe difcernable, ce qui n'eût pas été poffible dans une chute perpendiculaire auffi courte ; car les corps tombent plus lentement par un plan incliné, que par un plan perpendiculaire, & ils fuivent les mêmes loix dans l'une & l'autre de ces chutes (§. 425. & 428.) ainfi, il lui étoit aifé de fçavoir par ce moyen quel efpace la pefanteur faifoit parcourir au mobile pendant un certain tems, & il mefura ce tems par la quantité d'eau qui s'étoit écoulée d'un vafe pendant que le corps parcouroit ces différens efpaces.

courent des efpaces qui font entre eux, comme les quarrés des tems.

§. 311. Riccioli & Grimaldo, chercherent, comme

Expérien-

comme avoit fait Galilée , à s'affurer de cette vérité par l'expérience. Ils firent tomber des mobiles du haut de plufieurs tours différemment élevées, & ils mefurerent le tems de la chute de ces corps de ces différentes hauteurs par les vibrations d'un pendule , de la juftesse duquel Grimaldo s'étoit affuré en comptant le nombre de fes vibrations depuis un paffage de la queue du Lion par le Méridien jufqu'à l'autre.

Ces deux favans Jefuites trouverent par le réfultat de leurs expériences , que ces différentes hauteurs étoient exactement comme les quarrés des tems des chutes.

§. 312. Les tems des ofcillations des pendules qui font toujours en raifon fous-doublée de leurs différentes longueurs, font encore une démonftration de cette vérité; car la pefanteur eft la feule caufe de ces ofcillations.

§. 313. Ainfi, cette découverte de Galilée eft devenue, par les expériences, le fait de Phyfique dont on eft le plus affuré ; & tous les Philofophes, malgré la diverfité de leurs opinions fur presque tout le refte , conviennent aujourd'hui que les corps en tombant vers la terre, parcourent des efpaces qui font comme les quarrés des tems de leur chute, ou comme les quarrés des vîteffes acquifes en tombant.

§. 314.

Marginal notes (left column):

te de Riccioli & de Grimaldo, qui confirme celle de Galilée.

Les ofcillations des pendules confirment cette découverte.

La vérité de cette découverte de Galilée, eft unanimément reconnue.

§. 314. Le Pere Sebaſtien, ce Géometre des ſens, avoit imaginé une Machine compoſée de quatre paraboles égales qui ſe coupoient à leur ſommet; & au moyen de cette Machine, dont on trouve la deſcription & la figure dans les Mémoires de l'Académie des Sciences A. 1699. il démontroit aux yeux du corps, du témoignage deſquels les yeux de l'eſprit ont preſque toujours beſoin, que la chute des corps vers la terre, s'opére ſelon la progreſſion découverte par Galilée.

Machine du P. Sebaſtien, qui démontre aux yeux cette découverte de Galilée.

§. 315. Il eſt donc bien certain depuis cette découverte:

1°. Que la force qui fait tomber les corps, eſt toujours uniforme, & qu'elle agit également ſur eux à chaque inſtant.

Vérités qui naiſſent de la découverte de Galilée.

2°. Que les corps tombent vers la terre d'un mouvement uniformément accéléré.

3°. Que leurs viteſſes ſont comme les tems de leur mouvement.

4°. Que les eſpaces qu'ils parcourent ſont comme les quarrés des tems ou comme le quarré des vîteſſes; & que par conſéquent les vîteſſes & les tems ſont en raiſon ſous-double des eſpaces.

5°. Que l'eſpace que le corps parcourt en tombant pendant un tems quelconque, eſt ſous double de celui qu'il parcoureroit pendant le même tems d'un mouvement uniforme, avec la ſomme des vîteſſes acquiſes; & que par conſéquent féquent cet efpace eft égal à celui que le corps parcoureroit d'un mouvement uniforme avec la moitié de ces vîteffes, &c.

La gravi-té eft ce qui fait péfer les corps.

6°. Que la force, qui fait tomber les corps vers la terre, eft la feule caufe de leur poids; car puifqu'elle agit à chaque inftant, elle doit agir fur les corps, foit qu'ils foient en repos, foit qu'ils foient en mouvement; & c'eft par les efforts que les corps font fans ceffe pour obéir à cette force qu'ils péfent fur les obftacles qui les retiennent.

Elle agit également fur les corps en mouve-ment, & fur les corps en repos.

§. 316. La gravité agit également fur les corps à chaque inftant, foit qu'ils foient en repos, foit qu'ils foient en mouvement; & la vîteffe qu'elle leur imprime, eft égale en tems égal, quelle que foit la vîteffe qu'ils ont déja acquis. (§. 315. *num.* 3°.)

Les corps commen-cent à tom-ber avec une vîteffe infiniment petite.

§. 317. La gravité agiffant également à cha-que inftant fur les corps, foit qu'ils foient en re-pos, foit qu'ils foient en mouvement, les corps commencent à tomber avec la vîteffe infiniment petite, avec laquelle ils tendoient à tomber vers la terre; avant que l'obftacle, qui les retenoit, fût enlevé; ainfi, M. Mariotte s'eft trompé dans la onziéme Propofition de la feconde Partie de fon Traité de la Percuffion, lorfqu'il conclut d'une expérience qu'il y rapporte, que la vîteffe avec laquelle les corps commencent à tomber, n'eft pas infiniment petite; car fi cette vîteffe

n'étoit

n'étoit pas incomparablement plus petite que toute vîtesse finie, la vîtesse d'un corps qui tombe, devroit être infiniment grande dans un tems fini ; mais un corps en tombant n'acquiert pas une vîtesse infinie dans un tems fini : donc, &c.

§. 318. Si la direction d'un corps qui est tombé d'une hauteur quelconque, venoit à être changée, sans que sa vîtesse fût alterée, en sorte que ce corps, au lieu de continuer à descendre, vînt à remonter, il auroit en remontant un mouvement uniformément retardé ; car ce corps étant tombé de A. en E. en deux secondes, par exemple, doit conserver par sa force d'inertie la vîtesse acquise en E. à moins que quelque cause ne vienne à la lui ôter. Or par cette vîtesse acquise en E. le corps parcoureroit d'un mouvement uniforme en deux secondes l'espace ED. double de l'espace AE. parcouru d'un mouvement accéléré en tombant. Mais la gravité agissant également sur les corps, soit qu'ils soient en repos, soit qu'ils soient en mouvement, soit qu'ils montent, soit qu'ils descendent (§. 315. *num.* 1°.) ce corps aura en remontant un mouvement composé du mouvement uniforme, qu'il auroit eu indépendamment de l'action actuelle de la gravité, & du mouvement que la gravité lui imprime à chaque instant ; mais ce mouvement imprimé par la gravité qui accéléroit le mouvement de ce corps lorsqu'il descendoit,

doit

Fig. 11.

doit le retarder lorfqu'il remonte, puifque l'action de la gravité eft toujours dirigée ici bas vers la terre, dont ce corps s'éloigne en remontant : ce corps aura donc en remontant un mouvement également retardé en tems égal; ainfi, dans la premiere feconde, dans laquelle le corps d'un mouvement uniforme auroit parcouru en remontant l'efpace AE. avec la vîteffe acquife en E. (§. 315. *num.* 5°.) n'arrivera qu'en C. car la gravité lui ôte en remontant tout ce qu'elle lui avoit donné dans la premiere feconde en defcendant : de même lorfque ce corps eft arrivé en C, fi la gravité ceffoit d'agir fur lui, & de le retirer en enbas, il parcoureroit en remontant dans la deuxiéme feconde, l'efpace CF. double de l'efpace AC. car la vîteffe qui lui a fait parcourir en defcendant l'efpace AC. eft la feule qui lui refte alors; mais la gravité agiffant toujours également, ce corps n'arrivera qu'en A. dans cette deuxiéme feconde; la gravité diminuera fa vîteffe dans la même raifon qu'elle l'avoit augmentée en tombant; & par conféquent l'efpace total que ce corps parcourera en remontant pendant les deux fecondes, fera égal à celui qu'il avoit parcouru en defcendant.

Les corps en tombant d'une hauteur quelconque, acquerent la force néceffaire pour remonter à la même hauteur.

§. 319. Il fuit de-là :

1°. Qu'un corps en tombant acquiert par l'action de la gravité des vîteffes capables de

le

le faire remonter en tems égal , malgré les efforts de la gravité , qui le retire fans cesse en en-bas à la même hauteur d'où il est tombé , fuppofé que quelque chofe change fa direction , fans alterer fa vîtesse ; & c'est ce qui fe voit dans les ofcillations des pendules. (§. 445.)

2°. Que le corps en remontant parcourera des efpaces qui feront en raifon inverfe de ceux qu'il a parcourus en defcendant: en forte que les efpaces parcourus en defcendant pendant les tems 1. 2. 3. &c. étant 1. 3. 5. &c. les efpaces parcourus , en remontant pendant les mêmes tems feront 5. 3. & 1. Car dans le premier cas, la vîtesse du corps augmente à chaque inftant , au lieu que dans le fecond, chaque inftant la diminue ; ainfi , la gravité retarde le mouvement des corps qui remontent dans la même proportion dans laquelle elle accelere celui des corps qui defcendent.

Et enfin 3°. Qu'un corps que l'on jette en en-haut, monte jufqu'à ce que la gravité lui ait fait perdre tout le mouvement qui lui avoit été imprimé pour monter ; & que par conféquent ce corps remontera à la même hauteur de laquelle il acquerreroit en tombant par la force de la gravité ; une vîtesse égale à celle qui lui a été communiquée pour remonter.

§. 320.

§. 320. Ainſi, les hauteurs auſquelles les corps peuvent remonter par la viteſſe acquiſe en tombant, ſont toujours comme le quarré de leurs viteſſes ; & deux corps qui remonteroient avec des viteſſes inégales, remonteroient à des hauteurs qui ſeroient entr'elles comme les quarrés de ces mêmes viteſſes.

CHAP.

CHAPITRE XIV.

Suite des Phenomenes de la Pesanteur.

§. 321.

O N à vû dans le Chapitre précédent que Galilée affuroit que les différens corps tomberoient également vîte vers la terre, dans un milieu qui ne refifteroit point ; mais il avoit, pour ainfi dire, deviné cette vérité plûtôt qu'il ne l'avoit prouvée ; car bien que les raifons fur lefquelles il s'appuyoit, fuffent vraifemblables (§. 300. & 301.) cependant on pouvoit encore douter fi l'efpéce des corps, leur forme , leur contexture intime , &c. n'apportoit point quelque changement dans leur

Tome I. * § gravité;

gravité; car la réfiftance de l'air fe mêlant toûjours, ici-bas à l'action de la gravité, dans la chute des corps, il étoit impoffible de connoître, avec précifion, par les expériences qu'il avoit fait dans l'air, en quelle proportion cette force qui anime tous les corps à tomber vers la terre, agit fur les différens corps.

322. Une expérience que l'on fit dans la Machine du vuide, confirma ce que Galilée avoit prévû; car de l'or, des flocons de laine, des plumes, du plomb, tous les corps enfin étant abandonnés à eux-mêmes, tomberent en même tems de la même hauteur au fonds d'un long récipient purgé d'air.

Cette expérience paroiffoit décifive; mais cependant comme le mouvement des corps qui tomboient dans cette Machine, étoit très-rapide, & que les yeux ne pouvoient pas s'appercevoir des petites différences du tems de leur chute, fuppofé qu'il y en eût, on pouvoit encore douter fi les corps fenfibles poffédent la faculté de péfer à raifon de leur maffe, ou bien fi le poids des différens corps fuit quelqu'autre raifon que celle de leur maffe.

Expérience de M. Newton fur les ofcillations des différens pendules.

M. Newton, imagina, pour décider cette queftion, de fufpendre des boules de bois creufes & égales à des fils d'égales longueurs, & de mettre dans ces boules des quantités égales en poids d'or, de bois, de verre, de fel, &c. & en faifant enfuite ofciller librement ces pendules, il

il examina si le nombre de leurs oscillations seroit égal en tems égal ; car la pésanteur cause
seule l'oscillation des pendules (§. 445.) &
dans ces oscillations, les plus petites différences deviennent sensibles. M. Newton trouva,
par cette expérience, que tous les différens pendules faisoient leurs oscillations en tems égal ;
or le poids de ces corps étant égal, ce fut une
démonstration que la quantité de matiére propre des corps est directement proportionnelle
à leur poids (en faisant abstraction de la résistance de l'air, qui étoit égale dans cette expérience) & que par conséquent la pésanteur appartient à tous les corps sensibles à raison de
leur masse.

Newton,
Prin. liber
3. prop. 6.
p. 366.

§. 323. Il suit clairement de cette expérience :

Vérités qui
naissent de
cette expé-
rience.

1°. Que la force qui fait tomber les corps
vers la terre, se proportionne aux masses, ensorte qu'elle agit comme cent sur un corps qui
à cent de masse, & comme un sur un corps qui
ne contient qu'un de matiére propre.

2°. Que cette force agit également sur tous
les corps, quelle que soit leur forme, leur contexture, leur volume, &c.

3°. Que tous les corps tomberoient également
vîte ici-bas vers la terre, sans la résistance que
l'air leur oppose, laquelle est plus sensible sur
les corps qui ont plus de volume & moins de
masse ; & que par conséquent la résistance de

S 2 l'air

l'air eſt la ſeule cauſe pour laquelle certains corps tombent plus vîte que les autres, comme l'avoit aſſuré Galilée.

Le poids des corps eſt comme leur maſſe.

4°. Que le poids des différens corps dans le vuide, eſt directement proportionnel à la quan-tité de matiére propre qu'ils contiennent : en ſorte que quelque changement qui arrive dans la forme d'un corps, ſon poids dans le vuide reſte toujours le même, ſi ſa maſſe n'eſt point changée.

Différence entre la péſanteur des corps & leur poids.

§. 324. Il eſt important de remarquer ici ; qu'il faut diſtinguer avec ſoin la péſanteur des corps d'avec leurs poids : la péſanteur, c'eſt-à-dire, cette force, qui anime les corps à deſcen-dre vers la terre, agit de même ſur tous les corps, quelle que ſoit leur maſſe; mais il n'en eſt pas ainſi de leurs poids : car le poids d'un corps eſt le produit de la péſanteur par la maſſe de ce corps : ainſi, quoique la péſanteur faſſe tomber également vîte dans la Machine du vui-de (§. 322.) les corps de maſſe inégale, leur poids n'eſt cependant pas égal; car les corps ne preſſent l'obſtacle qui les ſoûtient, que par l'effort qu'ils font pour obéir à la force de la gravité qui agit ſans ceſſe ſur eux : or cette for-ce agiſſant comme cent ſur celui qui a cent par-ties de matiére propre, & comme dix ſur ce-lui qui n'en a que dix ; le corps qui a cent parties de matiére propre, doit péſer dix fois davantage ſur l'obſtacle qui le ſoutient, que le

corps

corps qui n'en a que dix, quoique ces corps tombent également vîte.

§. 325. Le différent poids des corps d'un volume égal dans le vuide, sert à connoître la quantité comparative de matiére propre & de pores qu'ils contiennent ; car si une petite boule de sureau, PE. d'un pouce de diametre, pése une once dans le vuide, & qu'une boule d'or du même diametre y pése 87. onces, la matiére propre de l'or sera à la matiére propre du sureau, comme 87. est à l'unité ; ainsi, le différent poids des corps de volume égal dans le vuide, est ce qu'on appelle *la pésanteur spécifique des corps.*

Maniére de connoître la pésanteur spécifique des différens Corps.

§. 326. On connoîtroit avec précision, par ce moyen, combien chaque corps contient de pores & de matiére propre, si on avoit quelque masse de matiére propre sans pores ; mais comme tous les corps que nous connoissons sont extrêmement poreux, & que tous les corps le doivent être nécessairement, nous ignorons la quantité absolue des pores & de la matiére propre que chaque composé contient, & nous en connoissons seulement la quantité comparative.

§. 327. Les découvertes dont je viens de rendre compte dans ces deux Chapitres, avoient appris la proportion dans laquelle la chute des corps s'accélére, on sçavoit par celles de Gali-

S. 3   lée,

lée, qu'ils parcourent des espaces inégaux en tems égaux ; & que ces espaces sont comme les quarrés des tems. L'expérience de la chute des corps dans le vuide , & surtout celle des pendules faite par M. Newton, avoit fait voir que la force qui fait tomber les corps , se proportionne à leur masse, mais on ne sçavoit point encore , du moins avec certitude , quel espace cette force leur fait parcourir au commencement de leur chute , dans un tems donné ; on sçavoit seulement que quel que soit cet espace dans le premier moment , il est triple dans le second, quintuple dans le troisiéme , & ainsi de suite (§. 306.)

§. 328. Personne ne doute que la pésanteur ne soit l'unique cause des oscillations du pendule. Or, on démontre par un Théoréme que je supposerai ici, & que vous verrez quelque jour dans l'excellent Traité de *Horologio oscilla-* *torio*, de M. Huguens , que le tems d'une oscillation est au tems de la chute verticale, par la moitié du pendule, comme la circonférence du cercle est à son diametre, ou comme 355. à 113.& je suppose ici, pour plus de facilité, que ce soit comme 3. est à 1. Or la longueur du pendule qui bat les secondes à Paris, ayant été trouvée par le moyen des observations astronomiques de 3. pieds 8. lignes ⅓. environ , si l'on prend le tiers d'une seconde, où de 60. tierces, c'est-à-dire , 20. tierces, le corps auroit parcouru pendant

Horol. os-
cill. pag.
37. 178, &
183.

dant

dant le tems de 20. tierces dans sa chute verticale, 18. pouces & 4. lignes, qui sont la demie longueur du pendule; mais les espaces parcourus sont comme les quarrés des tems employés à les parcourir; Ainsi, comme le quarré
de 20. tierces, tems de la chute verticale, par la
demie longueur du pendule, est au quarré de
60. tierces, tems de l'oscillation entiére, c'est-
à-dire, comme 400. est à 3600. de même 18.
pouces 4. lignes, qui est la chute verticale, sont
à un quatriéme terme qui marquera l'espace
parcouru pendant l'oscillation entiére, & le
quatriéme terme se trouve être environ quinze
pieds de Paris, je dis environ; car j'ai négligé
les fractions pour me servir des nombres ronds
les plus approchans. Ainsi, M. Huguens trouva
par ce moyen que les corps parcourent ici-bas
15. pieds de Paris environ dans la premiere seconde, lorsqu'ils tombent vers la terre par la
seule force de la gravité.

L'on peut faire par ce moyen des expériences
sur les hauteurs tombées bien plus exactes, que
si on entreprenoit de déterminer ces hauteurs
immédiatement; car les plus petites différences
font sensibles sur les pendules; ainsi, dire qu'un
pendule de 3. pieds 8. lignes oscille à Paris dans
une seconde, ou dire que les corps tombent
verticalement de 15. pieds environ dans la premiere seconde, dans cette latitude, c'est dire
la même chose.

Mais afin que ce calcul pût servir pour toutes

Quel est l'Espace que les corps parcourent ici-bas en tombant dans la premiere seconde.

S 4 les

les latitudes, il faudroit trois chofes.

1°. Que la pefanteur fût la même dans tou-tes les Régions de la terre. 2°. Que l'efpace que les corps parcourent en tombant dans le pre-mier moment de leur chute, fût egal, quelle que foit la hauteur d'où ils tombent. Et 3°. Que l'air ne leur réfiftât point fenfiblement.

On verra dans la fuite que les deux pre-mieres fuppofitions font fauffes, & que la pé-fanteur varie dans les différentes latitudes,& aux différentes hauteurs.

A l'égard de la troifiéme fuppofition, c'eft-à-dire, de la non-réfiftance de l'air, on peut la faire fans erreur ; car cette réfiftance eft infen-fible dans les vibrations des pendules, puifque des pendules de même longueur, mais qui dé-crivent des arcs très-différens, les décrivent ce-pendant dans un tems fenfiblement égal: & que dans le vuide de Boyle, felon les expériences faites par M. Derham (§. 460.) le mouvement du pendule ne s'accéléce que de quatre feçon-des environ en une heure.

Mais la réfiftance de l'air, dont l'effet eft pref-que infenfible fur les pendules, à caufe de leur poids & des petites hauteurs dont ils tombent, devient très-çonfidérable fur des mobiles qui tombent de haut, & elle eft d'autant plus fen-fible que les corps qui tombent, ont plus de vo-lume & moins de maffe.

Tranf. Phil. N. 294.

L'air re-tarde la chute de tous les corps.

Tranf.

§. 329. Le Docteur Defaguliers a fait fur la réfiftance

réfiftance que l'air apporte à la chute des corps, & fur les retardemens que cette réfiftance apporte dans leur chute, des expériences que leur juftefle, & les témoins devant qui elles ont été faites, ont rendu très fameufes : il fit tomber de la lanterne qui eft au haut de la coupole de S. Paul de Londres, qui a 272. pieds de hauteur, en préfence de Meffieurs Newton, Halley, Derham, & de plufieurs autres Sçavans du premier ordre, des mobiles de toute efpéce, depuis des Sphéres de plomb de deux pouces de diametre, jufqu'à des Sphéres formées avec des veffies de cochons très deffechées & enflées d'air, de cinq pouces de diametre environ. Le plomb mit 4. fecondes ½. à parcourir les 272. pieds, & les Sphéres faites avec des veffies, 18. fecondes ½. environ, en forte que le plomb eut parcouru les 272. pieds environ 14. fecondes plûtôt que les veffies.

Les Sphéres de plomb qui étoient tombées en 4. fecondes ½. de 272. pieds, auroient dû tomber, felon la théorie de Galilée, de 324. pieds dans les 4. fecondes ½. en comptant la chute initiale felon le calcul d'Huguens (§. 328.) de 16. pieds Anglois environ dans la premiere feconde ; mais il faut ôter de ces 324. pieds qu'elles auroient dû parcourir, felon le calcul d'Huguens & de Galilée, en 4. fecondes ½. environ 35. pieds, dont elles devoient être tombées dans le dernier quart de feconde de leur chute, parce que l'on comptoit la fin de la chute

Phil. N. 362.

Expérience du Docteur Defaguliers fur la chûte des corps dans l'air.

de

de cette balle , de l'inftant auquel on entendoit du haut du dome le bruit qu'elle faifoit en tombant , & que le tems que le fon met à parcourir 272. pieds , eft d'un quart de feconde environ. Ainfi, ces 35. pieds pour le tems du mouvement du fon , étant ôtés des 324. refte 289. pieds que ces Sphéres de plomb auroient dû parcourir dans le vuide , dans les 4. fecondes $\frac{1}{2}$. de leur chute ; mais elles n'en parcoururent que 272. L'air par fa réfiftance retarda donc leur chute de 17. pieds environ en 4. fecondes $\frac{1}{2}$.

Une Sphére de carton de 5. pouces de diametre , mit 6. fecondes $\frac{1}{2}$. à faire les 272. pieds & l'on trouve par un calcul femblable au précédent, que la réfiftance de l'air lui ôta 53. pieds.

Un feau d'eau étant jetté du haut du dôme où fe faifoient ces expériences , retomba dans une pluye très-legere , par la réfiftance qu'il rencontra dans l'air en tombant de cette hauteur.

Il eft effentiel de remarquer que le Barometre étoit environ à 30. pouces , lorfqu'on fit ces expériences.

Expériences de M. Mariotte fur la même matiére.

Mar. Traité de la Perc. p. 116.

§. 330. M. Mariotte a fait auffi plufieurs expériences fur la chute des corps du haut de la plate-forme de l'Obfervatoire de Paris. Mais comme fa hauteur n'eft que de 166. pieds , je ne les rapporterai point, je me contenterai d'une remarque qu'il fit , & qui me paroît très-curieufe; c'eft qu'un boulet de canon, & une boule de mail de même groffeur , pafferent un efpace d'environ

d'environ 25. pieds, avec des vîteſſes ſenſiblement égales : enſuite le boulet anticipa la boule, & enfin il atteignit le bas lorſque la boule
de mail en étoit encore à 4. pieds: la même égalité dans le commencement de la chute, ſe trouva entre des corps dont le diametre étoit très-
différent; car une boule de cire de trois pouces
de diametre, & une de ſix pouces, tomberent
de 30. pieds avec une vîteſſe égale ; mais à la fin
de la chute, la groſſe boule précéda la petite de
6. à 7. pieds.

§. 331. Ce même M. Mariotte rapporte que ſelon ſes expériences, une boule de plomb de 6. lignes de diametre, paroiſſoit parcourir environ 14. pieds dans la premiere ſeconde ; par conſéquent la réſiſtance de l'air lui faiſoit per-
dre un pied dans la premiere ſeconde : mais il paroît bien difficile qu'on puiſſe s'appercevoir de cette différence. La différence totale qui ſe trouve à la fin de la chute, entre l'eſpace parcouru par le corps, & celui qu'il auroit dû par-
courir dans le vuide, eſt, ce me ſemble, la ſeule choſe dont on puiſſe s'aſſurer; & cette diffé-
rence totale ne donne la différence initiale que par conjecture ; l'égalité, du moins ſenſible, que M. Mariotte dit avoir trouvé dans la vîteſſe de la chute d'une boule de mail & d'un bou-
let de canon, en paſſant les 25. premiers pieds, pourroit peut-être même faire croire que cette diminution n'eſt pas ſi grande dans la premiere ſeconde.

(§. 332.)

Mariotte, *idem.*

Les Corps en tombant dans l'air n'accelerent pas fans ceffe leur mouvement.

§. 332. Ce qui eft bien certain par toutes les expériences, c'eft que l'air retarde la chute de tous les corps, & qu'il la retarde d'autant plus qu'ils ont plus de fuperficie par rapport à leur maffe : or puifque l'air retarde la chute de tous les corps, les corps qui tombent dans l'air, ne doivent pas accélérer fans ceffe leur mouvement; car l'air, comme tous les Fluides, réfiftant d'autant plus qu'il eft fendu avec plus de vîteffe, fa réfiftance doit à la fin compenfer l'accélération de la gravité, quand les corps tombent de haut : Galilée avoit encore découvert cette vérité, & en a donné une démonftration dans le théoreme 13. de fon dialogue troifiéme.

§. 333. Les corps defcendent donc dans l'air d'un mouvement uniforme, après avoir acquis un certain degré de vîteffe, que l'on appelle *leur vîteffe complette*, & cette vîteffe eft d'autant plus grande, à hauteur égale, que les corps ont plus de maffe fous un même volume.

§. 334. Le tems après lequel le mouvement accéléré des mobiles, fe change en un mouvement uniforme en tombant dans l'air, eft différent felon la furface & le poid du mobile, & felon la hauteur dont il tombe; ainfi, ce tems ne peut-être déterminé en général.

Expérien-

§. 335. En 1669. dans la naiffance de l'Académie

démie des Sciences, M. de Frenicle fit plusieurs expériences pour déterminer l'espace que les corps parcourent en tombant dans l'air, avant d'avoir acquis leur vîtesse complette, c'est-à-dire, avant que la résistance de l'air ait changé le mouvement accéléré en uniforme.

ce de M. de Frenicle qui le prouve.

Hist. de Du Hamel p. 86.

Ce Philosophe trouva, par ces expériences, qu'une petite boule de moële de sureau, qui avoit quatre lignes de diametre, acquiert sa vîtesse complette, après avoir parcouru environ 20. pieds, & qu'une petite vessie de coq-d'inde enflée d'air, acquiert la sienne après avoir parcouru seulement 12. pieds.

Ainsi, plus les corps ont de surface, par rapport à leur solidité, & plûtôt ils acquierent leur vîtesse complette en tombant dans l'air; c'est pourquoi l'on ne peut faire ces expériences que sur des corps très-legers, à cause des petites hauteurs, ausquelles nous pouvons atteindre.

§. 336. Le même M. de Frenicle s'étoit trompé sur le tems de la chute des corps de différente masse & de même volume dans l'air, il assuroit que dans un lieu fermé, une boule de plomb & une boule de bois de même diametre tomboient en même tems de 147. pieds de haut, ce qui est entierement faux, une expérience mal faite l'avoit jetté dans l'erreur : cet exemple nous fait voir que nous devons être d'autant plus circonspects sur les expériences

Méprise de M. de Frenicle sur le tems de la chute des différens corps.

Hist. de Du Hamel p. 87.

ces que nous faisons, que l'amour propre nous parle toujours en leur faveur.

Calcul de M. Pitot qui montre comment la pluye peut tomber sur la terre sans rien endommager.

§. 337. M. Pitot a calculé qu'une goute d'eau qui seroit la 10.000.000.000. partie d'un pouce cube d'eau tomberoit dans l'air parfaitement calme de 4. pouces $\frac{7}{10}$. par secondes d'un mouvement uniforme, & que par conséquent elle y feroit 235. toises par heure : on voit par cet exemple, que les corps legers qui tombent du haut de notre atmosphére sur la terre, n'y tombent pas d'un mouvement accéléré, comme ils tomberoient dans le vuide par la force de la pésanteur ; mais que l'accélération qu'elle leur imprime, est bientôt compensée par la résistance de l'air : sans cela, la plus petite pluye feroit des ravages infinis ; & loin de fertiliser la terre, elle détruiroit les fleurs & les fruits, la Providence y a pourvû par la résistance de l'air qui nous entoure.

Mem. de l'Acad. année 1728. p. 376.

Les corps tombent perpendiculairement à la surface de la terre.

§. 338. Les corps abandonnés à eux-mêmes tombent vers la terre, selon une ligne perpendiculaire à l'horison ; car il est constant par l'expérience que la ligne de direction des graves est perpendiculaire à la surface de l'eau : or la terre étant certainement sphérique, ainsi que toutes les observations géographiques & astronomiques le démontrent, le point de l'horison vers lequel les graves sont dirigés dans leur chute, peut toujours être considéré comme l'extrémité d'un

des

des rayons de cette sphére. Ainsi, si la ligne selon laquelle les corps tombent vers la terre, étoit prolongée, elle passeroit par son centre, supposé que la terre fût parfaitement sphérique ; mais la terre au lieu d'être une Sphére parfaite, étant un sphéroïde applati vers les poles, & élevé vers l'équateur selon les mesures par lesquelles Messieurs de Maupertuis, Clairaut, & les autres Académiciens qui ont été au pole, viennent de fixer sa figure, (§. 383.) la ligne de direction des graves ne tend point directement au centre de la terre ; *leur lieu de tendance* se trouve être un certain espace autour de ce centre : cependant on suppose ordinairement que les corps en tombant tendent directement au centre de la terre, parce que cette supposition se peut faire sans erreur sensible, leur direction étant toujours perpendiculaire à la surface.

Et tendent par conséquent à son centre.

CHAP.

CHAPITRE XV.

Des Découvertes de M. Newton sur la pesanteur.

§. 339.

I L n'y a point de Phénomenes dans la Nature, dont l'explication ait plus embarrassé les Philosophes, que ceux de la pésanteur.

§. 340. On a vû dans le chap. 14ᵉ. qu'Aristote les expliquoit comme tous les autres effets physiques, c'est-à-dire, par des mots vuides de sens. *

---

* Aristote étoit sans doute un grand homme, mais c'étoit un mauvais Physicien, & c'est tout ce que j'ai prétendu dire dans les endroits de cet ouvrage où je condamne ce Philosophe.

§ 341.

§. 341. Defcartes, qui par fa façon méthodi-
que de raifonner, avoit dégouté les hommes du
jargon inintelligible desEcoles, lequel avoit encore obfcurci Ariftote, parut rendre une raifon
plaufible de la pefanteur ; & expliquer ce Phénomene fi ordinaire, & fi furprenant, d'une
façon fatisfaifante.

Il avoit fuppofé que la terre étoit entourée
d'un grand tourbillon de matiére fubtile, qui
circule autour d'elle d'Occident en Orient, &
qui l'emporte dans fa rotation journaliére ; &
que cette matiére fubtile repouffoit les corps
pefans vers la terre, par la fupériorité de la
force centrifuge qu'elle acqueroit en tournant.

Comment
Defcartes
expliquoit
la chute
des corps
vers la ter-
re.

§. 341. Il faut avouer, que lorfqu'on ne
compte pas à la rigueur, rien ne paroît plus ingénieux, & plus fimple que cette explication
que Defcartes donnoit de la pefanteur ; mais
lorfqu'on entre dans le détail des Phénomenes qui accompagnent la chute des corps, ce
qui paroiffoit d'abord fi fimple, fe trouve fujet à
de grandes difficultés.

Cette ex-
plication
eft fujette à
de grandes
difficultés.

Les deux principales roulent fur la progreffion, dans laquelle la chute des corps s'opére,
& fur fa direction dans leur chute ; car fi le
tourbillon qui emporte la terre dans fa rotation journaliére, caufoit la pefanteur, les corps
ne devroient point tomber, felon la progreffion découverte par Galilée, & au lieu d'être

Tome I.   *   T   dirigés

dirigés vers le centre de la terre dans leur chute, ils devroient tendre perpendiculairement à
son axe.

§. 343. M. Hughens a repondu à ces deux
difficultés, en supposant que la matiére qui fait
la pesanteur, va dix sept fois plus vîte que la
terre, & que le mouvement de cette matiére
se fait en tout sens ; car par ces deux suppositions, on peut expliquer pourquoi les corps
tombent selon la progression de Galilée , &
pourquoi ils sont dirigés vers le centre de la
terre , & non pas perpendiculairement à son
axe.

De quelle façon M. Hughens à remédié aux deux principales.

§. 344. Je ne m'arrêterai point à vous rapporter ici les autres objections que l'on a fait
contre cette explication de Descartes , ni la façon dont les grands hommes qui ont suivi son
sentiment, ont crû pouvoir y remédier ; vous
pouvez les voir dans leurs ouvrages, dont plusieurs sont à votre portée ; mon but est de vous
faire connoître ici la façon dont M. Newton
explique les mêmes Phénoménes par l'attraction , & comment le cours des Astres lui a
fait découvrir que tous les corps célestes tendent vers le centre de leur révolution par la
même cause qui fait la pesanteur sur la terre.

§. 345. La matiére par son inertie tend toujours à conserver son état présent : ainsi, tout
corps

corps mû en rond tend à s'échaper par la tangente, c'est-à-dire, par chacune des droitesinfiniment petites qu'il parcourt à chaque instant, & c'est cet effort que le corps fait pour continuer à se mouvoir dans cette petite ligne droite, qu'on appelle *force centrifuge.* Donc aucun corps ne pourroit se mouvoir circulairement, si quelque force ne lui faisoit changer à tout moment sa direction, & ne le forçoit à décrire une ligne courbe.

Le mouvement en ligne courbe est donc toujours un mouvement composé ; or on sait que toutes les Planetes tournent autour du Soleil dans des courbes, il faut donc nécessairement que deux puissances, dont l'une les fait aller en ligne droite, & l'autre les en retire continuellement, agissent sur elles, & les dirigent dans leur cours.

On sait que la force qui feroit seule décrire une ligne droite aux Planetes, est la force de projectile, qui leur a été imprimée au commencement par le Créateur; mais quelle est celle qui les retire de cette ligne droite à chaque instant, & qui les force à décrire une ligne courbe, & à tourner autour d'un centre ; voilà ce que M. Newton s'est proposé de découvrir.

Les corps célestes s'échaperoient tous par la tangente, si quelque force ne les en retiroit.

Il est nécessaire de connoître les découvertes de Kepler sur le cours des Astres, pour entendre comment M. Newton parvint à découvrir que tous les corps célestes tendent vers leur centre, & que c'est ce principe qui les retient dans leur orbite, & qui fait la pesanteur sur la terre.

Explication des deux analogies de Kepler.

Planche 6.

Fig. 32.

§. 346. Une des loix découvertes par Kepler est, *que les Planetes en tournant autour du Soleil décrivent des aires égales en tems égaux*, en sorte que si l'on conçoit du point B. d'où une Planete est partie, au point C. où elle arrive, deux lignes droites B. S. C. S. tirées au Soleil S. l'aire du secteur écliptique S. B. C. formé par ces deux lignes, & par l'arc de la courbe que la Planete a parcouru, croît en même proportion que le tems pendant lequel elle se meut.

§. 347. La seconde loi de Kepler est, *que le tems qu'une Planete employe à faire sa revolution autour du Soleil, est toujours proportionnel à la racine quarré du cube de sa moyenne distance à cet Astre;* vous avez vû l'explication de cette loi dans les Elemens de la Philosophie de Newton, que nous

Elemens de Newton ch. 20. avons lus ensemble; ainsi, je ne vous la repeterai point ici.

Démonstrations que M. Newton a tirées des loix de Kepler.

§. 348. M. Newton, en cherchant à connoître la cause de ces loix découvertes par Kepler, a démontré, à l'aide de la plus sublime geométrie.

1°. Que si un corps qui se meut est attiré, vers un centre mobile ou immobile, il décrira autour

autour de ce centre des aires proportionnelles
au tems, & réciproquement, que fi un corps
décrit autour d'un centre des aires proportionnelles au tems, il y a une force qui le porte vers
ce centre.

2°. Que fi un corps qui fe meut autour d'un
centre qui l'attire, acheve fa revolution dans
un tems proportionel à la racine quarrée du
cube de fa moyenne diftance à ce centre, la
force qui l'attire, diminue comme le quarré de
fa diftance au centre vers lequel il eft attiré, &
réciproquement, &c.

§. 349. Ainfi, la premiere loi de Kepler, c'eft-
à-dire, la proportionalité des aires & des tems,
fit découvrir à M. Newton, une force cen-
trale en général, qu'il appelle *la force centripete*, & la feconde, qui eft le rapport entre le
tems de la revolution des Planetes, & leur diftance au centre, lui fit connoître la loi que fuit
cette force.

§. 350. Non-feulement les Planetes principales obfervent ces loix en tournant autour du
Soleil, mais les Planetes fecondaires les fuivent
auffi en tournant autour de la Planete principale, qui eft le centre de leur revolution: ainfi,
les Planetes fecondaires tendent vers les Planetes principales, autour defquelles elles tournent, dans la même proportion que les Planetes principales tendent vers le Soleil, leur

T 3　　centre,

centre, puifque les unes & les autres obfervent les mêmes loix dans leur cours.

§. 351. Ce n'eft pas ici le lieu de montrer, comment tous les corps céleftes confirment cette découverte par la regularité de leur cours, & comment les Cometes ne femblent venir étonner notre Univers, que pour rendre un nouveau témoignage à ces vérités apperçues par M. Newton : cet article appartient au livre où je vous parlerai de notre Monde planetaire, & je ne vous indique même ici les découvertes que M. Newton a fait fur le cours des Aftres, que parce que ce font ces découvertes qui l'ont conduit à connoître que la même caufe qui les dirige dans leur cours, opére la chute des corps vers la terre.

§. 352. La Lune tend vers la terre, car elle parcourt en tournant autour d'elle des aires égales en tems égaux ; mais par la feule confidération de la révolution de la Lune autour de la terre, on ne connoît point encore la loi que fuit cette tendance ; car quoi que j'aie dit que les Planetes fecondaires fuivent les deux loix découvertes par Kepler, en tournant autour de leur Planete principale, c'eft en comparant le tems de la révolution, & l'éloignement de deux Planetes qui tournent autour d'un même centre, que l'on découvre que le tems de leur révolution eft proportionel à la racine quarrée du cube

Comment M. Newton eft parvenu à découvrir que la Lune en tournant autour de la terre, obferve la féconde loi de Kepler.

cube de leur moyenne diftance à ce centre, &
que l'on voit par conféquent qu'elles obfervent
la feconde loi de Kepler, & que la force qui agit
fur elles, décroît comme le quarré de la diftance; car fans comparaifon il n'y a point de proportion.

§. 353. Jupiter, & Saturne, ayant chacun
plufieurs Satellites, on trouve aifément par une
régle de trois que vous connoiffez, que ces
Satellites fuivent dans leurs révolutions les
deux loix de Kepler; mais la terre n'ayant que
la Lune pour Satellite, on n'a point de Planete
de comparaifon, pour s'affurer que la Lune en
tournant autour de la terre fuit la deuxiéme loi
de Kepler, & pour connoître felon quelle proportion la Lune tend vers la terre.

§. 354. M. Newton, à force de fagacité & de
calcul, a démontré dans le corollaire premier
de la propofition 45. de fon premier Livre,
que lorfqu'une Planete fe meut autour d'un centre mobile dans un orbe fort approchant du cercle (tel que l'Orbe que décrit la Lune autour de
la terre), on peut déterminer par le mouvement
de fes apfides * en quelle raifon la puiffance qui

Principia Mathematica.

---

* On appelle aphelie, le point A, de l'orbite le plus éloigné du Soleil S. ou du corps qui eft le centre de fa révolution,
& perihelie le point B. qui en eft le plus proche, la ligne AB. qui
paffe par l'aphelie A. & le perihelie B. s'appelle la ligne des
apfides.

Fig. 33.

lui fait parcourir fon orbite agit fur elle, & en appliquant cette propofition au cours de la Lune, il détermina que l'attraction de la terre fur cette Planete, décroît dans une raifon un peu plus grande que la raifon doublée des diftances ; mais ce fut la comparaifon de la chute des corps, & du tems periodique de la Lune qui l'affura entierement, que la force qui retient la Lune dans fon orbite, décroît dans cette proportion.

§. 355. Les corps que l'on jette horifontalement retombent vers la terre : cependant en faifant abftraction de la réfiftance de l'air, ces corps par leur inertie devroient fuivre à l'infini la ligne droite dans laquelle on les jette, fi aucune autre force n'agiffoit fur eux : il eft certain que la force qui retire à tout moment ces corps de la ligne droite dans laquelle on les a jettés, & qui les fait retomber vers la terre en décrivant une courbe, eft la même qui les y fait tomber en ligne perpendiculaire, quand on les abandonne à eux-mêmes : or, l'expérience nous apprend que les corps que l'on jette, font d'autant plus de chemin avant de retomber vers la terre, que la force projectile qu'on leur a imprimée eft grande. Donc avec une force projectile fuffifante, un corps pourroit tourner au tour de la terre fans y retomber, & la circulation de ce corps projetté autour de la terre, feroit une preuve auffi certaine

de

de fa gravité, que fa chute vers la terre en ligne perpendiculaire, lorfqu'on l'abandonne à lui-même.

§. 356. En appliquant cette confidération à la Lune, M. Newton conclut par analogie, que la révolution de la Lune autour de la terre pourroit bien être l'effet de la même force, qui fait tomber les corps pefans vers la terre; ainfi, en faifant donc des corps qui tombent ici-bas vers la terre par la pefanteur, une Planete de comparaifon, il raifonna ainfi : fi la force qui dirige la Lune dans fon orbite, décroît comme le quarré de la diftance au centre de la terre, & fi cette même force fait la pefanteur des corps graves, elle doit être 3600. fois plus grande fur les corps qui font placés près de la furface de la terre que fur la Lune ; car les efpaces parcourus par des corps animés par différentes forces, font dans le commencement de leur chute proportionnels à ces forces : or, la Lune dans fon éloignement moyen eft éloignée du centre de la terre de 60. demi diametres de la terre environ, & tous les corps qui font près de la furface de la terre font regardés comme étant à un demi diametre de fon centre, à caufe des petites hauteurs aufquelles nous pouvons atteindre : ainfi, fi cette force décroît comme le quarré de la diftance, elle doit faire parcourir 3600. fois moins d'efpace à la Lune qu'aux corps graves ici-bas dans le premier inftant de leur chute.

La même caufe produit la pefanteur des corps fur la terre, & dirige la Lune dans fon cours.

§. 357.

298 INSTITUTIONS

§. 357. La diftance de la Lune au centre de la terre étant comme je viens de le dire, d'environ 60. demi diametres de la terre dans fon éloignement moyen, foit B.K.H. l'orbite de la Lune, & BF. l'arc de cet orbite qu'elle parcourt en une minute, il eft certain que tout mouvement circulaire étant un mouvement compofé, la Lune en décrivant cet arc BF. obéit à deux forces, fçavoir, à la force projectile qui la dirigeroit feule dans une ligne droite d'Orient en Occident, vers BE, & à la force centripete, qui la feroit tomber perpendiculairement vers la terre en B.T. fi la Lune n'obéiffoit qu'à cette feule force.

Or, en décompofant le mouvement compofé, on peut connoître la quantité de l'action de chacune des forces compofantes, & par conféquent, le chemin que chacune d'elles eût fait parcourir au mobile, fi elle avoit feule agi fur lui : ainfi, en faifant que l'arc BF. devienne la diagonale du paralellogramme B.D.G.F. on aura les lignes BG, BD. qui repréfenteront le chemin que chacune des deux forces, qui font parcourir à la Lune l'arc BF. en une minute, lui eût fait parcourir féparement pendant ce même tems.

Sans la force qui la porte vers la terre, la Lune parcoureroit dans une minute la tangente BG, & par conféquent, l'effet de la force centripete eft de la retirer de cette tangente par la ligne GF. égale à BD. C'eft donc la force
centripete

Fig. 34.
Démonftration de cette vérité par le moyen mouvement de la Lune comparé à la chute des corps.

Fig. 34.

centripete, qui fait qu'au bout d'une minute
la Lune se trouve en F. au lieu d'être en G.
G. F. ou B.D. qui lui est égale, est donc l'espace
que la force qui porte la Lune vers la terre, fait
parcourir à la Lune dans une minute, inde-
pendamment de la force projectile, qui la pousse
dans la tangente BE. c'est donc la valeur de *Fig.* 34.
G F.===B D. qu'il faut trouver.

§. 358. Or, il y a plusieurs maniéres de trouver la valeur de cette ligne B D.===G F.

La plus courte & la plus simple dépend d'une
proposition démontrée par Messieurs Hughens
& Newton; sçavoir, *qu'un corps qui fait sa révo-*   *Princip.*
lution dans un cercle tomberoit dans un tems don-   *Mathem.*
né vers le centre de sa révolution, par la seule   *lib. 1. co-*
force centripete, d'une hauteur égale au quarré   *rol.9. prop.*
de l'arc qu'il décrit dans le même tems, divisé   *4. & 36.*
par le diametre du cercle.   *& Hu-*
  ghens de
Cette proposition étant reçûe de tous les   *Vi Centrif.*
Géometres, il est aisé de trouver par son moyen   *prop. 6.*
la valeur de la ligne GF. & par conséquent celle
de la ligne BD. qui lui est égale.

On sçait par les mesures de M. Picard, que *Fig.* 34.
la circonférence de la terre est de 123249600.
pieds de Paris, on sçait par conséquent que l'orbite de la Lune qui est 60. fois plus grande,
est de 7394976000. pieds, & que le diametre
de cet orbite est de 2353893840. pieds.

La révolution de la Lune autour de la terre
se fait en 27. jours 7. heures 43' sidérales, ou

dans

dans 39343. minutes. Ainsi, en divisant l'orbe de 7394976000. pieds par 39343. l'on trouve que l'arc BF. que la Lune parcourt dans une minute, est de 187961. pieds, donc suivant la

Fig. 34. proposition de Messieurs Hughens & Newton, le quarré de cet arc BF². qui est de 35329337521. P. étant divisé par le diametre de l'orbe de la Lune, c'est-à-dire, par la ligne BG. qui est de 2353893840. pieds, l'on a G F. ou B D $= \frac{BF^2.}{BG.}$ c'est-à-dire, $\frac{35329337521.}{2353893840.} =$ 15. pieds de Paris * environ.

§. 359.

---

* Il y a deux remarques à faire sur cette évaluation de l'arc

Fig. 35. BF. & de sa petite ligne BD. c'est qu'afin qu'elle soit juste, il ne faut prendre de l'orbite de la Lune qu'une partie parcourue dans un tems très-petit, comme j'ai fait dans l'exemple cité, afin que cet arc puisse être pris pour la Diagonale du paralelogramme B D G F. car on sçait que dans un tems très-petit la ligne parcourue par un corps dans son mouvement circulaire, peut être considérée sans erreur sensible, comme une petite droite qui est la diagonale des deux directions que le corps a actuellement; sans cette condition de la petitesse de l'arc B F.

Fig. 35. par rapport à la grandeur du cercle B F E. il ne seroit pas permis de regarder G F. comme l'espace tombé vers le centre, ce seroit H F. mais lorsque l'arc B F. est très-petit, la différence entre G F. & H F. est insensible.

La seconde remarque est, que la démonstration de Messieurs Hughens & Newton est pour un cercle, & que les Planetes font leur révolution dans des éllipses, dont quelques-unes même ne sont pas des éllipses régulières, comme celle que décrit la Lune PE.

Mais M. Hughens a démontré que chaque courbe dans quelqu'une de ses parties que ce soit, a la même courbure qu'un certain cercle qu'on nomme *Osculateur*; parce que dans cet endroit il y a une partie commune a la courbe & au cercle, & par la considération de ce cercle, dont M. Hughens a appris à trouver le rayon pour chaque point de la courbe, on peut trouver l'expression de la force centripete dans toutes les courbes;

§. 359. L'espace que la force qui porte la Lune vers la terre, lui fait parcourir en une minute, est donc de quinze pieds de Paris, & un peu plus. Donc si la même force qui dirige la Lune dans son orbite, fait tomber les corps vers la terre, & si cette force décroît comme le quarré de la distance au centre de la terre, les corps doivent parcourir ici-bas près de la surface de la terre 54000. pieds dans la premiere minute, ou 15. pieds dans la première seconde, c'est-à-dire, 3600 fois plus d'espace qu'ils n'en parcourroient dans le même tems, s'ils étoient transportés à la hauteur où est la Lune, puisque 36000. est le quarré de 60. éloignement de la Lune à la terre en demi diametres de la terre; or vous avez vû dans le chapitre précédent que les corps tombent ici-bas de 15. pieds de Paris dans la premiére seconde, cette force agit donc 3600. fois moins sur la Lune que sur les corps graves qui tombent ici-bas. Donc c'est la même force qui retient la Lune dans son orbite, & qui fait tomber les corps ici-bas, & cette force décroît comme le quarré de distance au centre.

La force qui retient la Lune dans son orbite, & qui fait tomber les corps décroît comme le quarré de la distance au centre de la terre.

courbes, & comparer cette force, non-seulement pour chaque point de la même courbe; mais aussi de courbe à courbe : cette proposition à beaucoup servi à M. Newton : ainsi, c'est M. Hughens que l'on peut dire avoir été le précurseur de Newton, bien plus que Descartes, dont il n'a presque rien emprunté.

§. 360.

§. 360. Tout le monde ſçait, mais on né peut trop le répéter, que M. Newton avoit adandonné l'idée qu'il avoit conçûe, que la même force qui retient les Planetes dans leur orbite, opére ici-bas la peſanteur & la chute des corps, parce qu'ayant de fauſſes meſures de la terre, & n'ayant point eu de connoiſſance dans la ſolitude, où il vivoit alors, de celles de M. Picard priſes en 1669. ni même de celle de Norwood ſon compatriote en 1636. il ne trouvoit pas entre le moyen mouvement de la Lune, & la chute des corps ſur la terre le rapport qui devoit s'y trouver, ſi ces deux Phénomenes étoient opérés par la même cauſe, rapport que je viens de vous faire voir, que les véritables meſures lui donnerent.

§. 361. Si les mouvemens céleſtes & les loix de Kepler ont découvert à M. Newton, une des loix, ſelon laquelle la peſanteur & le cours des Planetes s'opére, ce qui ſe paſſe ici-bas dans la chute des corps, lui a découvert une autre loi, que la force qui opére ces Phénomenes, ſuit auſſi inviolablement, c'eſt qu'elle ſe proportionné aux maſſes.

Cette force ſe proportionne aux maſſes.

§. 362. On a vû au chapitre 14. (§. 322.) que des Pendules égaux en poids font leurs vibrations en tems égaux, quand le fil auquel on les ſuſpend eſt égal, quel que ſoit l'eſpece des corps

corps qui les compofent, & que par conféquent la force qui fait tomber les corps ici-bas, appartient à toute la matiére propre des corps, & réfide dans chacune de fes parties, en forte que dans différens corps, elle eft toujours directement proportionnelle à la quantité de matiére propre qu'ils contiennent. Donc puifqu'on vient de voir dans les feffions précédentes, que la même force qui fait tomber les corps vers la terre, retient la Lune dans fon orbite, cette force réfide dans le corps entier de la Lune, en raifon directe de la matiére propre de cette Planete, comme elle réfide ici-bas dans les différens corps, en raifon directe de leur quantité de matiére propre : or, les Planetes principales, en tournant autour du Soleil, & les Planetes fecondaires, en tournant autour de leur Planete principale, fuivent les mêmes loix que la Lune dans fa révolution autour de la terre. Donc la force qui les retient dans leur orbite agit fur chacune d'elles, en raifon directe de la quantité de matiére propre qu'elles contiennent.

§. 363. De plus, le tems que les Planetes employent à faire leur révolution autour du Soleil, étant proportionnel à la racine quarrée du cube de leur moyenne diftance à cet Aftre, la force qui les porte vers le Soleil décroît comme le quarré de leur diftance au Soleil. Donc à égale diftance du Soleil la force qui les porte vers lui, agiroit fur elles également. Donc alors elles

elles parcourroient des espaces égaux en tems
égal vers le Soleil, & si elles perdoient toute
leur force projectile, elles arriveroient en même tems à cet Astre, de même que tous les
corps qui tombent ici-bas de la même hauteur
arrivent en même tems à la surface de la terre ,
quand la résistance de l'air est ôtée : or la force
qui agit également sur des corps inégaux, doit
nécessairement se proportionner à la masse de
ces corps. Donc la force qui fait tomber les corps
vers la terre, & qui fait tourner les Planetes
autour de leur centre, se proportionne à leurs
différentes masses ; & par conséquent le poids de
chaque Planete sur le Soleil, est en raison directe de la quantité de matiére propre que chacune d'elles contient.

§. 364. On prouvera la même chose des satellites de Jupiter, & des Lunes de Saturne,
par rapport à leur Planete principale ; car le tems
de leur révolution autour de la Planete qui leur
sert de centre, est proportionnel à la racine quarrée du cube de leur moyenne distance à cette
Planete.

§. 365. Vous voyez par tout ce que je viens
de vous dire, quel chemin immense la raison
humaine a eu à faire, avant de parvenir à découvrir quelles loix suit la cause qui opére la
pesanteur, puisqu'il a fallu que les corps célestes, qui sont placés si loin de nous, nous
l'ayent, pour ainsi dire, appris.

§. 366.

§.366. Quelques-uns ont crû que le poids de la
même quantité de matière propre, étoit variable dans le même endroit de la terre, de fauſſes expériences les avoient jettés dans cette erreur; & c'eſt un écueil dont il faut d'autant plus ſe garder, que l'amour propre nous parle toujours en faveur de celles que nous avons faites. Le poids des mêmes corps peut varier, à la vérité, dans le même endroit de la terre, mais c'eſt ſeulement par l'augmentation, ou la diminution de la matière propre de ces corps, & c'eſt ce qui arrive aux Plantes qui ſe fannent, & à tous les corps qui s'évaporent; mais le poids des corps à la même diſtance du centre de la terre, eſt toujours comme la quantité de matière propre qu'ils contiennent.

§. 367. Mais quand cette diſtance augmente, alors le poids des corps diminue; je dis leur poids abſolu; car leur poids comparatif reſte toujours le même: ainſi, un homme qui porte 100ˡ. près de la ſurface de la terre, par exemple, porteroit 900ˡ. s'il étoit trois fois plus éloigné de ſon centre, mais le poids de 100ˡ. y ſeroit la neuviéme partie du poids de 900ˡ. comme ici-bas.

§. 368. Puiſque la force qui fait tomber & peſer les corps ſur la terre, agit d'autant moins ſur eux, qu'ils ſont plus éloignés du centre de

Tome I. * V la

la terre, ils y tomberont d'autant moins vîte qu'ils seront plus éloignés de ce centre, mais à égale distance, ils y tomberont tous également vîte, de sorte qu'une boule de papier transportée à la région de la Lune, & qui ne pesera sur la terre que la 3600. partie de ce qu'elle pese ici-bas, tomberoit sur la terre en même tems que la Lune, si la Lune venoit à perdre tout son mouvement de projectile, & cette boule & la Lune parcoureroient des espaces égaux pendant tout le tems qu'elles mettroient à tomber, en faisant abstraction de toute résistance du milieu dans lequel elles tomberoient ; car c'est comme si on supposoit la masse de la Lune divisée en autant de parties qu'elle contient de fois cette boule de papier.

§. 369. On a vu dans le chap. 13. que Galilée avoit démontré avant M. Newton, que la force, telle qu'elle soit, qui anime les corps à descendre vers la terre, étant supposée agir également à chaque instant indivisible, elle devoit leur faire parcourir des espaces, comme les quarrés des tems & des vitesses, & sa démonstration suffisoit pour connoître l'action de la gravité sur les corps qui tombent ici-bas, parce que les hauteurs auxquelles nous pouvons atteindre, sont trop médiocres pour produire dans la chute initiale des corps des différences sensibles.

Mais la théorie de Galilée eût été bien insuffisante, si l'on eût pû faire des expériences

à

à des hauteurs affez grandes pour s'apperçevoir du décroiffement de la pefanteur ; car cette théorie fuppofoit une force uniforme , & M. Newton a démontré , comme on vient de le voir, que l'énergie de cette force décroît com- me le quarré de la diftance.

§. 370. M. Richer fut le premier qui s'ap- perçut dans un voyage qu'il fit à l'Ifle de Cayenne en 1672. que l'Horloge à Pendule qu'il avoit apporté de Paris , retardoit confidé- rablement fur le moyen mouvement du Soleil , & que par conféquent, il falloit que les ofcil- lations du Pendule de cet Horloge fuffent de- venues plus lentes en approchant de l'équateur; or la durée des ofcillations d'un Pendule qui décrit des arcs de cycloïde ou de très-petits arcs de cercle, dépend , ou de la réfiftance que l'air apporte à fes ofcillations , ou de la lon- gueur du Pendule , ou enfin de la force avec laquelle les corps tendent à tomber vers la terre.

Expérien- ce de M. Richer fur le Pendule

§. 371. La première de ces trois caufes, c'eft- à-dire, la réfiftance de l'air, eft fi médiocre, qu'elle peut fans erreur fenfible être comptée pour rien , d'autant plus que le Pendule , de M. Richer éprouvoit cette réfiftance à Paris comme à Cayenne ; la feconde qui eft la lon- gueur du Pendule, n'avoit point changé, puif- que c'étoit le même Horloge : il falloit donc

Confé- quences qui naif- fent de cette ex- périence.

V 2   que

que la force qui fait tomber les corps fût moindre à Cayenne qu'à Paris, c'est-à-dire, à 5. degrés environ, qui est la latitude de l'Isle de
Cayenne, qu'à 49. degrés environ qui est celle
de Paris, puisque les oscillations du même Pendule étoient plus lentes dans cette Isle qu'à
Paris.

§. 372. On nia long-tems cette expérience de
M. Richer ; quelques-uns prétendirent qu'on
devoit l'attribuer à la chaleur du climat, qui
avoit allongé la verge de métal, à laquelle le
Pendule étoit suspendu, mais outre qu'il est
prouvé par l'expérience que l'allongement causé par la chaleur de l'eau bouillante même est
moindre que celui de l'expérience de Richer,
on a toujours été obligé de racourcir le Pendule en approchant de l'équateur, quoiqu'il
fasse souvent moins chaud sous la ligne, qu'à
15. ou 20. degrés de la latitude ; & en dernier lieu, les Académiciens des Sciences qui
sont au Perou, ont été obligés de racourcir
leur Pendule à Quito pendant qu'il y geloit
très-fort : le racourcissement du Pendule dans
l'Isle de Cayenne étoit donc uniquement causé
par la diminution de la pesanteur vers l'équateur.

§. 373. En supposant le mouvement diurne
de la terre, dont je ne crois pas que personne
doute à présent, quoiqu'il ne soit pas démontré

Quelles
font les
causes de
la diminu-

en

en rigueur, deux raisons peuvent diminuer la tion de la
pesanteur des corps; sçavoir, la force centrifuge pesanteur.
que les parties de la terre acquerent par sa rotation; (car la force centrifuge tendant à éloigner les corps du * centre de la terre, elle est
opposée à la pesanteur, qui les y fait tendre)
& les variations qui peuvent se trouver en différens endroits de la terre, dans la force qui
fait tomber les corps vers la terre, c'est-à-dire,
dans la pesanteur même.

§. 374. La force centrifuge des corps égaux Digreſſion
qui décrivent dans le même tems des cercles fur la figure de la
inégaux, est proportionnelle aux cercles qu'ils terre.
décrivent : ainsi, la force centrifuge des parties
de la terre doit être d'autant plus grande que
l'on approche davantage de l'équateur, puisque
l'équateur est le grand cercle de la terre : c'est
donc sous l'équateur où la force centrifuge diminuera le plus la pesanteur.

§. 375. On voit aisément que la figure actuelle
de la terre doit résulter de la pesanteur primitive, & de la force centrifuge, & que soit que
la forme de la terre (supposée en repos, lorsqu'elle sortit des mains du Créateur) ait été

---

* Ce n'est que sous l'équateur où la force centrifuge détruit
une partie de la pesanteur égale à elle-même ; mais dans tous
les autres endroits de la terre, elle la diminue inégalement,
& d'autant moins qu'on s'éloigne davantage de l'équateur.

celle

La forme actuelle de la terre dépend de la pesanteur primitive, & de la force centrifuge combinées.

celle d'une Sphére parfaite, ou d'un spheroïde quelconque, la force centrifuge doit avoir altéré cette forme ; car la force diminuant inégalement la pesanteur des colonnes de la matiére (supposée homogene & fluide) qui compose la terre, selon qu'elles sont plus ou moins près de l'équateur, les colonnes dont la pesanteur est plus diminuée, doivent devenir plus longues pour être en équilibre avec celles dont la pesanteur est moins diminuée : ainsi, la force centrifuge doit avoir nécessairement altéré la figure primitive de la terre.

Mais sa forme primitive a dépendu de la seule pesanteur.

§. 376. Mais quelle a été cette premiere forme de la terre? voilà ce qu'on ne pourroit sçavoir qu'en connoissant la pesanteur primitive ; car il est certain que la forme de la terre, supposée en repos, a dû être l'effet de la seule pesanteur; il est donc certain, que si la pesanteur primitive, c'est-à-dire, la pesanteur non-diminuée par la force centrifuge étoit bien connue, les expériences sur les Pendules dans différentes regions de la terre détermineroient sa figure avec certitude; car ces expériences nous donneroient la diminution, que la force centrifuge apporte à la gravité primitive, dans les différentes latitudes; & il seroit aisé d'en déduire l'altération qu'elle a dû apporter à la figure primitive de la terre, dont la matiére est supposée avoir été fluide & homogene dans le tems de la création.

§. 377.

§. 377. Auffi Meffieurs Hughens & Newton penfoient ils que la connoiffance des différentes pefanteurs dans les différentes régions de la terre pourroit fuffire à déterminer fa figure ; M. Newton croyoit même que c'étoit la façon la plus fure de la déterminer. *Et certiùs per experimenta pendulorum, deprehendi poffit, quam per arcus geographice menfuratos in meridiano.*

Principia Liber 3. Pag. 83.

§. 378. La gravité primitive ne pouvant guére être connue que par des Phénoménes, qui ne la déterminent qu'à *pofteriori*, l'expérience de M. Richer parut fort furprenante, quoi qu'elle fût une fuite de la théorie des forces centrifuges ; mais on ne la trouva pas fuffifante pour déterminer la figure de la terre ; car la terre pouvoit avoir eû dans fon origine une forme telle que la pefanteur eût été plus forte aux poles qu'à l'équateur, quoique la force centrifuge la diminue à l'équateur, & ne la diminue point aux poles.

§. 379. Meffieurs Hughens & Newton, partant tous deux de cette expérience de M. Richer, que plufieurs expériences poftérieures avoient confirmée, & de la théorie des forces centrifuges, dont M. Hughens étoit l'inventeur, conclurent que la terre devoit être un fphéroïde aplati vers les poles, quoique ces deux Philofophes euffent pris des loix de pefanteurs différentes,

Meffieurs Hughens, & Newton croyoient la terre un fphéroïde aplati.

V 4

différentes, M. Hughens la croyant par tout la
même, & M. Newton la supposant différente
en différens lieux de la terre, & dépendante
de l'attraction mutuelle des parties de la matiére : la seule différence qui se trouvoit, dans la
figure que ces deux Philosophes attribuoient à
la terre, étoit qu'il résultoit de la théorie de
M. Newton un plus grand aplatissement que de
celle de M. Hughens.

Les mesu-
res de Mes-
sieurs Cas-
sini don-
noient un
sphéroïde
oblong
pour la for-
me de la
terre.

§. 380. Mais M. Cassini en achevant la méri-
dienne de France commencée par M. Picard,
ayant trouvé que les degrés Méridionaux étoient
plus grands que les Septentrionaux, & le sphéroïde allongé vers les poles étant la suite nécessaire de ces mesures, le nom de Monsieur
Cassini, & la célébrité de ses opérations, lesquelles lui donnerent toujours le sphéroïde allongé, fournissoient un nouveau motif
de doute sur la figure de la terre, & contre-
balançoient l'autorité de Messieurs Hughens &
Newton, & les conséquences qu'ils avoient tiré de l'expérience de Richer, d'autant plus que
les raisonnemens de ces deux grands Géometres,
quoique fondés sur les loix de la statique, tenoient
cependant toujours à quelques hipothéses, &

Préface de
la figure de
la terre.

quoique ces hipothéses fussent, comme dit M.
de Maupertuis, de celles qu'on ne peut guéres
se dispenser d'admettre, cependant en faisant
d'autres hipothéses sur la pesanteur, très-con-
traintes, mais enfin possibles, on pouvoit à
toute

toute force concilier l'expérience incontesta-
ble de Richer, & la diminution des degrés
Septentrionaux qui résultoit des mesures de
Messieurs Caffini ; ainsi, la question de la figure de la terre, dont la décision importe tant à
la Géographie, à la navigation, & à l'Astronomie, restoit indécise.

§. 381. Enfin, en 1736. l'Académie des Sciences résolut pour la terminer, de faire mesurer à
la fois un degré du Méridien, sous l'équateur,
& au cercle polaire ; ainsi, l'on peut dire, que
ces deux voyages sont une espéce d'hommage
qu'elle a rendu au nom de Caffini.

§. 382. Nous sçavons le résultat du voyage
du Pole, & M. de Maupertuis nous a fait voir
par la relation qu'il nous en a donnée, combien
cette entreprise, si glorieuse à la Nation, a pensé lui couter de regrets, puisqu'on ne peût lire
sans crainte les dangers que lui, Messieurs Clairaut, le Monier, & les autres Sçavans hommes
qui ont entrepris ce voyage, ont couru, & ils
nous ont appris par leur exemple, que l'amour
de la vérité peut faire affronter d'aussi grands
dangers, que le défir de ce que les hommes
appellent plus communément gloire.

§. 383. Il résulte de leurs mesures, les plus *Figure de*
exactes qui ayent peut-être jamais été prises, *la terre*
que le degré du Méridien qui coupe le cercle *pag. 125.*
polaire

Les mesu-
res des A-
cadémi-
ciens qui
ont été au
Pole, don-
nent à la
terre la fi-
gure d'un
sphéroïde
aplati vers
les Poles.

polaire, eft plus grand que le degré mefuré par M. Picard entre Paris & Amiens de 437 toifes fans compter l'aberration, & de 377. toifes en la comptant, d'où il réfulte que la terre eft un fphéroïde aplati vers les Poles. Vous voyez que cette conclufion eft entiérement oppofée à celle qui réfulte des mefures de Meffieurs Caffini ; c'eft aux Académiciens qui font encore au Perou à décider cette grande queftion, fur laquelle les plus grands Philofophes font encore partagés, & dont on attend la décifion comme une époque également glorieufe aux Sciences, & à la Nation qui la leur aura procurée.

Ce font les
travaux
des Fran-
çois qui
ont fait
naître les
découver-
tes de M.
Newton.

§. 384. L'on peut dire que c'eft aux mefures & aux obfervations des François, que M. Newton a du fes découvertes admirables, & qu'il en devra la confirmation en cas que les mefures prifes au Perou décident pour l'aplatiffement de la terre ; car on a vû dans ce chapitre que ce furent les mefures de M. Picard, qui lui firent découvrir que les mêmes loix qui dirigent les Aftres dans leurs cours, caufent la pefanteur fur la terre.

Je vous ai fait cette digreffion fur la figure de le terre, à caufe de la grande relation qu'il y a entre cette figure, & la pefanteur.

CHAP.

CHAPITRE XVI.

De l'Attraction Newtonienne.

§. 385.

TOUS les Phénoménes que je viens de vous expofer dans les trois derniers Chapitres, font opérés felon les Newtoniens par l'Attraction que tous les corps exercent les uns fur les autres.

Cette attraction eft felon eux, une propriété Ce que les Newtoniens entendent par l'attraction. donnée de Dieu à toute la matiére, par laquelle toutes fes parties tendent l'une vers l'autre en raifon directe de leur maffe, & en raifon inverfe du quarré de leurs diftances.

§. 386. On trouve le germe de cette idée
dans

dans Kepler, la façon dont il s'exprime dans l'introduction du Livre où il traite de la Planette de Mars, est trop remarquable, pour ne pas rapporter ici les termes dont il se sert.

*Si duo lapides in aliquo * loco mundi collocarentur propinqui invicem, extra orbem virtutis tertii cognati corporis, illi lapides ad similitudinem duorum Magnetum coïrent loco intermedio, quilibet accedens ad alterum tanto intervallo, quanta est alterius moles in comparatione.*

Si terra & luna non retinerentur vi animali, aut aliâ aliquâ æquipollenti qualibet, in suo circuitu, terra ascenderet ad lunam quinquagesimâ quartâ parte intervalli, luna descenderet ad terram quinquaginta tribus circiter partibus intervalli, ibique jungerentur. Posito tamen quod substantia utriusque sit unius & ejusdem densitatis.

---

* Si deux pierres étoient placées dans quelque lieu, dans lequel aucun autre corps ne pût agir sur elles, elles viendroient l'une vers l'autre comme deux aimans, & se joindroient dans un lieu intermediaire ; & le chemin qu'elles feroient l'une vers l'autre ; seroit en raison renversée de leur masse.

Si la lune & la terre n'étoient pas retenues dans leur orbe, par une *ame agissante*, ou par quelque force équivalente, la terre monteroit vers la lune environ jusqu'à la cinquante quatriéme partie de l'espace qui les sépare, la Lune descendroit vers la terre environ jusqu'à la cinquante troisiéme partie de cet espace, & là, elles se joindroient, supposé que leur densité soit la même.

§. 387.

§. 387. Kepler n'eſt pas le ſeul qui ait parlé
de l'attraction. Frenicle, un des premiers Académiciens des Sciences la concevoit comme
une force miſe par le Créateur dans ſon Ouvrage pour le conſerver ; & Roberval la définiſ-
ſoit : *Vim quamdam corporibus inſitam quâ partes
illius in unum coïre affectent.*

§. 388. Il eſt certain, que ſi on accorde aux
Newtoniens cette ſuppoſition d'une attraction
répandue dans toutes les parties de la matiére,
ils expliquent merveilleuſement par cette attraction les Phénoménes aſtronomiques, la
chute des corps, le flux & le reflux de la mer,
les effets de la lumiére, la cohéſion des corps,
les opérations chimiques; & que preſque tous
les effets naturels deviennent une ſuite de cette
force que l'on ſuppoſe répandue dans toute la
matiére, quand on l'a une fois admiſe : ainſi,
dans ce ſiſtême, la terre & la lune tournent
autour du Soleil, parce que le Soleil les attire
l'une & l'autre ; mais la terre ayant plus de maſſe que la lune, & étant beaucoup plus près
de cette Planette, que le Soleil, force la lune à
tourner autour d'elle, par la ſupériorité de ſon
attraction.

Toutes les irrégularités de la lune dans ſon
cours, ſont une ſuite palpable de la combinaiſon de l'attraction du Soleil & de la terre ſur
la lune ; car l'énergie de cette attraction variant

Comment l'attraction opére la chute des corps, & les Phéno-ménes aſtronomiques, quand on l'a une fois admi-ſe.

riant avec les pofitions des corps qui s'attirent ; elle doit changer continuellement la courbe que la lune décrit autour de la terre , puifque cette Planette s'approche & s'éloigne fucceffivement de la terre , & du foleil.

L'attraction étant regardée par quelques Newtoniens comme une propriété effentielle de la matiére , elle eft toujours fuppofée reciproque : ainfi , la terre en gravitant vers le Soleil , fait graviter le Soleil vers elle , & le Soleil & la terre s'attirent réciproquement l'un l'autre en raifon directe de leurs maffes ; mais ils s'avancent l'un vers l'autre en raifon inverfe de ces mêmes maffes , & le chemin que la terre fait vers le Soleil , eft au chemin que le Soleil fait vers la terre dans le même tems par cette feule attraction , comme la maffe du Soleil eft à la maffe de la terre , de même , la terre en forçant la Lune à tourner autour d'elle par la fupériorité de fon attraction , obéit elle-même à l'attraction que la Lune exerce fur elle ; cette attraction de la Lune altére beaucoup la courbe que la terre décrit en tournant autour du Soleil , elle eft caufe en partie des marées aufquelles l'attraction du Soleil contribue auffi d'une quantité déterminée.

C'eft par la même raifon que la terre va plus lentement , quand elle eft dans le figne des poiffons , parce qu'étant alors plus près des Planetes de Mars & de Vénus , les attractions que ces deux Planettes exercent fur elle , contrebalancent

balancent en partie celle du soleil, & retardent par conséquent le chemin de la terre vers cet astre.

Les Cometes elles-mêmes trouvent leur route toute tracée par cette attraction ; & M. Newton ayant calculé selon ce principe, lorsque la Comete de 1680. parut, le chemin qu'elle devoit faire, eut la satisfaction de la voir répondre chaque jour aux points qu'il avoit marqués.

Les altérations que Jupiter, & Saturne, reçoivent dans leur cours, sont encore un effet calculé de cette attraction ; car lorsque ces deux puissantes Planettes se trouvent en conjonction, leur cours subit les changemens qui doivent résulter de leur attraction mutuelle; cette conjonction qui arrive rarement à cause du tems que ces deux énormes Globes mettent à faire leur révolution dans leur orbe, arriva du tems de M. Newton,& il les vit éprouver d'une façon sensible, les dérangemens qu'il avoit prévus & calculés.

Tous les Phénoménes astronomiques enfin qui paroissent presqu'inexplicables dans le sistême des tourbillons, ne semblent être que des corollaires nécessaires de l'attraction universelle répandue dans la matière ; car non-seulement cette attraction fait voir pourquoi une Planette tourne autour d'une autre, pourquoi la terre, par exemple, tourne autour de la terre ; mais elle fait voir aussi en combien de tems elle y
doit

doit tourner , & l'on prendroit fur cela les calculs pour des obfervations tant ils fe rapportent enfemble.

§. 389. Ce principe fi fécond dans l'Aftro-
mie, ne l'eft pas moins dans la plûpart des effets
qui s'opérent ici-bas , la péfanteur & la chute
des corps vers la terre, l'aplatiffement de la
terre vers les poles, & fon élevation à l'équateur fe déduifent auffi merveilleufement bien
de l'attraction en raifon renverfée du quarré
des diftances.

Les Newtoniens qui font de l'attraction une
propriété infeparable de la matiére , la veulent
faire régner par tout , mais quand ils veulent
expliquer par fon moyen , la cohéfion des corps,
les effets chimiques, les Phénoménes de la lumiére , &c. ils font obligés de fuppofer d'autres
loix d'attraction , que celle qui dirige le cours
des Aftres , & qui agit en raifon double inverfe
des diftances.

M. Newton en calculant les effets qui doivent réfulter des différentes loix poffibles d'attraction, a trouvé & démonfré : *que fi l'attrac-*
tion qu'un corps éprouve dans le contact eft beau-
coup plus forte que celle qu'il éprouve à toute
diftance finie , cette attraction décroît dans une
plus grande raifon que celle du quarré des dif-
tances ; & vice verfa.

Les Difciples de M. Newton, dont la plûpart
ont pouffé leurs conjectures beaucoup plus
loin

L'attrac-
tion
produit
auffi les
effets chi-
miques ,
la cohé-
fion des
corps , &c.

Mais alors
elle dé-
croît dans
une plus
grande rai-
fon , que
celle des
quarrés.

loin que lui en bien des chofes ont conclu de
ce théoréme, que puifque l'on ne peut attribuer
felon eux, ces Phénoménes à aucun fluide ambiant, ni aux mouvemens confpirans des parties des corps, ni à aucune caufe externe, il
falloit qu'il y eût entre les parties de ces corps
une force interne capable de les tenir unies enfemble ; & que puifque cette force augmente
à un tel point dans le contact qu'il devient
fenfible, & que les corps ne peuvent plus alors
être féparés qu'avec peine, il falloit que l'attraction qu'ils éxercent alors l'un fur l'autre, dé-
crut dans une plus grande raifon, que celledu
quarré des diftances.

On pourroit nier premiérement cette conclufion précipitée ; *qu'aucun fluide ambiant, ni*
les mouvemens confpirans des parties des corps
ne peuvent être la caufe de ces Phénoménes ; mais
je ne m'engagerai pas ici dans le détail des
Phénoménes & de leurs caufes méchaniques ;
mon but étant feulement de vous faire voir en
général, comment les Newtoniens prétendent
expliquer ces Phénoménes par l'attraction, &
quelles font les raifons qui doivent faire rejetter cette attraction, lorfqu'on la donne pour
caufe.

Les Newtoniens expliquent par cette attraction qu'ils fuppofent agir au moins en raifon
du cube des diftances, & qui eft fi puiffante
dans le contact, prefque tous les Phénoménes
qui nous entourent : ainfi, difent-ils, fi les par-

ties des corps cohérent enfemble, c'eft que fe
touchant par plufieurs points de leur furface,
l'attraction en raifon des cubes, qui feule agit
alors entr'elles d'une façon fenfible, les attache
fortement l'une à l'autre. Ainfi, les différentes
cohéfions, la dureté, la moleffe, la fluidité,
dépendent des différens dégrés de contact des
parties qui compofent les corps : voilà pourquoi
la poix ou quelqu'autre matiére gluante mife
entre deux corps, rempliffant les interftices qui
fe trouvent entre leurs parties, & uniffant
leurs furface, augmente leur cohéfion.

C'eft cette attraction qui fait que toutes les
goutes des fluides ont la forme fphérique, &
qu'elles s'aplatiffent du côté par lequel elles
touchent le fuport qui les foutient, & qu'elles
s'applatiffent plus ou moins felon que ce fuport eft plus ou moins attirant, c'eft-à-dire,
felon qu'il eft plus ou moins denfe ; & que les
parties du fluide qui compofe ces goutes, s'attirent plus ou moins fortement l'une l'autre ; c'eft
par la même raifon que la furface de l'eau con-
tenue dans un vafe eft concave, & que celle
du mercure y eft convexe ; car les parties de
l'eau s'attirant moins fortement l'une l'autre,
que les bords du vafe ne les attirent, s'élèvent
vers ces bords ; mais il arrive le contraire au
mercure par la raifon contraire.

C'eft cette
attraction
qui éleve
l'eau dans

L'afcenfion de l'eau dans les tubes capillaires,
fi difficile à expliquer dans les détails par la
preffion d'une matiére fubtile, eft une fuite de
l'attraction

l'attraction des parties du tube , plus puissante
sur l'eau, que l'attraction mutuelle que les parties de l'eau exercent les unes sur les autres ;
mais le mercure au contraire, ne monte jamais
dans les tubes capillaires, à cause de la densité de ses parties, dont l'attraction mutuelle est
supérieure à celle du verre : c'est encore, selon
eux, par ce même principe que l'huile monte
dans le coton d'une lampe , que l'encre s'attache à ma plume, que la séve circule dans les
plantes, &c.

La réfraction , & même la réfléxion de la
lumiére dans de certaines circonstances dépendent aussi, selon les Newtoniens, de cette attraction, en raison inverse du cube des distances : ainsi, le rayon se brise d'autant plus que
le milieu qu'il traverse est plus dense , parce
que ce milieu l'attire d'autant plus fortement ,
qu'il est plus dense ; le rayon se réfléchit à une
certaine obliquité d'incidence , en passant du
cristal dans l'air, parce qu'à une certaine obliquité , l'attraction du cristal sur le rayon est plus
puissante que son mouvement vertical ; par lequel il tend à pénétrer le cristal ; le rayon s'in-
fléchit en passant près des bords des corps, parce qu'à une très-petite distance les corps l'attirent sensiblement : enfin , le prisme sépare les
différens rayons , parce qu'il les attire chacun
différemment.

Les fermentations , les cristallisations , les
dissolutions, les effervescences , tous les effets

chimiques

chimiques enfin, font auffi foumis à cette attraction fi puiffante dans le contact, & M.
Frenid célébre Anglois a donné une chimie entiére fondée fur ce principe, mais comme les effets chimiques font infiniment com-
pliqués, on eft obligé de fuppofer fouvent des
loix nouvelles d'attraction, quand celles des
cubes n'eft pas fuffifante pour le détail des explications : ainfi, l'on eft obligé de faire varier les loix à mefure que les Phénoménes varient.

§. 390. Quelques Newtoniens fentant l'in-
convenient de fuppofer ainfi des loix d'attraction
felon les befoins, & à combien de reproches
cette facilité de créer de nouvelles loix de la nature pour chaque effet, les expofoit, ont imaginé d'expliquer tous les Phénoménes tant céleftes que terreftres, par une feule & même
attraction, qui agit comme une quantité al-
gebrique $\frac{a}{2x} + \frac{b}{2j} + $ &c. x marquant la diftance, c'eft-à-dire, (car vous n'entendez pas en-
core cette langue) comme le quarré, plus le
cube, plus, &c. à des diftances éloignées, comme par exemple, à celle des Planetes ; la partie de l'attraction qui agit comme le cube, eft
prefque nulle, & ne dérange qu'infiniment peu
l'autre partie de l'attraction, qui agit comme le
quarré, & d'où dépend l'éllipticité des orbites
(§. 348.)

Mais à des diftances très-petites, & dans le
contact

contaċt des corps, la partie de l'attraction qui
agit en raifon du cube, ou d'une plus grande
puiffance devient à fon tour très-forte, par
rapport à l'autre, qui eft alors prefqu'infenfible.

Cette explication eft affurément très-ingénieufe, & prévient bien des objections & des
reproches que l'on pourroit faire aux Partifans
trop zélés de l'attraction.

§.391. M. Keill, a mis à la fin de fon *Introduc-
tio ad veram Aftronomiam*, plufieurs propofitions,
par le moyen defquelles il prétend que l'on
pourroit déduire géometriquement la plûpart
des Phénoménes de cette attraction fi puiffante
dans le contaċt.

Selon ces propofitions, non-feulement la cohéfion & les effets chimiques font des fuites
de l'attraction; mais le reffort des corps & les
Phénoménes de l'électricité s'y trouvent auffi
foumis.

M. Keill, frere de celui dont je viens de
parler, a fait un traité de la fécretion animale,
qu'il explique auffi par l'attraction.

On trouve la fource de toutes ces applications de l'attraction dans les queftions que M.
Newton a mis à la fin de fon optique. Les difciples de ce grand homme ont cru que fes doutes même pouvoient fervir de fondement à leurs
hypothéfes: il faut avouer que quelques-unes de
ces hypothéfes font un peu forcées, & qu'il y
a bien de la différence pour la juftefle & la pré-

X 3   cifion

Ufage que Meffieurs Freind & Keill ont fait de ce principe d'attraction.

cifion entre les applications que l'on fait de l'attraction aux Phénoménes céleftes , & l'ufage que l'on en fait dans les autres effets dont je viens de parler ; auffi cet ufage de l'attraction n'eft-il pas auffi univerfellement reçu par les Newtoniens mêmes , que celui que l'on fait pour l'explication des Phénoménes aftronomiques.

§. 392. M. de Maupertuis eft de tous les Philofophes François , celui qui a pouffé le plus loin fes recherches fur l'attraction ; il donna en 1732. à l'Académie des Sciences un Mémoite , dans lequel il recherche la raifon de la préférence, que le Créateur a donné à la loi d'attraction, en raifon inverfe du quarré des diftances, qui a lieu dans les Phénoménes aftronomiques , & dans la chute des corps , fur les autres loix poffibles,qui femblent avoir eu un droit égal à être employées;& il trouve par fon calcul, que de toutes les loix qu'il a examinées , il n'y a que celle en raifon inverfe du quarré des diftances qui donne la même attractionpour le tout & pour les parties qui le compofent , & qui joigne à cet avantage celui de la diminution des effets avec l'éloignement des caufes; ces deux avantages de l'uniformité & de l'analogie , ont paru à M. de Maupertuis pouvoir être les raifons qui ont déterminé le Créateur à choifir la loi d'attraction , en raifon inverfe du quarré des diftances, par préférence à toutes les autres loix qu'il a parcourues.

Idée de M. de Maupertuis , fur la loi qui fait l'attraction dans notre fiftème planetaire.

Acad. des Sciences. 1732.

§. 393.

§. 393. La confidération des effets qui doivent réfulter de la loi d'attraction, en raifon
double inverfe des diftances, telle qu'elle a lieu
dans la nature, felon les Newtoniens, fait découvrir un Phénoméne bien fingulier, c'eft
que felon cette loi, dans l'intérieur d'une Sphére
creufe, il pourroit y avoir dans l'hipothéfe de
l'attraction en raifon double inverfe des diftances, un monde deftitué des Phénoménes de la
pefanteur, & dont les habitans iroient en tout
fens avec une égale facilité; car dans la concavité d'une furface fphérique, les parties de cette furface qui agiffent fur le corpufcule placé
dans un point quelconque de la concavité, ont
toujours des actions égales, la partie la plus
étroite exerçant fur le corpufcule, à raifon de
la plus grande proximité, une attraction, qui
contrebalance celle qui eft exercée par la plus
large, ces deux chofes, la diftance du corpufcule, & la longueur de la furface fphérique qui
agit fur lui, croiffant toujours en même proportion dans cette loi. Ainfi, felon ce fiftême,
dans une Sphére concave les corps ne feroient
point péfans, mais ils s'attireroient l'un l'autre
d'une façon très-fenfible, puifque leur attraction
mutuelle ne feroit point abforbée comme ici-
bas, par une attraction plus puiffante.

Le Mémoire de M. de Maupertuis, dont je
viens de parler eft comme tout ce que fait ce
Philofophe, plein de fagacité & de fineffe de

Phénomé-
ne fingu-
lier qui ré-
fulteroit de
l'attraction
en raifon
inverfe du
quarré des
diftances
dans une
Sphére
concave.

X 4   calcul

calcul, il n'y donne son opinion sur la raison de préférence de la loi inverse des quarrés sur toutes les autres, que comme un doute, mais ce sont assurément les doutes d'un grand homme.

§. 394. Si ce Philosophe avant de rechercher la raison de préférence d'une loi d'attraction sur une autre, avoit recherché la raison suffisante de l'attraction elle-même, il est vraisemblable qu'il auroit bien-tôt reconnu que cette attraction, telle que les Newtoniens la proposent, c'est-à-dire, en tant qu'on en fait une propriété de la matière, & la cause de la plûpart des Phénoménes, est inadmissible ; car selon les principes de M. de Maupertuis même, s'il y a eu une raison de préférence pour la loi d'attraction que Dieu a employée, il y en doit avoir eu une pour l'attraction elle-même.

Le principe de la raison suffisante fait voir que l'attraction n'est qu'un Phénoméne.

§. 395. Ce principe de la raison suffisante auquel vous avez vû dans le Chapitre premier qu'il est impossible de renoncer, détruit ce Palais enchanté fondé sur l'attraction; car soit le corps A. qui soit attiré par le corps B. selon une certaine loi à travers le vuide BA. le corps A. s'approchera du corps B. dans la direction AB. avec une vîtesse à tout moment accelerée, l'état du corps A. lorsqu'il se meut avec cette vîtesse accelerée, & dans une direction déterminée, est assurément différent de l'état précédent, c'est-à-dire

Planche 6. Fig. 36.

dire, de l'état de repos, dans lequel il étoit avant d'être transporté dans la Sphére d'activité du corps B. car le corps mû ne peut être substitué, sauf toutes les déterminations, à la place du corps en repos; il est donc arrivé un changement dans le corps A. ce changement a eu sa raison : ainsi, il faut chercher cette raison, ou dans le corps mû, ou hors de lui, & dans les Etres extérieurs qui agissent sur lui.

Cette raison n'est point dans ce corps, car ce corps A. qui étoit d'abord en repos, ne pouvoit se mouvoir de lui-même, ni se donner une certaine vîtesse & une certaine direction, étant par sa nature indifférent au mouvement, & au repos, & à toutes les directions & les vîtesses.

Cette raison n'est pas non plus hors de lui; car l'espace AB. étant vuide par supposition, & les Newtoniens excluant toute matiére subtile intermediaire, ou émanante du corps B. vers le corps A. il n'entre rien dans le corps A. qui soit parti du corps B. par où on puisse expliquer le changement qui s'est fait dans le corps A. Par conséquent ce corps A. n'a rien perdu, & n'a rien reçu, puisque rien n'y est entré, & que rien n'en est sorti, & que toutes ses déterminations internes sont les mêmes, que lorsqu'il étoit en repos : cependant il est arrivé un changement dans ce corps A. Ainsi, il faut dire, que ce changement n'a point eu de raison suffisante, & le Créateur même ne pourroit point

Fig. 16.

dire;

dire, (dans cette fuppofition) fi un corps qui
eft en repos, fe mouvra, & felon quelle loi,
en ne jugeant que fur ce qu'il peut voir & connoître dans ce corps même, & en faifant abftraction du corps attirant & ne voyant que le
corps attiré, & ce qui agit immédiatement fur
lui ; car on juge des changemens d'un corps,
par le changement de fes déterminations internes, par ee qui furvient de mutable à ce corps,
qui fait que fon état préfent eft différent de celui
qui l'a précédé. Ce font là les données du problême, par le moyen defquelles il faut aller
à ce que l'on cherche : or, on peut dire que dans
le fiftême de l'attraction, Dieu même ne pourroit réfoudre ce problême ; car toutes les déterminations du corps demeurant parfaitement les
mêmes, & aucune altération ne pouvant y fur-
venir du dehors, il eft abfolument impoffible,
même à Dieu, l'unique fondement de prédic-
tion étant ôté, de dire fi ce corps doit fe mouvoir, ou non, & quelle loi il fuivra dans fon
mouvement.

§. 396. On ne peut dire que Dieu pourroit
connoître ce qui arriveroit au corps dans la fuppofition préfente, en ce que l'attraction que l'on
fuppofe, étant une propriété appartenante à
toute la matiére, Dieu a pû prévoir ce qui doit
arriver en conféquence de cette propriété ; car
l'attraction fait mouvoir les corps avec une certaine vîteffe, & felon une eertaine direction :

*L'attrac-
tion ne
peut être
une pro-
priété in-
hérente, ni
donnée de
Dieu à la
matiére.*

oꝝ

or, cette direction, ni cette vîtesse ne sont point nécessaires, puisque cette attraction dirige ici-bas les corps graves vers le centre de la terre, & que dans la Lune, elle les fait tendre vers le centre de la Lune, & dans les autres Planetes vers les centres de ces Planetes, & qu'elle les y fait arriver plus ou moins vîte, selon la masse & le diametre de ces Planetes, comme M. Newton l'a fait voir.

Donc par la seule considération d'un corps, & de ce qui agit immédiatement sur lui, Dieu même ne pourroit prévoir quelle seroit en vertu de son attraction, sa direction, ni sa vîtesse, puisque cette vîtesse est différente dans les différentes Planetes, & diversement altérée dans la même Planete, suivant les différens éloignemens du corps au centre de cette Planete.: or, la direction & l'accélération d'où résulte le degré de vîtesse étant variables, & la cause que l'on leur assigne, c'est-à-dire, l'attraction ne pouvant rendre raison de l'un ni de l'autre, il suit clairement que cette cause n'est point une cause recevable, puisqu'elle ne contient rien par où un Etre intelligent puisse comprendre pourquoi la vîtesse & la direction qui sont ici les déterminations de l'Etre qu'on considére, sont plûtôt telles que tout autrement; car c'est elle seule qui distingue une cause suffisante d'une cause insuffisante (v. chap. 1ʳ. §. 9. & 10.)

Il suit de tout ce qu'on vient de dire, que puisque la direction & la vîtesse qui résultent

de

de l'attraction sont variables , l'attraction n'est point une propriété de la matiére ; car les propriétés étant fondées dans l'essence sont nécessaires comme elle , (v. ch. 3.) or le nécessaire ne peut-être possible que d'une seule maniére; de plus., l'attraction ne découle point de l'essence de la matiére ; ainsi, elle ne peut point être , non plus que la pensée, un attribut donné de Dieu à la matiére ; car on a vu dans le ch. 3. que les propriétés sont incommunicables, & ne peuvent point être transplantées dans les sujets par la simple volonté de Dieu , étant absolument contraire au principe de la raison suffisante que les essences soient arbitraires: or, puisque l'attraction ne peut point être essentielle à la matiére, qu'elle ne découle point de son essence , il s'ensuit que Dieu n'a pu lui donner cette propriété.

§. 397. On ne peut donc se dispenser de reconnoître, que l'attraction, si on entend par ce mot autre chose qu'un Phénoméne , dont on cherche la cause, seroit absolument sans raison suffisante.

§. 398. Puisque tout ce qui est , doit avoir une raison suffisante pourquoi il est ainsi plûtôt qu'autrement, la direction & la vîtesse imprimées par l'attraction, doivent donc trouver leur raison suffisante dans une cause externe, dans une matiére qui choque le corps, que l'on regarde comme attiré , & qui détermine par son action

la

la direction & la vîtesse de ce corps, auquel ces déterminations sont indifférentes par lui-même. Ainsi, il faut chercher par les loix de la Mécanique une matiére capable par son mouvement de produire les effets que l'on attribue à l'attraction.

§. 399. De sçavoir si celle que Messieurs Descartes, Hughens, & autres ont supposé, suffit pour satisfaire à tous les Phénoménes, c'est encore un problème ; mais quand même aucune de ces matiéres n'y satisferoit, la vérité n'en souffriroit rien, & il n'en sera pas moins constant que tous ces effets doivent être opérés par des causes méchaniques, c'est-à-dire, par la matiére, & le mouvement.

Un défaut dans lequel quelques Anglois trop zélés pour l'attraction, sont tombés, c'est de faire de toutes les objections contre les tourbillons des démonstrations en leur faveur. Ainsi, quand ils ont détruit quelques-unes des explications méchaniques que l'on a tâché de donner aux Phénoménes qu'ils attribuent à l'attraction, ils en concluent, *qu'il faut donc attribuer tous ces effets à l'attraction de toute la matiére* ; mais cette conclusion n'est nullement légitime ; car c'est faire un saut dans le raisonnement, ce qui n'est pas permis en bonne logique.

Keill's Animal Secretion.

Je ne vous parlerai point des observations que Monsieur Bouguer vient de faire dans la Montagne de Simbolasso au Perou, sur le fil à plomb des Instrumens Astronomiques,

Expérience faite au Perou par M. Bou-

car

car n'étant point données encore au Public, on n'en peut rien fçavoir, finon que M. Bouguer a crû appercevoir d'une manière fenfible une déviation dans la direction du fil à plomb de fon Quart de cercle, & qu'il a attribué ce dérangement à l'attraction : mais la juftefle de cette expérience dépend des plus petites différences, fuivant M. Bouguer même ; il peut s'y mêler des circonftances étrangéres, qui doivent fe dérober à l'exactitude, & à la perfpicacité de l'obfervateur, en un mot M. Bouguer ne propofe point fes obfervations comme abfolument décifives, il les donne pour avertir qu'on les répete, & qu'on faffe attention aux erreurs qui pourroient peut-être retomber de ce côté-là, fur la mefure de la terre ; mais quand même cette obfervation feroit hors de tout doute, il refteroit encore à examiner, fi quelque matiére fubtile n'eft point la caufe de ce Phénoméne ; car rien n'eft moins

concluant en faveur de l'attraction, que de faire voir que telle ou telle explication méchanique d'un Phénoméne ne peut fubfifter : il viendra peut-être un tems où l'on expliquera en détail les directions, les mouvemens, & les combinaifons des fluides, qui opérent les Phénoménes, que les Newtoniens expliquent par l'attraction, & c'eft une recherche dont tous les Phyficiens doivent s'occuper.

CHAP.

CHAPITRE XVII.

Du repos, & de la chute des Corps sur un plan incliné.

§. 400.

L'Action de la gravité est toujours uniforme, & toujours dirigée perpendiculairement vers le centre de la terre (§. 303. & 338.) Ainsi, lorsqu'un Corps qui tombe vers la terre change sa direction ou son mouvement, il faut nécessairement que quelque cause étrangére se soit mêlée à l'action de la gravité sur lui.

Par quelles causes un Corps qui tombe vers la terre, change sa direction.

§. 401. Ces causes étrangéres peuvent être

actives

actives ou paſſives; les cauſes actives ſont celles qui impriment un nouveau mouvement aux
corps, comme lorſque je jette une pierre qui
ſeroit tombée par la ſeule force de ſa gravité.

Les cauſes paſſives ſont celles qui n'impriment
aucun nouveau mouvement au corps, mais qui
changent ſeulement ſa direction.

Les plans inclinés, c'eſt-à-dire, les ſuperfi-
cies planes, qui font un angle oblique avec
l'horiſon, ſont des cauſes paſſives qui changent
la direction du corps ſans lui imprimer aucun
mouvement.

§. 402. Si ces plans étoient paralleles ou perpendiculaires à l'horiſon, ils ne changeroient
point la direction des corps qu'on y auroit
placés; mais dans le premier cas ils oppoſeroient
un obſtacle invincible à la deſcente de ce corps,
comme le plan AB. au corps P. car ce corps étant
entierement ſoutenu par le plan y reſteroit en
repos toute l'éternité, à moins que quelque
cauſe extérieure n'agît ſur lui pour le tirer de
ce repos.

Dans le ſecond cas, c'eſt-à-dire, ſi le
plan étoit perpendiculaire à l'horiſon comme
dans la Figure 38. il n'apporteroit aucun obſtacle à la chute du corps P. & ce corps deſcendroit
vers la terre le long de ce plan, de même que ſi
ce plan n'y étoit pas, (en faiſant abſtraction du
frottement) car l'action de la gravité étant toujours dirigée perpendiculairement à l'horiſon,
le plan vertical A. B. ne peut apporter aucun
obſtacle à ſon action.

Fig. 38.

§. 403.

§. 403. Mais lorſque ce plan eſt incliné à l'horiſon, comme dans la Figure 39. alors il s'oppoſe en partie à la deſcente du corps vers la terre.

Les corps qui tombent par un plan incliné, ont donc une gravité abſolue ; & une gravité reſpective, c'eſt-à-dire, diminuée par la réſiſtance du plan.

Leur gravité abſolue eſt la force avec laquelle ils deſcendroient perpendiculairement vers la terre, ſi rien ne s'oppoſoit au mouvement qui les y porte, & leur gravité reſpective eſt cette même force diminuée par la réſiſtance du plan.

La ligne AC. perpendiculaire à l'horiſon, s'appelle la hauteur du plan.

§. 404. La ligne AB. oblique à l'horiſon, s'appelle la longueur du plan.

§. 405. La ligne BC. qui eſt paralelle à l'horiſon, s'appelle la baſe du plan, & l'angle ABC. que le plan AB. fait avec l'horiſon, s'appelle l'angle d'inclinaiſon de ce plan.

§. 406. La gravité reſpective d'un corps dans un plan incliné, eſt à ſa gravité abſolue, comme la longueur du plan eſt à la hauteur ; car ce plan ne s'oppoſe à la deſcente perpendiculaire du corps, & ne diminue par conſéquent

Les plans inclinés changent la direction des corps en s'oppoſant à leur chute.

Fig. 39.

Défini-tions.

Fig. 39.

Tome I. X

fa gravité abfolue qu'autant qu'il eft incliné à l'horifon, puifque s'il y étoit perpendiculaire, il ne s'y oppoferoit point du tout (§. 401.) Donc plus ce plan eft incliné à l'horifon, ou ce qui eft la même chofe, moins il a de hauteur, plus le corps eft foutenu par le plan, & moins il a par conféquent de gravité refpective: donc la gravité refpective de ce corps fur ce plan, eft à fa gravité abfolue, comme la hauteur du plan eft à fa longueur.

La gravité refpective eft à la gravité abfolue dans un plan incliné, comme la hauteur du plan eft à fa longueur.

Fig. 40.

§. 407. La gravité refpective du même corps fur des plans différemment inclinés, eft comme l'angle d'inclinaifon de ces plans, car plus cet angle augmente, plus la gravité refpective du corps eft grande, & au contraire.

Ainfi, la gravité refpective du corps P. eft plus grande fur le plan AD. que fur le plan AC. car l'angle ADB. eft plus grand que l'angle ACB.

§. 408. Si l'angle de l'inclinaifon devenoit un angle droit, la gravité refpective fe confondroit avec la gravité abfolue, à laquelle elle feroit égale; car alors le plan ne réfiftant point à la chute du corps, il ne diminueroit point fa gravité abfolue.

§. 409. Si cet angle devenoit nul, la gravité deviendroit auffi nulle, & le corps n'auroit plus aucune tendance à fe mouvoir le long du plan, lequel

lequel seroit alors horisontal, & si cet angle devenoit infiniment petit, la gravité respective de ce corps deviendroit infiniment petite.

§. 410. Un plan incliné ne peut par lui-même empêcher le corps qui est posé sur lui de descendre vers la terre, il ne peut que retarder sa chûte : ainsi, afin qu'un corps reste en repos sur un plan incliné, il faut que quelqu'autre force que la résistance du plan l'y soutienne.

Du repos des corps sur un plan incliné.

§. 411. Un corps qui reste en repos sur un plan incliné est tenu en équilibre par deux puissances qui contrebalancent sa gravité absolue. 1°. La résistance du plan qui agit, selon la ligne BD, perpendiculaire à ce plan; car le plan étant pressé selon cette ligne par le poids P. presse ce poids selon la même direction, à cause de l'égalité de l'action & de la réaction. 2°. La force extérieure qui soutient le corps, sur le plan.

Comment un corps peut-être tenu en équilibre sur un plan incliné. Fig. 411.

§. 412. La résistance du plan reste toujours la même dans un même plan, mais la direction de la puissance qui soutient le corps sur ce plan peut changer, & il faut que cette force soit différente dans ses différentes directions pour empêcher les corps de tomber; car elle soutient plus ou moins dans les directions différentes.

Quelle proportion la force qui soutient le corps sur un plan incliné, doit avoir au poids dans les différentes directions.

§. 413. Si la puissance qui soutient le corps sur

Y 2   le

Fig. 42. le plan eſt verticale comme la puiſſance S·P. il faut qu'elle ſoit égale au poids du corps; car alors elle le ſoutient tout entier, & le plan incliné n'eſt plus compté pour rien.

Fig. 43. §. 414. Cette puiſſance devra être d'autant moindre que ſa direction s'éloignera plus de la direction verticale, en ſorte que quand cette direction ſera paralelle au plan incliné comme dans la Fig. 43. pour que ce corps P. ſoit ſoutenu ſur le plan AB. il faudra que la puiſſance S. ſoit au poids du corps P. comme la hauteur du plan eſt à ſa longueur, c'eſt-à-dire, comme la gravité reſpective de ce corps à la gravité abſolue; car la gravité reſpective de ce corps eſt la ſeule choſe que cette puiſſance ait à contrebalancer dans cette direction.

Cette direction parallele au plan, eſt celle dans laquelle la puiſſance qui ſoutient le corps doit être la plus petite; car alors la réſiſtance du plan agit entiérement, & par conſéquent la puiſſance qui empêche le corps de tomber a d'autant moins à ſoutenir.

§. 415. A meſure que la direction de la puiſſance qui ſoutient le corps, s'éloigne du paralleliſme au plan, cette puiſſance doit être plus grande pour empêcher le corps de tomber, en ſorte qu'elle doit être plus grande dans la direction OP. que dans la direction SP. juſqu'à ce

Fig. 44. & 45. qu'enfin ſi elle devenoit perpendiculaire au plan comme

Fig. 44

comme la puiſſance K P. elle ne pourroit plus, quelque grande qu'elle fût, empêcher le corps de tomber le long du plan ; car elle n'auroit que la même action que le plan AB. lui-même, & par conſéquent elle ne pourroit empêcher le corps de tomber le long de ce plan.

§. 416. Enfin, cette puiſſance pourroit être infiniment petite, ſi le plan étoit infiniment peu haut, ce qui n'a pas beſoin d'être prouvé.

Fig. 46

§. 417. Si le poids L. (que je ſuppoſe être la puiſſance qui ſoutient le corps P. ſur le plan AB:) ſi le poids L. dis-je, au lieu de tenir le corps P. en équilibre ſur le plan AB. le faiſoit monter parallelement le long de ce plan, tandis qu'il deſcendroit lui-même perpendiculairement le long de la ligne AC. la hauteur dont le poids P. montera, ſera à celle dont le poids L. deſcendra, comme la hauteur du plan eſt à ſa longueur ; car ſuppoſé que le poids L. ait fait monter le poids P. de B. en R. dans le plan AB. c'eſt comme ſi ce poids P. étoit monté perpendiculairement de la hauteur RH. mais le poids L. qui deſcend perpendiculairement eſt deſcendu de la hauteur entiére BR. or à cauſe des triangles ſemblables RBH: ABC. RH. eſt à BR. comme AC. eſt à AB. (Euclide Liv. 6. prop. 4.) Donc la hauteur dont le poids P. eſt monté, eſt à celle dont le corps L. eſt deſcen-

du , comme la hauteur du plan est à sa longueur , & les hauteurs ausquelles ces deux poids
monteront & descendront feront en raison réciproque de leur poids.

Pourquoi il est plus difficile de monter une montagne, que de marcher dans une plaine.

§. 418. Il est aisé de voir par tout ce qui
vient d'être dit, pourquoi un carosse monte plus
difficilement une montagne qu'il ne roule sur
un terrain horisontal ; car il faut que les che-
vaux soutiennent pendant qu'ils montent une
partie du poids du carosse , lequel est à son
poids total, comme la hauteur perpendiculaire
du plan, c'est-à-dire, de la montagne, est à sa
longueur ; & c'est par la même raison que l'on
roule plus aisément sur un terrain uni, que sur
le terrain raboteux ; car les inégalités du terrain sont autant de petits plans inclinés.

Fig. 47.

§. 419. Deux corps P. & S. qui se tiennent
en équilibre sur des plans inégalement inclinés , mais dont la hauteur est la même , sont
entr'eux comme la longueur des plans , sur
lesquels ils s'appuyent ; car ils sont alors l'un
pour l'autre ce que seroient des poids qui les
tiendroient en repos sur ces plans , & dont la
direction seroit parallele à ces plans (§. 414.)

De la chute des corps par un plan incliné.

Fig. 48.

§. 420. Lorsqu'aucune force ne retient les
corps posés sur un plan incliné , ils descendent
nécessairement vers la terre le long de ce plan
(§. 410.) & le mouvement du corps peut-être
alors

alors confidéré comme un mouvement compofé, & le plan dans lequel il defcend comme
la diagonale du parallelogramme formé fur les
deux directions compofantes, fçavoir, la perpendiculaire vers la terre, que la gravité imprime à tout moment aux corps, & l'horifontale caufée par l'inclinaifon du plan.

§. 421. Mais cette réfiftance du plan qui imprime au corps la direction horifontale, ne lui
imprime aucun mouvement, puifque fi elle
avoit fon effet entier, cet effet feroit le repos
du corps; elle ne fait donc réellement que retarder le mouvement que la gravité imprime
aux corps, & changer la direction de ce mouvement.

§. 422. Ainfi, les corps en defcendant dans
un plan incliné, n'ont d'autre mouvement que
celui que la gravité leur imprime fans ceffe pour
arriver au centre de la terre.

§. 423. Puifque les corps defcendent dans
un plan incliné par la feule force de leur gravité, ils y defcendent donc d'un mouvement
également accéléré; car la raifon de la gravité
refpective à la gravité abfolue d'un corps fur
un plan incliné étant toujours comme la hauteur du plan à fa longueur (§. 406.) & la gravité agiffant toujours uniformément, le corps
doit fe mouvoir d'un mouvement également

Y 4 accéléré.

accéléré , en defcendant dans le plan incliné pendant tout le tems qu'il y defcend.

Les corps fuivent les mêmes loix dans leur chute par un plan incliné que dans leur chute perpendiculaire.

§. 424. La defcente des graves dans un plan incliné fuit donc les mêmes loix que leur chute perpendiculaire : ainfi, les efpaces qu'ils parcourent dans le plan incliné font comme les quarrés de leurs tems, ou de leurs vîteffes ; l'efpace qu'ils parcourent d'un mouvement accéléré eft égal à l'efpace qu'ils parcourcroient d'un mouvement uniforme pendant un tems égal, & avec la moitié des vîteffes acquifes pendant l'accélération ; & enfin les efpaces parcourus dans les tems égaux & fucceffifs de la chute croiffent comme les nombres impairs 1. 3. 5 .7. &c. (ch. 13.§. 306.)

Mais les efpaces qu'ils parcourent, & les vîteffes qu'ils acquerent,ne font pas égales en tems égal.

§. 425. Mais fi les corps fuivent dans leur chute par les plans inclinés les mêmes proportions que dans leur chute perpendiculaire, les vîteffes qu'ils y acquerent, & les efpaces qu'ils parcourent ne font pas égaux en tems égaux, aux vîteffes qu'ils acquerent & aux efpaces qu'ils parcourent, lorfqu'ils defcendent perpendiculairement.

§. 426. La vîteffe d'un corps qui tombe dans un plan incliné eft l'effet de fa gravité refpective, & fa vîteffe dans un plan perpendiculaire eft celui de fa gravité abfolue ; ces vîteffes doivent donc être différentes, puifque les caufes qui

qui les produifent font différentes.

La vîteffe que le corps acquert en tombant dans un plan incliné, eft donc à la vîteffe qu'il acquert en tombant perpendiculairement en un tems égal, comme la hauteur du plan eft à fa longueur, c'eft-à-dire, comme la gravité refpective & la gravité abfolue qui produifent ces vîteffes, font entr'elles (§. 406.) & ces vîteffes confervent entr'elles la même raifon pendant tous les tems égaux de la chute.

Les vîteffes dans le plan incliné, font aux vîteffes perpendiculaires en tems égal, comme la hauteur du plan à fa longueur.

§. 427. Voilà pourquoi Galilée fe fervit du plan incliné pour découvrir les loix que les corps fuivent dans leur chute; car les corps obfervant les mêmes proportions dans leur chute oblique, & dans leur chute perpendiculaire, & leur chute oblique s'operant plus lentement, il lui étoit plus aifé de difcerner les efpaces que les corps parcouroient, lorfqu'ils tomboient par un plan incliné, que lorfqu'ils tomboient perpendiculairement.

Ainfi, les corps tombent plus lentement dans un plan incliné, que par une ligne perpendiculaire.

§. 428. Les efpaces que le corps parcourt en tombant dans un plan incliné font à ceux qu'il parcoureroit en tombant perpendiculairement dans un tems déterminé, comme la vîteffe du corps dans le plan incliné, eft à la vîteffe perpendiculaire au bout de ce tems, c'eft-à-dire, comme la hauteur du plan eft à fa longueur.

§. 429. Si de l'angle rectangle que la hauteur

Fig. 49.

teur perpendiculaire du plan fait toujours avec
l'horifon, on tire une ligne BD. perpendiculaire au plan incliné AC. la ligne AD. sera à la
ligne AB. comme la ligne AB. est à la ligne AC.
(Euclide Liv. 6. prop. 8.) Or, on vient de voir
que l'espace parcouru dans le plan incliné est
à la chute perpendiculaire dans le même tems,
comme la hauteur du plan est à sa longueur. Le
corps parcourera donc dans le plan incliné l'espace AD. dans le même tems dans lequel il
tomberoit perpendiculairement' de A. en B.
puisque la ligne AD. est à la ligne AB. comme
la hauteur du plan est à sa longueur, & il n'y a
dans le plan AC. que cet espace AD. qui puisse
être parcouru en même tems que l'espace AB.
car il n'y a dans le plan incliné ABC. que cet
espace AD. qui puisse être à l'espace AB. comme AB. est à AC. (Euclide Liv. 6. prop. 8.)

§.430. Ainsi, lorsqu'on connoît l'espace qu'un
corps parcoureroit dans sa chute perpendiculaire en un tems donné, on connoît celui qu'il
parcoureroit dans le même tems dans un plan
incliné, dont cette chute perpendiculaire seroit
la hauteur en tirant de l'angle droit formé par
la ligne verticale, & par l'horisontale une ligne
perpendiculaire au plan incliné.

§. 431. C'est de cette proposition que l'on
tire cette autre-ci qui est d'un usage très-éten-
du, sçavoir : *Que dans un cercle dont le diame-*
tre

*tre est perpendiculaire à l'horison , la chute d'un
corps par une corde quelconque menée des extrêmités du diametre à la circonférence , se fait en
un tems égal à celui dans lequel le corps parcoureroit le diametre entier.*

Dans le cercle ABC. le diametre AB. perpendiculaire à la ligne horifontale L M. peut
être confidéré comme la hauteur des plans inclinés AM. AG. or les angles ARB. AKB. font
droits (Eucl.Liv. 3. prop. 3 1.) Ainfi, les lignes
BK. BR. font perpendiculaires aux plans inclinés AM. AG. & par conféquent les corps qui
tomberoient du point A. arriveroient en même
tems en R. en K. & en B.

On prouvera de la même façon que le corps
doit parcourir les cordes KB. RB. dans le même tems dans lequel il parcoureroit le diametre AB. car on peut mener par le point A. les
cordes AF. AH. égales & paralleles aux cordes RB. KB. or ces cordes AF. AH. feront parcourues dans le même tems que le diametre
AB. (par la §. 43 1.) Donc les cordes RB. KB.
qui leur font égales & paralleles, feront auffi
parcourues dans le même tems que ce diametre
AB.

§. 43 2. Il fuit évidemment de cette propofition que le point dans lequel la ligne tirée
perpendiculairement de l'angle droit au plan
incliné rencontre le plan , eft dans la circonférence du cercle, dont la hauteur du plan eft
le diametre.　　　　　　　　　　§. 43 3.

Les corps parcourent en tems égal toutes les cordes d'un cercle dont le diametre eft perpendiculaire à l'horifon.
Fig. 50.

Fig. 50.

§. 433. Ainſi dans un cercle dont le diametre eſt perpendiculaire à l'horiſon, toutes les
cordes tirées des extrêmités de ce diametre
à la circonférence, ſont parcourus ainſi que le
diametre lui - même dans un tems égal, &
les corps étant abandonnés à eux-mêmes, ar-
riveront en même tems au point B. ſoit qu'ils
partent du point R. ou du point K. ou du
point O. ou du point A. ou enfin d'un point
quelconque de la circonférence ABC. car chacune de ces cordes peut être conſidérée comme
des parties de pluſieurs plans inclinés, dont
le diametre AB. eſt la hauteur.

Fig. 55.

La raiſon pour laquelle toutes les cordes ſont
parcourues en tems égal, c'eſt qu'elles ſont
d'autant plus inclinées qu'elles ſont plus courtes, & d'autant plus verticales, qu'elles ſont
plus longues.

§. 434. Le tems qu'un corps employe à tomber par un plan incliné eſt d'autant plus long que
ce plan eſt plus incliné, & ce tems eſt au tems
de la chute perpendiculaire comme la longueur
du plan eſt à ſa hauteur.

§. 435. Ainſi, les tems de la chute d'un
corps par des plans differemment inclinés, mais
dont la hauteur eſt la même, ſont comme
les longueurs de ces plans, ce qui n'a pas
besoin.

beſoin de preuve après ce qui vient d'être dit.

§. 436. J'ai dit (à la §. 425.) que les vîteſſes acquiſes dans le plan incliné, n'étoient pas égales aux vîteſſes que le corps auroit acquis en tombant perpendiculairement pendant le même tems, mais ce qui eſt vrai dans les tems partiaux de la chute, ne l'eſt plus dans le tems total: car dans les parties de la chute, on compare les vîteſſes acquiſes dans la chute oblique pendant un tems quelconque, aux vîteſſes que le corps acquereroit en tombant perpendiculairement pendant le même tems; mais dans la chute totale, on compare les vîteſſes acquiſes dans les tems totaux des deux chutes, l'oblique, & la perpendiculaire. Or, ces tems ſont inégaux, puiſqu'ils ſont entr'eux comme la longueur & la hauteur du plan ſont entr'elles. Ainſi, les vîteſſes de deux corps, dont l'un tomberoit perpendiculairement, & l'autre par un plan incliné, ſeroient égales à la fin de leur chute, quoiqu'elles fuſſent inégales dans un tems quelconque de la chute: ainſi, dans le plan incliné ABC. l'eſpace AB. & l'eſpace AD. ſont parcourus dans le même tems, mais la vîteſſe que le corps a acquis au point B. & au point D. n'eſt pas égale, la vîteſſe acquiſe au point B. eſt à celle que le corps a acquis en D. comme AC. à AB. c'eſt-à-dire, comme la longueur du plan eſt à ſa hauteur.

Les vîteſſes acquiſes à la fin de la chute perpendiculaire & de la chute oblique, ſont égales, mais les tems de ces chutes ſont inégaux.

Fig. 42.

Mais

Mais lorfque le corps eft arrivé en D. & qu'il continue à tomber de D. en C. fa vîteffe croît en même raifon que le tems de fon mouvement: ainfi, la vîteffe acquife en C. eft à la vîteffe acquife en D. comme AC. à AD: ou à AB: c'eft-à-dire, comme la longueur du plan eft à fa hauteur, puifque les vîteffes croiffent comme les tems, (§. 434.) Les vîteffes acquifes en B. & en C. font donc égales, puifqu'elles font l'une & l'autre à la vîteffe acquife en D: comme AC. à AB.

Cette propofition n'eft pas du nombre de celles dans lefquelles la géométrie perfuade l'efprit prefque malgré lui; car il eft aifé de fentir que la force par laquelle le corps tend à defcendre vers la terre, étant la feule qui le fâffe defcendre dans le plan incliné, quand cette force a eu tout fon effet, elle doit avoir communiqué au corps la même vîteffe, quelque foit le chemin par lequel il foit tombé: ainfi, le corps a acquis la même vîteffe, lorfqu'il a atteint l'horifon, foit qu'il y foit parvenu par une ligne perpendiculaire, ou par un plan incliné, ou par plufieurs plans inclinés contigus, pourvû qu'il foit tombé de la même hauteur perpendiculaire.

§. 437. Il fuit de là, qu'un corps qui eft tombé perpendiculairement de L. en I. a acquis la même vîteffe que s'il étoit tombé de H. en I. ainfi

Fig. 51.

ainfi, s'il continuoit de tomber de I. en K. par le plan incliné I K. fon mouvement feroit le même que s'il étoit tombé de H. en K.

Mais comme fon mouvement eft plus lent par le plan incliné I K. que par le plan perpendiculaire I M. (§. 426.) un corps qui tomberoit de L. en I. puis de I. en K. arriveroit plus tard à l'horifon en K. que s'il y étoit arrivé par le plan perpendiculaire L M. quoique par l'un & par l'autre chemin il ait acquis la même vîtelle; car il a employé cette vîtelle à parcourir un efpace plus long dans le premier cas que dans le fecond.

§. 438. Ainfi, un corps en defcendant par le plan incliné L M. aura acquis la même vîtelle en M. que s'il étoit tombé de I. en M. ou de Q. en G. & fi étant arrivé en M. il continuoit fon chemin le long du plan incliné M N. il auroit la même vîtelle en N. que s'il étoit tombé de Q. en N. ou de Q. en P. & fi étant arrivé en N. il continuoit encore fon chemin par N O. il auroit acquis en O. la même vîtelle, que s'il étoit tombé de Q. en R. Ainfi, un corps qui tombe par plufieurs plans inclinés contigus comme L M. M N. N O. aura acquis, lorfqu'il fera parvenu à l'horifon la même vîtelle, que s'il étoit tombé de la hauteur perpendiculaire de ces plans répréfentée par la ligne Q R. en fuppofant que

Fig. 524

Une courbe peut être confidérée comme une infinité de plans inclinés contigus.

dans

dans les changemens de direction en M. &
en N. il n'y ait eu aucun frottement qui ait
diminué la vîtesse du corps.

§. 439. Une courbe n'étant autre chose
qu'une infinité de plans inclinés contigus infiniment petits , les corps en descendant dans
la courbe QH. acquereroient la même vîtesse
que s'ils étoient tombés de Q. en R.

*Les corps
suivent
dans les
courbes les
mêmes
loix que
dans les
plans incli-
nés.*

§. 440. Lorsque les angles d'inclinaison de
deux plans sont égaux, ils sont également inclinés, quoique leur hauteur & leur longueur
soient différentes, car leur inclinaison dépend
de l'angle qu'ils font avec l'horison , & non de
leur hauteur ou de leur longueur.

*Fig. 53.
& 54.*

Les plans également inclinés A B C. a b c.
ayant l'angle d'inclinaison B. & b. égal par
supposition , & l'angle en C. & en c. étant
droit dans l'un & dans l'autre , ces plans forment des triangles semblables , dont les côtés
font proportionnels (Euclide Liv. 6. prop. 4.)
ainsi, A B. est à a b. comme A C. est à a c.
Dans les plans également inclinés , les hauteurs font donc proportionnelles aux longueurs ; & si deux corps descendent dans
deux plans ou dans plusieurs plans contigus
également inclinés , les tems qu'ils employe-
ront à tomber par ces plans, seront entr'eux
en raison sous-double de leur longueur, ce
qui

qui n'a pas beſoin de preuve, puiſque ces tems ſont toujours en raiſon ſous-double des eſpaces parcourus (§. 315. n°. 2°.)

§. 441. Si au lieu de plans contigus on imagine deux courbes compoſées de plans inclinés infiniment petits, les tems de la chute dans les deux courbes ſeront dans la même raiſon que dans les plans également inclinés.

§. 442. Il ſuit de tout ce qui a été dit dans ce Chapitre, que les corps en tombant par une ſuperficie quelconque, ſoit courbe, ſoit inclinée, acquierent la vîteſſe néceſſaire pour remonter à la même hauteur, ſi leur direction venoit à être changée, ſans que leur vîteſſe fût diminuée, ſoit qu'ils remontaſſent par la même ſurperficie, ou par quelque autre dont la hauteur fût la même; car les corps en tombant par un plan incliné ſuivent les mêmes loix qu'en tombant perpendiculairement : or dans la chute perpendiculaire les corps acquierent des vîteſſes capables de les faire remonter à la même hauteur dont ils ſont deſcendus, & ces vîteſſes leur ſont ôtées en remontant de la même façon qu'elles leur avoient été imprimées en deſcendant, & c'eſt là la cauſe de l'oſcillation des Pendules, dont je vais vous parler dans le Chapitre ſuivant.

Les corps acquierent dans les plans inclinés la vîteſſe néceſſaire pour remonter à la même hauteur, dont ils ſont tombés.

CHAPITRE XVIII.

De l'Oscillation des Pendules.

§. 443.

Ce que c'est qu'un Pendule.

UN Pendule est un corps grave, suspendu à un fil, & attaché à un point fixe autour duquel il peut se mouvoir par l'action de la gravité, lorsqu'on l'a mis une fois en mouvement.

Quelle est la cause de ses vibrations.

Fig. 56.

§. 444. Si le corps P. suspendu à un fil BP. est attaché au point immobile B. & qu'étant tiré de la position BP. perpendiculaire à l'horison, il soit élevé en C. par exemple, & ensuite abandonné à lui-même, il est certain qu'il descendra vers la terre par la force de sa gravité, autant qu'il lui sera possible.

Si ce corps étoit entiérement libre, il suivroit la ligne perpendiculaire CL. mais étant attaché en B. par le fil BP. il ne peut obéïr qu'en partie à l'effort de la gravité qui le porte dans cette ligne CL. ainsi, il est contraint de descendre par l'arc CP.

Le corps P. en tombant de C. en P. par l'arc CP. a acquis la même vîtesse, que s'il étoit tombé de la hauteur perpendiculaire EP. & par conséquent il a la vîtesse nécessaire pour rémonter à cette même hauteur, par la même courbe en tems égal, supposé que quelque cause change sa direction sans altérer sa vîtesse (§. 319. *n°*.1°.) Cette cause, qui change la direction que la gravité imprime au corps P. est le fil BP. car lorsque le corps est arrivé en P. il ne peut plus descendre vers la terre ; cependant il conserve toute la vîtesse, que la gravité lui avoit imprimée de C. en P. Or, si dans ce moment la gravité cessoit d'agir sur le corps , & qu'il ne fût plus retenu par le fil BP. il suivroit la ligne droite PD. tangente du cercle CP. dans lequel le corps se meut (premiere loi §. 229.) ; mais le fil BP. opposant au point P. un obstacle invincible à sa gravité, le corps tend à s'échapper par la tangente PD. dont le fil BP. le rétire au premier moment pour lui faire commencer une autre tangente , dont il est à tout moment retiré : ainsi, le fil BP. faisant changer à tout mo-

Z z   ment

ment de direction à ce corps, il lui fait parcourir l'arc du cercle P R. & cet arc P R. est égal à CP. car ce corps par la force acquise en tombant de C. en P. doit remonter à la même hauteur d'où il étoit tombé , puisque la gravité lui ôte de P. en R. tout ce qu'elle lui avoit donné de C. en P. (§. 318.)

C'est de la même maniére à peu près que les corps célestes font leur révolution dans des courbes autour du Soleil sans tomber dans cet astre, comme je l'expliquerai en parlant de l'Astronomie.

Lorsque le corps P. est arrivé en B. toute la force qu'il avoit pour remonter étant consumée , il tombera de nouveau en P. par la pesanteur, d'où il remontera en C. & ainsi de suite. Cette allée & ce retour du Pendule BP. de C. en P. & de P. en R. est ce qu'on appelle les oscillations , les vibrations de ce Pendule, dont on voit que la pesanteur est l'unique cause.

Fig. 56.

Ce que c'est qu'une vibration.

Les Pendules dans leurs vibrations décrivent des arcs de cercle.

§. 445. Le corps P. étant retenu par le fil BP. dans la circonférence du cercle G P M. dont ce fil BP. est le rayon, l'arc CPR. qu'il décrira sera un arc de cercle.

§. 446. Ainsi, le fil BP. auquel le corps qui oscille, est attaché , est pour ce corps un obstacle, qui s'oppose à la force qui le porte vers la terre, & c'est cette seule force de la gravité, qui fait faire des vibrations à ce corps.

§. 447.

§. 447. La ligne droite SBT. parallele à l'horifon, & paffant par le point B. autour duquel
le Pendule BP. ofcille, s'appelle l'axe d'ofcillation & le point B. auquel le fil BP. eft attaché,
s'appelle le point de fufpenfion.

Dans les Pendules on confidere le poids du
corps fufpendu comme étant concentré en un
feul point.

§. 448. Les Pendules peuvent être fimples ou
compofés.

§. 449. Les Pendules fimples font ceux aufquels il n'y a qu'un poids fufpendu ; & les Pendules compofés font ceux aufquels plufieurs
poids font attachés à differentes diftances du
point de fufpenfion.

§. 450. Si l'air ne réfiftoit point au mouvement du Pendule, & que le fil auquel il tient
n'éprouvât aucun frottement à fon point de fufpenfion, on fent aifément qu'un corps qui auroit commencé à faire des ofcillations de C en
P. & de P. en R. les continueroit pendant
toute l'éternité, puifqu'en tombant de C. en
P. il acquiert la viteffe néceffaire pour remonter de P. en R. & qu'étant arrivé en R. il re-
tombe en P. par la force de fa gravité, pour
remonter enfuite en C. par la force acquife en
defcendant, & ainfi de fuite.

Définitions.

Fig. 562

Des Pendules fimples.

Des Pendules compofés.

Un Pendule feroit des ofcillations pendant toute l'éternité, dans un milieu non réfiftant fans les frottemens

Fig. 562

Z 3   §. 45 k

§. 451. Mais comme nous ne connoiſſons point de corps exempt de frottement, & que l'air dans lequel les Pendules oſcillent, réſiſte à leur mouvement, tout pendule étant abandonné à lui-même perd à la fin ſon mouvement, & au bout d'un certain tems les arcs qu'il décrit diminuent, juſqu'à ce qu'enfin les arcs devenant infiniment petits, le Pendule reſte en repos dans la direction perpendiculaire à l'horiſon qui eſt ſa direction naturelle.

§. 452. On fait cependant abſtraction de la réſiſtance de l'air & du frottement, que le Pendule éprouve à ſon point de ſuſpenſion, lorſqu'on traite des oſcillations des Pendules, parce qu'on ne les conſidère que dans un tems très-court, & que dans un petit eſpace de tems, ces deux obſtacles ne font pas un effet ſenſible ſur le Pendule.

§. 453. Si les arcs du cercle CP. PG, que le corps P. parcourt dans ſes vibrations ſont très-petits, ils différeront très peu en longueur & en inclinaiſon des cordes MP RP qui les ſouſtiennent ; ainſi le corps fera une demie oſcillation de C. en P. dans un tems ſenſiblement égal à celui qu'il employeroit à parcourir la corde MP. ou le diametre A P. du cercle ACP. dans lequel il oſcille (§. 433.)

Fig. 57.

§. 455.

§. 454. Il suit de là qu'un Pendule, qui fait ses oscillations dans des arcs de cercle très-petits, les fait dans des tems sensiblement égaux, quoique les arcs qu'il parcourt ne soient pas égaux; car ces arcs étant parcourus dans des tems sensiblement égaux à ceux que le corps employeroit à parcourir les cordes qui les soustendent, & ces cordes étant toutes parcourues en tems égal (§.433.) le Pendule P. parcourera les petits arcs CPG. DPF. dans des tems sensiblement égaux; ainsi, deux Pendules d'égale longueur que l'on fait osciller dans de petits arcs de cercle différens, font leurs vibrations si également, que dans cent vibrations, à peine différent-ils d'une seule.

Les oscillations dans de très-petits arcs de cercle inégaux, se font dans des tems sensiblement é- gaux.

Fig. 57.

§. 455. Les vîtesses des corps qui oscillent dans des arcs de cercle différens CB. DB. sont entre elles, lorsqu'ils sont arrivés au point B. comme les soustendantes de l'arc qu'ils ont parcouru; car en tirant les lignes horisontales CF. DE, les vîtesses que le corps a acquis en tombant par les arcs CB. DB. sont les mêmes que celles qu'il auroit acquis en tombant perpendiculairement de F. en B. & de E. en B. (§.438.) Or la vîtesse acquise de F. en B. est à la vîtesse acquise de G. en B. en raison sous doublée de GB. à FB. (§. 315. *num.* 4°.) où comme la ligne CB. est à la ligne GB. (§. 429.); de même la vîtesse acquise de E. en B. est à la vîtesse de G. en B. en raison sous-doublée de EB. à GB.

Les vîtesses acquises par des arcs inégaux, sont comme leur soustendantes.

Fig. 58.

Z 4   c'est-à-dire,

c'eſt-à-dire, comme la ligne DB. eſt à la ligne GB.
& par conſéquent la vîteſſe de F. en B. eſt à celle
de E. en B. comme la corde CB. eſt à la corde DB.
mais la vîteſſe acquiſe en tombant par les arcs CB.
DB. eſt égale à la vîteſſe que le corps acquereroit en tombant perpendiculairement de F.
en B. & de E. en B. (§. 444.) Donc les vîteſſes
acquiſes en tombant par ces arcs ſont auſſi entre elles comme les cordes CB. DB. qui les ſous-
tendent.

Fig. 58.

§. 456. Il ſuit de là , que ſi dans le cercle
GB. on prend les arcs B1. B2. B3. dont les
ſouſtendantes ſoient reſpectivement 1. 2. 3. &c.
les vîteſſes d'un Pendule qu'on feroit deſcendre
ſucceſſivement par les arcs 1 B. 2 B. 3 B. &c. ſeroient 1. 2. & 3. reſpectivement au point B.
c'eſt-à-dire, comme les cordes qui ſouſtendent
ces arcs. On peut donner aux corps par ce
moyen des degrés de vîteſſe précis & différens,
& cette méthode eſt d'un grand uſage pour connoître les loix du choc des corps, dont je parlerai dans la ſuite.

Galilée eſt l'inventeur des Pen-dules.

Et M. Hu-ghens des Horloges à Pendule.

§. 457. Galilée fut le premier qui imagina de
ſuſpendre un corps grave à un fil, & de meſurer le tems dans les obſervations Aſtronomiques & dans les expériences de Phyſique, par
les vibrations ; ainſi, on peut le regarder comme l'inventeur des Pendules, mais ce fut M. Hughens qui les fit ſervir le premier à la conſtruc-
tion

tion des Horloges. Avant ce Philosophe les mesures du tems étoient très-fautives, ou très-pénibles ; mais les Horloges qu'il construisit avec des Pendules, donnent une mesure du tems infiniment plus exacte que celle qu'on peut tirer du cours du Soleil ; car le Soleil ne marque que le tems relatif ou apparent, & non le tems vrai. Voilà pourquoi les Horloges à Pendules retardent ou avancent quelquefois, de 15. ou 16. minutes sur le cours du Soleil, comme je l'expliquerai plus en détail en parlant de l'Astronomie.

§. 458. Quoique les vibrations du même Pendule dans de petits arcs de cercle inégaux s'achevent dans des tems sensiblement égaux (§. 454.) cependant ces tems ne sont pas égaux géometriquement ; mais les oscillations dans de plus grands arcs se font toujours dans un tems un peu plus long, & ces petites différences qui sont très-peu de chose dans un tems très-court, & dans de très-petits arcs, deviennent sensibles, lorsqu'elles sont accumulées pendant un tems plus considérable, ou que les arcs different sensiblement. Or mille accidens, soit du froid, soit du chaud, soit de quelque saleté qui peut se glisser entre les roues de l'Horloge, peuvent faire que les arcs décrits par le même Pendule ne soient pas toujours égaux, & par conséquent le tems marqué par l'éguille de l'Horloge, dont les vibrations du Pendule sont la mesure, seroit ou plus

court

court ou plus long, felon que les arcs que le
Pendule décrit feroient augmentés ou dimi-
nués.

§. 459. L'expérience s'eft trouvée conforme
à ce raifonnement, car M. Derham ayant fait
ofciller dans la machine de Boyle un Pendule,
qui faifoit fes vibrations dans un cercle ; il
trouva que lorfque l'air étoit pompé de la machine, les arcs que fon Pendule décrivoit
étoient d'un cinquiéme de pouce plus grands
de chaque côté que dans l'air, & que fes ofcillations étoient plus lentes de deux fecondes
par heure.

Tranf.
Phil. nº.
294.

Les vibrations du Pendule étoient plus lentes de fix fecondes par heure dans l'air, lorfqu'on ajuftoit le Pendule, de façon que les
arcs qu'il décrivoit, fuffent augmentés de cette
même quantité d'un cinquiéme de pouce de
chaque côté ; car l'air retarde d'autant plus le
mouvement des Pendules que les arcs qu'ils
décrivent font plus grands.

§. 460. Le Pendule parcourt de plus grands
arcs dans le vuide par la même raifon qui fait
que les corps y tombent plus vîte, c'eft-à-dire,
parce que la réfiftance de l'air n'a plus lieu dans
le vuide.

§. 461. M. Derham remarqua de plus que les
arcs décrits par fon Pendule étoient un peu plus
grands

grands lorſq_'il avoit nouvellement nettoyé le mouvement qui le faiſoit mouvoir.

§. 462. M. Hughens qui avoit prévû ces inconveniens, imagina pour y remedier, & pour rendre les Horloges auſſi juſtes qu'il eſt poſſible, de faire oſciller le Pendule qui les régle dans des arcs de cicloïde, au lieu de lui faire décrire des arcs de cércle; car dans la cicloïde tous les arcs étant parcourus dans des tems parfaitement égaux, les accidens qui peuvent changer la grandeur des arcs décrits par le Pendule, ne peuvent apporter aucun changement au tems meſuré par ſes vibrations, lorſqu'elles ſe font dans des arcs de cicloïde.

§. 463. Cette courbe qui eſt très-fameuſe parmi les Géometres par le nombre & la ſingularité de ſes propriétés, ſe forme par la révolution d'un point quelconque d'un cercle, dont la circonférence entiére s'applique ſucceſſivement ſur une ligne droite.

Lorſque le cercle B O. applique ſucceſſivement tous les points de ſa circonférence ſur la ligne droite B A b. en ſorte que ſon point B. par lequel il touchoit cette ligne au commencement de ſa révolution, ſe trouve toucher l'autre extrémité b. de cette ligne, quand la révolution du cercle ſur cette ligne eſt achevée, on voit aiſément que cette ligne B A b. ſe-ra égale à la circonférence du cercle B O. qui s'eſt

aussi

Pourquoi M. Hughens imagina de faire oſciller des Pendules dans des arcs de cicloïde.

C'eſt que dans cette courbe tous les arcs ſont parcourus dans des tems parfaitement égaux.

Comment la cicloïde ſe décrit.

Fig. 59.

s'eſt appliquée ſucceſſivement ſur elle comme
pour la meſurer.

Si l'on conçoit maintenant que le point B. du
cercle BO. qu'on appelle le point décrivant,
laiſſe à tous les points par leſquels il paſſe en
allant de B. en b. une production de lui-même,
il s'en formera la courbe BGb. & c'eſt cette
courbe qu'on appelle *une Cicloïde*. Les roues
d'un caroſſe, en tournant décrivent dans l'air des
cicloïdes.

§. 464. Le cercle BO. dont la révolution a
formé la cicloïde BGb. s'appelle le cercle générateur de cette cicloïde : le point G. eſt le ſommet de la cicloïde, & la ligne horiſontale BAb,
eſt ſa baſe.

Définition

§. 465. Si l'on conçoit le cercle générateur
BO. parvenu |dans ſa révolution au point dans
lequel ſon diametre GA. partage la cicloïde, &
ſa baſe en deux parties égales, alors ce diametre devient l'axe de la cicloïde.

§. 466. Si je voulois vous démontrer toutes
les propriétés de cette courbe, il faudroit en
faire un traité entier. Je me contenterai donc
de vous indiquer ici celles qui ſont néceſſaires
au ſujet que je traite; vous en ſuppoſerez les démonſtrations, ou ſi vous voulez les connoître,
vous les trouverez dans l'excellent Livre de M.
Hughens *de Horologia Oſcillatorio*, ou dans le
Traité

*Des pro-
priétés de
la cicloïde.*

Traité que M. Wallis a donné de la Cicloïde.

1°. Cette courbe fe décrit elle-même par fon évolution, en forte que fi CA. CN. font deux demi-cicloïdes renverfées, formées par le mê-me cercle générateur DA. lefquelles fe réunif-fent au point C. ayant leur fommet en A. & en N. & que l'on conçoive un° fil CBA. égal à la demie-cicloïde CA. à laquelle je le fuppofe appliqué. Si l'on attache à l'extrémité de ce fil un poids P. ce fil deviendra un Pendule égal à la demi-cicloïde CA. or fi ce poids P. eft abandonné à lui-même, il tombera vers la terre autant qu'il lui fera poffible par fa gravité, & en tombant, il déployera le fil CA. lequel en fe déployant de A. en F. décrira par fon ex-trémité auquel tient le poids P. une courbe AF.

Si le poids P. qui a déployé le fil CBA. & qui l'a amené dans la direction perpendiculai-re CF. continue à fe mouvoir par l'action de fa gravité, lorfqu'il eft arrivé en F. il décrira en remontant de F. en N. une courbe FN. égale à AF. & quand le point P. fera arrivé au point N. le fil CBP. fera appliqué à la demi-cicloï-de CN. à laquelle il eft égal: donc la cour-be entiére AFN. fera décrite par l'évo-lution & la révolution de la demi-cicloïde CA. ou du fil CBP. qui lui eft égal, & cette courbe AFN. fe trouve être une cicloïde égale aux deux demi-cicloïdes CA. CN. & ayant le même cercle générateur, & elle eft par con-féquent double du fil CBP. égal à chacune de ces demi-cicloïdes.

Premiere propriété de la ci-cloïde.

Hughens de Horol. Of-cil. part. 3. prop. 5. 6. & 7.

Fig. 60.

Fig. 60.

Afin

Afin que les Pendules décrivent des arcs de cicloïde dans leur évolution & leur révolution, il faut qu'ils soient suspendus entre des demi-cicloïdes de métal, contre lesquelles ils s'appuyent sans cesse en se déployant, & qui les empêchent de décrire des arcs de cercle.

Deuxiéme propriété. 2°. Le tems de la chute d'un corps par un arc quelconque d'une cicloïde renversée, est au tems de la chute perpendiculaire par l'arc de la cicloïde, comme la demie circonférence du cercle est à son diametre.

Idem p. 2. prop. 25. C'est cette propriété de la cicloïde dont vous pouvez voir la démonstration dans le Traité de M. Hughens, qui fit découvrir à ce Philosophe la proportion entre le tems d'une oscillation, & l'espace tombé dont j'ai parlé.

Troisiéme propriété. 3°. De cette propriété de la cicloïde, il en naît une autre, c'est que tous les arcs d'une cicloïde renversée sont parcourus en tems égal, par un corps qui tombe dans cette courbe par son propre poids ; car puisque par la propriété précedente les tems de la chute d'un corps par des arcs quelconques de cicloïde, sont au tems de sa chute perpendiculaire par l'axe de cette cicloïde dans une raison constante, ces tems sont égaux entr'eux.

Quatriéme propriété. 4°. Cet isochronisme des arcs de la cicloïde est fondé sur une propriété de cette courbe, *Hughens de Horol. Oscil. p. 2. prop. 1.* dont je ne vous ai pas encore parlé, & qui se prouve par une démonstration assez compliquée, c'est que toute tangente de la cicloïde est

eſt parallele à la corde de ſon cercle générateur compriſe entre le ſommet de la cicloïde , & le point auquel la parallele à la baſe tirée du point de tangence, coupe le cercle génerateur : ainſi , la tangente HBN. eſt parallele à la corde EA. dans la cicloïde MGL. *Fig.* 61.

Il eſt aiſé de voir comment l'iſochroniſme des arcs de la cicloïde découle de cette propriété , quoique ce ne ſoit pas par là qu'on l'a découvert, car la gravité agira ſur le corps au point de cette courbe où il ſe trouve , de la même maniére qu'elle y agiroit ſur la corde du cercle générateur qui correſpond à ce point, puiſque chaque point de la cicloïde a la même inclinaiſon que la corde du cercle génerateur qui lui correſpond : or on a vû que ſur toutes les cordes d'un cercle tirées des extrémités de ſon diametre , le corps reçoit des impulſions de la peſanteur proportionnelles aux cordes qu'il parcourt, c'eſt-à-dire, d'autant plus grandes que ces cordes ſont plus longues : ainſi , dans la cicloïde chaque point de cette courbe ayant la même inclinaiſon que la corde du cercle générateur qui lui correſpond , le corps reçoit à chacun de ces points des impulſions de la peſanteur proportionnelles à la corde, ou au double de cette corde, c'eſt-à-dire à l'arc qui lui reſte à parcourir ; car chacun de ces arcs eſt double de la corde du cercle générateur qui lui correſpond : ces impulſions ſont par conſéquent d'autant moindres que ces arcs ſont plus courts, & d'autant plus
grandes

Hughens de Horol Oſcil. p. 3. *prop.* 5. *&* 7.

Fig. 62.

grandes qu'ils font plus grands, ces arcs étant d'autant plus inclinés qu'ils font plus courts. Suivant cela, deux corps qui partent en même tems des points H. & B. de la cicloïde DFO. avec des vîteffes initiales proportionnelles aux arcs HF. BF. qu'ils ont à parcourir, arriveroient en même tems au point F. s'ils continuoient à fe mouvoir avec les vîteffes initiales de H. en F. & de B. en F. d'un mouvement uniforme ; or comme on peut faire le même raifonnement fur tous les points qui font entre H. & F. & entre B. & F. les corps qui partent de ces différens points, doivent atteindre le fommet F. en même tems.

Je me fuis arrêté à prouver cette quatriéme propriété de la cicloïde, & furtout à en faire fentir la raifon Phyfique, parce que c'eft celle qui fert le plus à la juftefle des Pendules qui ofcillent dans des arcs de cicloïde.

Cinquiéme propriété.

§. 467. Je ne puis paffer fous filence une des plus belles propriétés de la cicloïde, & affurément celle qui eft la plus furprenante de toutes, c'eft que cette courbe eft la ligne de la plus vîte defcente d'un point à un autre.

La cicloïde eft la ligne de la plus vîte defcente.

§. 468. Le problême de la ligne de la plus vîte defcente d'un corps tombant obliquement à l'horifon par l'action de la pefanteur d'un point donné à un autre point donné, eft fameux par l'erreur du grand Galilée, qui a crû que cette ligne

ligne étoit un arc de cercle, & par les différentes solutions que les plus grands Géometres de
l'Europe en ont donné: vous lirez un jour ces
solutions dans les *Acta Eruditorum*, & dans les
Transactions Philosophiques, & vous verrez que
tous ces grands hommes arriverent au même
but par différens chemins, & que tous trouverent que cette ligne étoit une demi-cicloïde
renversée, qui a pour origine & pour sommet les
deux points donnés.

§. 469. La solution de ce problême semble
une espece de paradoxe, puisqu'il s'ensuit que
la ligne droite qui est toujours la plus courte
entre deux points donnés, n'est pas celle qui
est parcourue dans un moindre espace de tems,
& cela étonne d'abord un peu l'imagination,
cependant la géometrie le démontre, & il n'y
a pas à en appeller, & cela dépend de cette
proprieté de la cicloïde, par laquelle les vîtesses
initiales d'un corps à un point quelconque de
cette courbe, sont proportionnelles aux arcs qui
lui restent à parcourir.

Cette propriété de la cicloïde semble d'abord un paradoxe.

§. 470. Ainsi la ligne de la plus vîte descente est aussi celle dont tous les arcs sont parcourus en temps égaux, & il est utile de remarquer que ces deux proprietés qui dépendent visi-
blement du même principe, je veux dire des
vîtesses initiales proportionnelles aux arcs à parcourir, ne se trouvent réunies dans une même

Tome I. * A a courbe,

courbe, qu'en fuivant le fiftême, ou pour mieux
dire, les découvertes de Galilée fur la progreffion de la chute des corps.

§. 471. M. Jean Bernoulli, ce fameux Ma-
thématicien qui avoit propofé le problême de
la ligne de la plus vîte defcente, le réfolut par
la dioptrique, en démontrant que tout rayon
rompu dans l'atmofphére doit décrire une cicloïde ; ce grand Géometre fupofoit dans fa fu-
lution que la lumiére en traverfant des milieux
d'une denfité héterogene, devoit fe tranfmetre
par le chemin du plus court tems, comme Fermat l'avoit prétendu contre Defcartes, & comme Meffieurs Hughens & Leibnits l'avoient
foutenu depuis Fermat.

Solution du problême de la cicloïde par la dioptrique donnée par Jean Bernoulli.

Acta Eru-dit. 1697. p. 206.

§. 472. On fent aifément avec quel plaifir
M. de Leibnits adopta une opinion qui prenoit
fa fource dans le principe d'une raifon fuffifante ; car Fermat prétendoit que puifque le rayon
ne va d'un point à un autre, ni par le chemin
direct, ni par le plus court, il étoit convenable à la Sageffe de l'auteur de la Nature qu'il
y allât par le chemin qu'il parcourt dans le
moins de tems poffible.

Ce n'eft pas ici le lieu d'entrer dans cette
difcuffion ; vous pouvez voir ce que M. de
Mairan a rapporté de la difpute de Defcartes
& de Fermat dans les Mémoires de l'Académie
des Sciences Année 1722. en attendant que je
vous

vous en parle, lorfque je vous expliquerai la réfraction de la lumiére.

§. 473. Vous avez vû ci-deffus qu'afin qu'un Pendule décrive des arcs de cicloïde, il eft néceffaire qu'il foit fufpendu entre deux demi-cicloïdes, comme dans la Fig. 60. lefquelles étant ordinairement de métal, l'empêchent de décrire un arc de cercle.

Or, quoique les deux demi-cicloïdes C A. C N. empêchent le corps P. de décrire l'arc de cercle E F L. cependant il y a vers le fommet de la cicloïde un petit efpace PFP. dans lequel le Pendule fe meut de la même façon que s'il ofcilloit librement dans le cercle EFL. & c'eft là la véritable raifon pour laquelle les ofcillations du Pendule dans de très-petits arcs de cercle différens, s'achevent cependant dans des tems fenfiblement égaux, comme je l'ai dit.

Fig. 63.

Voilà pourquoi on ne fufpend guéres les grands Pendules entre des arcs de cicloïde ; la petiteffe des arcs qu'ils décrivent, fuffifant pour rendre leurs vibrations ifochrones, & ce n'eft que pour les petits Horloges dont le Pendule eft très-court, que l'on fe fert de la cicloïde.

§. 474. Il fuit de l'égalité du petit arc de cer- *Proportion* cle P F P. & de cette portion de la cicloïde *entre le* AFN. que le tems pendant lequel un corps fait *ofcillation* une ofcillation dans un très-petit arc de cercle, *& celui de* eft au tems de la chute perpendiculaire par la *verticale*

A a 2   demie

par la de-
mie lon-
gueur du
Pendule.

Fig. 63.

demie longueur du Pendule , comme la circonférence du cercle eſt à ſon diametre , puiſque le tems d'une oſcillation dans une cicloïde ſuit cette proportion.

Cette égalité du tems des oſcillations dans un petit arc de cercle aux tems des oſcillations dans de petits arcs de cicloïde, étoit néceſſaire à trouver , pour en déduire , comme fit M. Hughens, l'eſpace que la gravité fait parcourir ici-bas dans la premiere ſeconde aux corps qu'elle fait tomber vers la terre ; car les Pendules qui font leurs oſcillations par la ſeule force de la gravité,décrivent des arcs de cercle, & non pas des arcs de cicloïde.

§. 475. La durée des oſcillations de deux Pendules qui oſcillent dans des arcs de cercle ſemblables, ſont en raiſon ſous-doublée de la longueur de ces Pendules.

Vous avez vû dans le chapitre 13. (§. 315. *num.* 4°.) qu'un corps qui tombe vers la terre par la ſeule force de la gravité, parcourt en tombant des eſpaces qui ſont comme les quarrés des tems employés à tomber , ou des vîteſſes acquiſes en tombant , à la fin de chacun de ces tems.

Or dans les oſcillations des Pendules les eſpaces parcourus ſont des arcs de cercle , dont les rayons ſont les longueurs des Pendules ; ainſi, le tems de la chute par l'arc E B. eſt au tems de la chute par l'arc ſemblable G D. en
raiſon

raiſon ſous-doublée de EB. à GD. & par conſéquent en raiſon ſous-doublée de AB. à CD. car
les arcs ſont entr'eux comme leurs rayons. On
voit aiſément que ce qui eſt vrai par les demi-oſ-
cillations EB. GD. l'eſt auſſi par les oſcillations
entiéres EBF. GDH. Ainſi, les longueurs des Pendules qui décrivent des arcs de cercle ſemblables,
ſont entr'elles en raiſon double inverſe du nombre de leurs oſcillations, en tems égal, & par
conſéquent le Pendule AB. qui a 9. pieds, par
exemple, fera deux oſcillations dans le même
tems dans lequel le Pendule CD. qui a quatre
pieds en fera trois; car les quarrés de ces oſcillations ſont 9. & 4. reſpectivement, ce qui eſt
la longueur des Pendules. Les vibrations qui ſe
font dans des arcs de cicloïde, ſuivent les mêmes proportions.

§. 476. Il ſuit de-là que dans les Pendules qui
oſcillent dans des arcs de cercle ſemblables, les
plus longs ſont ceux dont les oſcillations ſont
les plus lentes; car ils ſe meuvent ſur un arc
ſemblable, & plus incliné que les Pendules
plus courts. Donc il faut que le Pendule qui fera ſes vibrations en une ſeconde, ait une certaine longueur déterminée, puiſque la longueur des
Pendules décide du tems qu'ils employent à faire leurs oſcillations.

§. 477. M. Picard avoit déterminé cette lon-

gueur pour le Pendule qui bat les fecondes à
Paris, à 3. pieds de Paris, 8. l. $\frac{1}{3}$. & ce fut
cette longueur & la proportion que M. Hughens
avoit trouvé entre le tems d'une ofcillation, &
la quantité de la chute verticale (§. 328.) qui fit
naître à M. Hughens l'idée de faire de la longueur du Pendule qui fait fes vibrations en une
feconde à Paris, une mefure univerfelle pour
tous les pays & pour tous les tems, & pour
rendre cette mefure univoque, il avoit donné
le nom de *pied horaire* au tiers de cette longueur.

§. 478. Mais afin que cette mefure fût univerfelle, il faudroit que la pefanteur fût la même à tous les points de la furface de la terre ;
car la pefanteur étant la feule caufe de l'ofcillation des Pendules (§. 444.) & cette caufe étant
fuppofée refter la même, il eft certain que la
longueur du Pendule qui bat les fecondes devroit être invariable, puifque la durée des vibrations dépend de cette longueur, & de la
force avec laquelle les corps tombent vers la
terre, & que par conféquent la mefure qui en
réfulte feroit univerfelle pour tous les pays, &
pour tous les tems, car nous n'avons aucune
obfervation, qui puiffe nous porter à croire que
l'action de la gravité foit différente dans les mêmes lieux en différens tems.

§. 479. Il faut avouer que cette idée eft très-
belle

belle , & qu'une mefure univerfelle feroit très-
defirable , mais la fuppofition néceffaire pour la
rendre telle , je veux dire la pefanteur égale
dans toutes les regions de la terre , fe trouve
entierement fauffe ; car des obfervations incon-
teftables ont fait connoître que l'action de la
pefanteur eft différente dans différens climats ,
& qu'il faut toujours allonger le Pendule vers
le Pole , & le racourcir vers l'Equateur , afin
qu'il faffe fes vibrations en tems égal : ainfi ,
cette mefure propofee par M. Hughens ne peut
être univerfelle par tous les endroits de la terre,
mais feulement pour les pays fitués dans la même latitude que Paris, puifque c'eft à Paris que
la longueur du Pendule qui bat les fecondes
a été déterminée , & pour rendre cette mefure
univerfelle , il faudroit avoir par l'expérience
des tables des différences des longueurs du
Pendule , qui battroit les fecondes dans les différentes latitudes fur les deux hemifpheres ,
comme nous en avons par la théorie pour notre
hemifphere , & en rapportant toutes ces longueurs à la longueur du Pendule qui bat les fecondes à Paris, ce qui ferviroit auffi à déterminer la figure de la terre (§. 377.)

 C'eft un projet dont l'exécution auroit plus
d'une utilité pour la Phyfique, mais il faut pour
ces opérations des mains très-exercées , & des
efprits très attentifs , & il n'eft nullement aifé
de déterminer ces longueurs par l'expérience
avec la précifion néceffaire pour en faire fentir

Cette me-
fure ne
peut être
univerfel-
le, & pour-
quoi.

A a 4   les

les différences qui dépendent quelquefois de moins d'un quart de ligne.

§. 480. Il faut surtout pour y parvenir avoir établi bien surément la longueur du Pendule qui bat les secondes dans une certaine latitude, & c'est ce que nous pouvons nous flatter d'avoir pour la latitude de Paris depuis les expériences que M. de Mairan a faites en 1735. pour la déterminer.

M. Picard & M. Richer avoient déja donné cette longueur; mais dans les choses qui dépendent de l'expérience, il ne suffit pas d'avoir raison, il faut être bien sûr de l'avoir, & on n'avoit point encore sur la longueur du Pendule avant 1735. cette sorte de certitude qui ne laisse rien à desirer.

Comment on connoit la longueur du Pendule qui bat les secondes dans un lieu quelconque par la seule force de la pesanteur.

§. 481. Pour connoître la quantité de l'action de la pesanteur, dans un certain lieu, il ne suffit pas d'avoir une Horloge à Pendule qui batte les secondes avec justesse dans ce lieu; car ce n'est pas la seule pesanteur qui meut le Pendule d'une Horloge, mais l'action du ressort, & en général tout l'assemblage de la machine agit sur lui, & se mêle à l'action de la gravité pour le mouvoir, & c'est un problème très-difficile & très-délicat de déterminer combien en vertu de la construction de l'Horloge, la longueur du pendule qui bat les secondes de cette Horloge, est altéré altérée par rapport à celle d'un pendule qui fait ses oscillations dans le même tems par l'action de la seule pesanteur ; cependant c'est cette longueur qu'il faut trouver pour connoître la quantité de l'action de la seule pesanteur, dans l'endroit pour lequel on veut déterminer la longueur du Pendule à secondes.

On se sert pour y parvenir d'un corps grave suspendu à un fil, lequel étant tiré de son point de repos, fait les oscillations dans de petits arcs de cercle par la seule action de la pesanteur, & pour connoître combien ce pendule fait d'oscilations en un tems donné, on se sert d'un Horloge à pendule bien reglé sur le tems moyen, & qui bat les secondes de ce tems bien exactement, & l'on compte le nombre d'oscillations que le pendule sur qui la seule pesanteur agit, & qu'on appelle *Pendule d'expérience*, a fait pendant que le pendule de l'Horloge a battu un certain nombre de secondes ; car le nombre des oscillations que les pendules font en tems égal étant en raison sous-double inverse de leurs longueurs (§. 475.) lorsqu'on connoît le nombre d'oscillations que deux pendules font en un tems donné, on connoît en quelle raison sont leurs longueurs, en quarrant ces nombres ; ainsi les quarrés des oscillations que le pendule de l'Horloge & le pendule d'expérience font en tems égal, donnent le rapport entre la longueur du pendule d'expérience, & celle du

pendule

pendule simple qui feroit ses oscillations par la seule force de la pesanteur, & qui seroit isochrone au pendule composé de l'Horloge, & qui par conséquent battroit les secondes dans la latitude, où l'on fait l'expérience, & cette longueur est celle du pendule que l'on cherche.

§. 481. C'est de cette façon que M. de Mairan à déterminé la longueur nécessaire au pendule pour battre les secondes à Paris par la seule action de la pesanteur à 3. pieds, 8 lignes, $\frac{17}{30}$. ou environ $\frac{5}{9}$. d'un fil de pite (fil tiré de la feuille d'une espéce d'aloës) presque aussi délié qu'un cheveu, & auquel une boule de cuivre d'un pouce de diametre étoit suspendue.

Détermination de la longueur du Pendule qui bat les secondes à Paris, par M. de Mairan en 1735.

§. 482. Cette longueur tient à peu près le milieu entre celles que Messieurs *Picard* & *Richer* avoient données, & si on la prend de 3. pieds 8. lignes $\frac{5}{9}$. elle est la même que celle que M. *Newton* rapporte au troisiéme Livre de ses Principes, d'après les mesures de Messieurs *Varin* & des *Hayes* prises en 1682.

§. 483. On peut voir dans l'excellent Mémoire de M. de Mairan toutes les précautions qu'il a prises pour s'assurer de la justesse de ses expériences, & on verra que les désirs de ceux qui ne prennent que la peine de désirer, ne peuvent pas même aller au de-là.

C'est

C'eſt à ces meſures que les Académiciens qui ont été m :ſurer un degré du Méridien ſous l'é-quateur, & au cercle polaire, rapportent toutes les obſervations qu'ils ont faites ſur la lon-gueur du Pendule, dans ces différens climats.

C'eſt à cette lon-gueur que les Acadé-miciens qui ont été au Pole, & à l'Equateur, ont rappor-té leurs ob-ſervations ſur le Pen-dule

§. 484. Tout ce que j'ai dit juſqu'à préſent des Pendules, ne doit s'entendre que des Pen-dules ſimples, c'eſt-à-dire, des Pendules auſ-quels un ſeul poids eſt ſuſpendu, & dont le fil eſt ſuppoſé exempt de toute peſanteur ; car lorſque le fil auquel le poids eſt attaché, a une peſanteur ſenſible par rapport à ce poids, alors le Pendule ſimple devient un pendule compoſé (§. 449.) puiſque le poids du fil qu'il faut alors compter, fait le même effet qu'un ſecond poids qui tiendroit au même fil, & que les Pendules compoſés ne ſont autre choſe que des Pendules auſquels pluſieurs poids ſont attachés à des diſ-tances invariables tant les uns des autres que du point de ſuſpenſion , &c.

§. 485. Les Pendules compoſés ſuivent les mêmes loix que les Pendules ſimples , mais ils les ſuivent avec de certaines modifications.

Des Pen-dules com-poſés.

§.486.Pour déterminer le tems des oſcillations d'un Pendule compoſé, & les arcs qu'il décrit, il faut conſidérer une choſe dont je n'ai point encore parlé, parce qu'elle appartient principa-lement

lement aux Pendules composés , c'eſt le *centre d'oſcillation.*

§. 487. Le centre d'oſcillation d'un Pendule compoſé, eſt le point dans lequel les efforts ou actions des poids qui le compoſent, ſe réuniſſent pour faire faire à ce Pendule ſes vibrations dans un certain tems; ainſi, le centre d'oſcillation & le centre de gravité ont un rapport néceſ-ſaire.

§. 488. On appelle *centre de gravité* le point par lequel paſſe néceſſairement la ligne qui par-tageroit le corps en deux parties également pe-ſantes, enſorte que ſi chaque moitié étoit miſe dans le baſſin d'une balance, elles ſe tiendroient en équilibre.

§. 489. Toute la gravité d'un Corps peut être conçuë raſſemblée dans ce ſeul point, enſorte que les autres parties ſont conſiderées comme en étant entierement privées, & c'eſt ainſi que l'on conçoit la peſanteur des Pendules ſimples.

§. 490. Le centre de gravité d'un Corps eſt toujours dans une ligne perpendiculaire à l'hori-ſon, enſorte que ce Corps peut être ſoutenu, ſoit qu'il ſoit ſuſpendu par le point même de ſon centre de gravité, ſoit qu'il le ſoit par un point quelconque de cette ligne qu'on appelle *ligne des centres.*

§. 491.

§. 491. Le centre d'oscillation est toujours dans cette ligne du centre de gravité.

Quand deux ou plusieurs corps tiennent ensemble, soit qu'ils soient contigus, soit qu'ils soient séparés, ils ont un centre de gravité commun, ce centre est un point quelconque dans la ligne droite qui joindroit les centres de ces corps; & ce point est toujours situé de façon que la distance des corps à ce point, est toujours en raison réciproque de leur gravité.

§. 492. Le centre d'oscillation d'un Pendule simple dont le fil est supposé sans pesanteur (ce qui est le cas ordinaire), n'est point dans le point de son centre de gravité, comme on le croiroit d'abord, mais dans la ligne de ce centre de gravité, un peu plus bas que le point du centre, duquel il est plus loin ou plus près, selon une certaine proportion entre le rayon de la boule qui compose le pendule, & la longueur du fil auquel elle est attachée, & cela, parce qu'il faut avoir égard à la distance du centre de gravité de la boule au point de suspension; car cette distance sera d'autant plus grande, la longueur du fil restant la même, que le rayon de la boule sera plus grand, & au contraire. C'est à M. Hughens à qui l'on doit encore cette remarque; & c'est lui qui a déterminé cette proportion entre le rayon de la boule, & la longueur du pendule pour trouver le centre d'oscillation.

Du centre d'oscillation des Pendules simples dont le fil est sans poids sensible.

§. 493.

§. 493. La véritable longueur du Pendule simple, dont le fil eſt ſuppoſé ſans peſanteur, n'eſt donc pas la longueur du fil depuis le point de ſuſpenſion juſqu'au point auquel la boule y eſt attachée, ni juſqu'au centre de gravité de cette boule ; mais cette longueur eſt à compter depuis le point de ſuſpenſion, juſqu'au centre d'oſcillation, lequel n'eſt le même que le centre de gravité, que lorſque la longueur du fil excede à un certain point le rayon de la boule ; car alors l'abaiſſement du centre d'oſcillation devient inſenſible, & n'eſt plus à compter.

Quel eſt le centre d'oſcillation d'un Pendule ſimple quand le fil a un poids ſenſible.

§. 494. Quand le fil du Pendule ſimple a une peſanteur qui peut être ſenſible par rapport à celle du poids qui y eſt attaché, alors ce Pendule n'eſt plus conſidéré comme un pendule ſimple, mais comme un pendule compoſé (§. 484.) ; & ſon centre d'oſcillation n'eſt plus alors dans la boule ſuſpendue ; il eſt ſur le fil même dans un point quelconque au-deſſus de cette boule, c'eſt-à-dire, dans un point où l'on conçoit que l'action de la gravité du fil, & du poids, ſe raſſemble, & ce point eſt d'autant plus haut que le poids du fil eſt plus grand par rapport à celui de la boule, & au contraire.

Dans ce cas, la vraie longueur eſt la diſtance qui ſe trouve entre le point de ſuſpenſion, & ce centre d'oſcillation, & les oſcillations de ce pendule feront plus promptes, que ſi ce fil étoit ſans peſanteur ; car alors la vraie longueur

du

du Pendule fera moins grande (§. 476.)

§.495.On a vû (§.476.) qu'un poids fufpendu
à un fil, fait fes ofcillations d'autant plus lentes
que ce fil eft plus long , ou, ce qui revient au
même, que le corps eft plus loin du point de
fufpenfion, & au contraire; ainfi, fi à un fil
C A. long de quatre pieds , par exemple , qui
porte un poids P. à fon extrémité A. on ajoute
en O. un fecond poids R. un pied plus haut,
c'eft-à-dire, à 3. pieds du point de fufpenfion , le
corps P. qui eft à 4. pieds du point de fufpenfion
doit faire fes ofcillations plus lentes que le corps
B. qui n'en eft qu'à trois pieds , cependant ces
deux poids tenant à un même fil , ce fil ne peut
pas faire fes vibrations plus longues & plus
courtes en même tems ; il les fera donc dans
un tems qui tiendra le milieu entre la lenteur
avec laquelle il eût ofcillé , fi le poids P. attaché à quatre pieds du point de fufpenfion y eût
été feul, & la promptitude dont ces ofcillations
euffent été, s'il n'avoit eû que le poids R. attaché en O. Ainfi, le fecond poids hâte les vibrations du premier, & le premier retarde celles
du fecond , & le centre d'ofcillation de
ce pendule fera dans le point dans lequel , fi
ces deux poids étoient réunis , le Pendule fimple qu'ils compoferoient alors , feroit fes vibrations dans un tems égal au tems des vibrations
du Pendule compofé, auquel ils tiennent féparement. Ainfi , chercher le centre d'ofcillation
d'un

Comment
on connoît
le centre
d'ofcilla-
tion d'un
Pendule
compofé.

Fig. 65.

d'un Pendule compofé, c'eft chercher la longueur
d'un pendule fimple qui feroit fes vibrations
dans un tems égal à celles de ce Pendule, &
la véritable longueur du Pendule compofé eft
celle du Pendule fimple qui lui feroit ifochrone
comme le Pendule CB. par exemple, au Pendule COA. Or comme les longueurs des Pendules font comme les quarrés des tems de leurs
ofcillations, on voit aifément que le Pendule
fimple CB. dont les vibrations feroient ifochrones à celles du Pendule compofé COA. auroit
plus de trois pieds, & moins de quatre, puifque fes ofcillations ne feroient ni fi lentes que
celles du poids attaché à quatre pieds, ni fi
promptes que celles du poids attaché à trois
pieds : par conféquent, un pendule fimple eft
toujours plus court que le pendule compofé
auquel il eft ifochrone, & le centre d'ofcillation du pendule compofé C O A. fera entre
les deux poids P. & R. c'eft-à-dire, environ au
point Q.

Fig. 65.

§. 496. On voit de-là que pour déterminer
ce qui arrive aux pendules compofés, il faut
que nous les décompofions ; car nous ne pouvons voir les objets que par parties, & pour
confidérer le compofé, il faut toujours que nous
le fimplifions.

§. 497. On fent aifément que dans le pendule COA. compofé de deux poids, plus l'un
des

des poids eſt près du point de ſuſpenſion, c'eſt-
à-dire, plus les deux poids ſont loin l'un de
l'autre, plus le centre d'oſcillation eſt près du
point de ſuſpenſion, & au contraire, enſorte
que ſi ces deux poids étoient également loin du
point de ſuſpenſion, leurs centres d'oſcillations
ſe confondroient, & le pendule compoſé deviendroit un pendule ſimple, puiſque le pendule ſimple qui lui ſeroit iſochrone, ſeroit de la
même longueur que lui.

§. 498. Ainſi, tout pendule auquel un ſeul
poids eſt ſuſpendu, peut être conſidéré comme
un pendule compoſé, en ſuppoſant le poids
ſuſpendu diviſé en pluſieurs parties, dont les
différentes gravités ſont réunies dans le centre
d'oſcillation de ce pendule.

§. 499. Tout ce qu'on dit d'un pendule compoſé de deux poids, on peut le dire d'un pendule compoſé de trois, de quatre, ou d'un nombre quelconque de poids ; car les proportions
ſont toujours inviolablement les mêmes.

§. 500. Dans tout ce que je vous ai dit ſur les
pendules dans ce chapitre, je n'ai point déterminé le poids, ni l'eſpéce des corps ſuſpen-
dus, car la réſiſtance de l'air étant preſque inſenſible ſur les pendules, & la gravité ſe pro-
portionnant aux maſſes, tous les corps, de
quelque eſpéce qu'ils ſoient, font leurs vibra-

Le poids &
la matiéra
des corps
qui compo-
ſent le pen-
dule, ſont
indifférens.

Et cela
parce que
la gravité

Tome I.   *   B b   tions

se propor-
tionne aux
masses.

tions également vîte , toutes choses d'ailleurs
égales , ce qui est encore une preuve que la
gravitation agit selon la quantité directe de la
matiére propre des corps (§. 361.) car toutes
les vérités se donnent mutuellement la main.

CHAP.

CHAPITRE XIX.

Du Mouvement des Projectiles.

§. 501.

JE n'ai confidéré dans les deux Chapitres précédens que le mouvement des corps qui tombent vers la terre par la seule force de la gravité ; mais lorsque quelque force étrangére se mêle à son action ; comme quand je jerte une pierre , alors le mouvement de cette pierre doit être néceffairement différent de celui qu'elle auroit eû, si elle étoit tombée vers la terre par son propre poids feulement.

§. 502. La force que j'imprime à la pierre

que

que je jette, s'appelle la *force projectile*. Cette force peut être dirigée perpendiculairement ou
parallelement à l'horifon, ou bien elle peut
faire un angle quelconque avec lui.

Quel eſt le chemin du mobile, quand la force qui le pouſſe, eſt dirigée perpendiculairement vers l'horiſon.

§. 503. Lorſque cette force eſt dirigée perpendiculairement à l'horiſon, le chemin du
mobile n'eſt point changé ; mais ſon mouvement vers la terre eſt ſeulement accéléré.

Si cette force pouſſe le corps ſelon une ligne qui tende perpendiculairement en enhaut,
alors ce corps montera perpendiculairement ;
mais ſon mouvement de projectile qui le porte
en enhaut, s'affoiblira à chaque inſtant, &
lorſqu'il l'aura perdu entiérement, il deſcendra
vers la terre par la force de la gravité, qui alors
agira ſeule ſur lui (§. 319. *num.* 3°.)

Ou lorſque cette force eſt dirigée perpendiculairement en en haut.

Pourquoi les corps que l'on jette perpendiculairement, retombent au même lieu.

§. 504. Les corps que l'on jette perpendiculairement, ne tombent cependant pas perpendiculairement vers la terre, mais ils retombent
en décrivant une courbe ; car les corps ont déja acquis un mouvement par la rotation de la
terre, lorſqu'on commence à les jetter : ainſi
ils retombent vers la terre par un mouvement
compoſé du mouvement que la gravité leur imprime, & du mouvement qu'ils avoient acquis
par la rotation de la terre : voilà pourquoi ils
retombent au même point d'où on les avoit
projettés, quoique la terre ait marché pendant
le tems qu'ils ont employé à tomber.

§. 505.

§. 505. Si le corps est poussé selon une ligne qui soit parallele à l'horison, ou bien si cette ligne fait avec l'horison un angle quelconque, alors le mouvement de ce corps deviendra un mouvement composé du mouvement, que la force extérieure qui agit sur lui, lui a communiqué, & du mouvement que la gravité lui imprime à chaque instant (§. 315. *num*. 1°.)

§. 506. La force de projectile imprimée au corps reste toujours uniforme, dans un milieu non résistant (§. 315. *num*. 1°.) (& c'est dans un tel milieu que je considére ici le mouvement de projectile) la force de projectile restant donc toujours la même, & la gravité renouvellant à chaque instant son action (§. 315.) le corps en obéissant à ces deux forces, qui agissent à la fois sur lui, & dont l'une est uniforme, & l'autre accelerée, changera à tout moment sa direction ; & par conséquent la ligne qu'il décrira, sera nécessairement une ligne courbe (§. 286.)

§. 507. Je vais commencer par examiner quelle est cette courbe dans un milieu qui ne résiste point, lorsque la direction de la force projectile est parallele à l'horison.

On a vû dans le chap. 12. (§. 274.) que tout corps mû par deux forces dont les directions font entre elles un angle quelconque, décrit en leur obéissant la diagonale du parallelogramme, formé par les lignes qui représentent ces forces.

B b 3   Ainsi

Planche 10.
Fig. 66.

Ainſi, ſoit le corps B. jetté dans la direction horiſontale BR, & ſoit cette ligne BR. qui repréſente la force projectile diviſée dans les parties égales BM. MG. GR. le corps par la force d'inertie doit parcourir dans un milieu non réſiſtant des eſpaces égaux en tems égaux, en ſuivant le mouvement de projectile imprimé dans la direction BR. (§. 234.) puiſque la force qui le pouſſe vers BR. eſt ſuppoſée reſter toujours la même; ainſi, le tems du mouvement de ce corps vers le point R. peut être ſuppoſé diviſé comme cette ligne en trois parties égales; or ſuppoſé que dans le premier moment la force projectile eût fait aller le corps de B. en M. ſi elle avoit ſeule agi ſur lui, & que pendant ce même tems la gravité l'eût fait aller de B. en E. ſi ſon action eût été ſans mêlange, il eſt clair que le mobile en obéiſſant à ces deux forces, décrira dans le premier moment la diagonale BS. du parallelogramme BEMS.

Dans le ſecond moment pendant lequel la force projectile (qui eſt toujours la même) feroit parcourir au corps l'eſpace ST. égal à BM. la gravité lui auroit fait parcourir l'eſpace SP. triple de BE. ſelon la progreſſion de Galilée (§. 305.)

Fig. 66. Ainſi, le corps dans le ſecond moment en obéiſſant à chacune de ces deux forces ſelon la quantité de ſon action ſur lui, décrira la diagonale SL. du parallelogramme STPL.

De même dans le troiſiéme moment l'eſpace que

que la gravité feroit parcourir au corps étant
quintuple du premier, & la force projectile
reftant la même, le corps décrira la diagonale
LD. Or les diagonales BS. SL. LD. réunies ne
forment pas une ligne droite, & cela, parce
que le mouvement de projectile imprimé au
corps eft uniforme, ou fuppofé tel, & que le
mouvement imprimé par la gravité eft un mouvement également accéléré : ainfi le corps à chaque inftant infiniment petit, s'approchera du
centre de la terre par une diagonale infiniment
petite, & toutes ces diagonales infiniment petites étant jointes les unes aux autres, forme-
ront une courbe, laquelle fe trouve être une
démi-parabole.

§. 508. Vous avez affez étudié les fections
coniques pour fçavoir qu'une de propriétés de
la parabole eft que les parties de fon axe prifes
entre fon origine, & les ordonnées à cet axe
font entr'elles comme les quarrés de ces ordonnées ; ainfi dans la parabole EAC. les parties AP. AM. de l'axe AR. font entr'elles comme les quarrés des ordonnées BP. & DM.

Fig. 67.

§. 509. Or, il eft aifé de voir que les mêmes
propriétés fe trouvent dans la courbe que les
projectiles décrivent en tombant; car les parties
BE. BH. BK. de la ligne BK. qui repréfentent
les efpaces parcourus par l'action de gravité
font entr'elles comme les quarrés des lignes

La ligne que le corps dé-crit quand il eft jetté dans une direction oblique ou

Bb 4 ES.

parallele à l'horifon, eft une parabole.

Fig. 66.

ES. HL. KD. qui repréfentent les tems des chutes ; car BE. eft 1. BH. eft 4. & BK. eft 9. & ES. eft 1. HL. 2. & KD. 3. & par confé-quent la ligne BK. peut être confidérée comme l'axe de la demi-parabole BD. & les lignes ES. HL. KD. comme les ordonnées à cet axe. La courbe que les projectiles décrivent en tom-bent vers la terre dans un milieu non réfiftant, eft donc une parabole, puifqu'elle en a les pro-priétés.

§. 510. Lorfque la direction de la force qui a jetté le corps eft oblique à l'horifon, la cour-be qu'il décrit eft encore une parabole, foit que l'angle formé par l'horifon & par la ligne qui repréfente cette direction, foit obtus, foit qu'il foit aigu ; car le mouvement imprimé par la force projectile étant toujours uniforme dans un milieu non réfiftant, & celui de la gravité étant toujours également acceleré en tems égal, la courbe qui réfulte de la combinaifon de ces deux forces, doit être la même dans toutes les directions, puifque les forces font les mêmes.

§. 511. Une des propriétés de la parabole eft encore que le parametre de fon axe ou d'un de fes diametres * eft troifiéme proportionnelle

à

Fig. 67.

* On appelle Diametres d'une parabole toutes les lignes menées d'un des points de la parabole parallelement à fon axe, comme

à l'abſciſſe de ce diametre & ſon ordonnée ;
c'eſt-à-dire, à la ligne B E. qui repréſente
l'eſpace dont le corps eſt tombé par l'action de
la gravité dans le premier tems de la chute, &
la ligne SE. qui repréſente l'eſpace parcouru
dans le même tems par la vîteſſe imprimée par
la force projectile : ainſi, puiſque l'on connoît
que l'eſpace parcouru dans la premiere ſeconde
par l'action de la gravité eſt de quinze pieds, ſi
on connoît l'eſpace que la force projectile peut
faire parcourir au corps dans le même tems
d'une ſeconde, le quarré de ce dernier eſpace
qui repréſente l'ordonnée, étant diviſé par quinze pieds, qui eſt l'eſpace parcouru par la gravité,
lequel eſpace eſt repréſenté par l'abſciſſe, donnera le parametre de la parabole que le corps
doit décrire : or quand on connoît le parametre d'une parabole, on peut la décrire : par conſéquent on connoît le chemin du mobile,
quand on connoît l'eſpace que la force projectile peut lui faire parcourir en un tems donné,
car celui qu'il parcourt par la force de la gravité
eſt toujours le même.

Il ſuit de cette propoſition, que ſi le mouvement de projectile de deux corps leur fait
parcourir des eſpaces égaux en tems égaux, les

*Wolf. Al-
rithm.
(§. 302.)*

comme la figure NO. Le parametre eſt la ligne quadruple
de la partie de l'axe compriſe entre le foyer & le ſommet de la
parabole, & l'abſciſſe eſt la partie de l'axe compriſe entre le
ſommet de la parabole, & l'ordonnée à ſon axe ou à un de ſes
diametres.

paraboles

paraboles qu'ils décriront, auront le même parametre.

§. 512. La ligne de direction du mouvement de projectile est toujours tangente de la parabole que le corps décrit ; ainsi, la ligne BR. touche la parabole BD. au point B. seulement, car la gravité agissant sur le corps dans le premier instant de son mouvement, elle change la direction de ce corps dans ce premier instant; par conséquent, la ligne qui représente la force qui pousse ce corps, étant une ligne droite, elle ne peut toucher la courbe que ce corps décrit qu'en un seul point.

Fig. 66.

§. 513. La parabole BED. s'appelle le chemin du mobile, & la ligne droite ST. qui soustent cette parabole BD. décrite par ce corps dans son mouvement, s'appelle l'amplitude de ce chemin, & l'angle CBT. s'appelle l'angle d'élevation.

Fig. 68.

§. 514. En déterminant que le chemin des projectiles étoit une parabole, on a été obligé de faire plusieurs suppositions: car pour réduire les effets Physiques aux calculs Mathématiques, on est toujours obligé de supposer bien des choses, & lorsqu'ensuite on veut repasser des calculs Mathematiques aux effets Physiques, on trouve bien du déchet sur l'exactitude, & sur la précision.

Supposi-
tion néces-
sai.e. pour
que le che-
min du
projectile
soit une
parabole.

1º. On a fuppofé que les lignes M S. G L. *Fig. 66.*
RD. qui repréfentent l'action de la gravité fur
les corps étoient paralleles entr'elles , car fi elles
n'étoient pas paralleles , la courbe décrite par
le corps ne feroit plus une parabole ; mais l'action de la gravité étant toujours dirigée vers le
centre de la terre , les lignes M S. G L. R D.
qui repréfentent cette action , ne font point paralleles , puifqu'elles fe réuniroient au centre de
la terre , fi elles étoient prolongées.

2º. On a fuppofé de plus , que les efpaces parcourus par la force projectile étoient égaux en
tems égaux , mais ils ne le font point à caufe
de la réfiftance de l'air , qui diminue fans ceffe
cette force , & par conféquent, les efpaces qu'elle fait parcourir.

3º. Enfin , on a encore fuppofé que les efpaces parcourus par l'action de la gravité , font
tous en raifon du quarré des tems , mais c'eft
ce qui n'eft point exactement vrai ; car cette
même réfiftance de l'air altère auffi la proportion de ces efpaces.

§. 515. La premiere fuppofition peut être
faite fans erreur fenfible , car l'étendue des plus
grandes projections que nous puiffions faire font
fi courtes , par rapport à la diftance qu'il y a
de la furface de la terre à fon centre , que les
différences qui réfultent du manque de paralle-
lifme dans les lignes , qui repréfentent l'action
de la gravité, font une parfaite égalité pour nous.

M.

Hiſt. de
l'Acad.
1678.

M. Blondel a calculé qu'une piéce d'artillerie, pointée horiſontalement ſur une montagne élevée de cent toiſes, & qui chaſſera à la longueur de deux mille cinq cent toiſes, en comptant les lignes verticales paralleles, chaſſera à la longueur de 2499. toiſes, 5. pieds, 6. pouces ½. en comptant le changement cauſé par le manque de paralleliſme dans les lignes, qui repréſentent l'action de la gravité, & par quelque altération inévitable, qui ſe trouve toujours dans la ligne horiſontale de projection. Or que ſont pour nous 5. pouces ½. ſur 2500. toiſes? Cette différence eſt encore bien plus petite dans les projections ordinaires; ainſi l'on voit que l'on peut ſans erreur la compter entierement pour rien.

Dans l'air la ligne que décrivent les corps projettés, devient une courbe très-approchante de l'hiperbole.

Newton Principia Liv. 2. prop. 4.

§. 516. A l'égard de la réſiſtance de l'air au mouvement vertical, & à l'horiſontal que l'on ſuppoſe nulle, lorſque l'on détermine que la courbe décrite par les projectiles en tombant eſt une parabole, ſon effet eſt ſi ſenſible dans la chute des corps ordinaires, que la courbe qu'ils décrivent en tombant dans l'air, n'eſt plus une parabole; mais une courbe fort approchante de l'hiperbole, laquelle reçoit des altérations ſelon la maſſe & la forme des corps, & ſelon la nature de l'air dans lequel ils tombent.

La parabo-

§. 517. Ainſi, la parabole ne ſert à déterminer

ner le mouvement des projectiles que dans un milieu non réfiſtant, & c'eſt cependant cette courbe qui eſt le fondement de l'art de l'artillerie, car la réfiſtance de l'air eſt preſque inſenſible ſur un corps auſſi peſant qu'un boulet de canon, & il eſt d'ailleurs aiſé de remedier dans ce cas aux petites irrégularités que cette réfiſtance peut cauſer.

le que les projectiles décriroient dans un eſpace non reſiſtant, eſt le fondement de l'art de l'artillerie.

CHAP.

CHAPITRE XX.

Des Forces Mortes, ou Forces Preſſantes ;
& de l'Equilibre des Puiſſances.

§. 518.

L A Force motrice qui eſt le principe du mouvement fait parcourir au corps un certain eſpace, ou lui fait déranger un certain nombre d'obſtacles, quand ſon action n'eſt point arrêtée, ſelon qu'elle s'exerce plus ou moins ; mais lorſque ſon action eſt arrêtée par quelque obſtacle invincible, alors elle ne fait parcourir aucun eſpace

pace au corps fur lequel elle agit, mais elle lui
fait faire un effort, elle lui imprime une tendance pour déranger cet obstacle, & pour lui
imprimer un mouvement.

§. 519. On diſtingue ces deux Forces, par
ces mots *de Force morte*, ou *Force virtuelle*,
& de *Force vive*. La Force morte conſiſte dans
une ſimple tendance au mouvement : telle eſt
celle d'un reſſort prêt à ſe détendre ; & la *Force
vive* eſt telle qu'un corps a, lorſqu'il eſt dans
un mouvement actuel.

Il y a deux ſortes de Forces, comment il faut les diſtinguer.

§. 520. Les Forces mortes s'appellent encore
Forces preſſantes, parce qu'elles preſſent les corps
qui leur réſiſtent, & qu'elles font effort pour les
déranger de leur place.

§. 521. Les Forces preſſantes peuvent ou reſter en repos avec les corps qu'elles preſſent, ou
bien parcourir avec eux un certain eſpace.

§. 522. Les Forces preſſantes, qui reſtent en
repos avec les corps ſur leſquels elles agiſſent,
ſont :

1°. Le poids des corps, lequel les porte
vers le centre de la terre, c'eſt par cette force
que tout corps preſſe l'obſtacle qui le ſoutient.

Quelles ſont les forces preſſantes en repos.

2°. L'effort que fait un reſſort tendu pour ſe
détendre, & pour éloigner de lui les puiſſances
qui le retiennent.

3°.

3°. La cohéfion & la force magnetique par lefquelles deux corps fe preffent mutuellement l'un l'autre, à peu près comme nos mains s'appliquent l'une contre l'autre, lorfque nous les ierrons.

§. 523. Les Forces preffantes qui, en reftant appliquées au corps fur lequel elles agiffent, fe meuvent avec lui, font:

1°. Le poids qui eft dans le baffin d'une balance, & qui force ce baffin à defcendre avec lui.

2°. Un reffort qui vient à fe détendre, & à pouffer devant lui les obftacles qui le retenoient.

3°. Ma main qui preffe un corps pofé fur une table, & qui parcourt cette table avec lui.

4°. Un corps attaché à un autre corps avec lequel il tourne en rond, & qu'il tire par fa force centrifuge, &c.

§. 524. Ainfi, on appelle également *Force preffante*, la force par laquelle un corps en tire un autre, & celle par laquelle un corps preffe fur un autre: en un mot tout ce qui fait effort pour déranger de fa place un corps auquel il tient, foit qu'il le touche immédiatement, comme le poids qui eft dans le baffin d'une balance, foit qu'il lui tienne par un autre corps, comme le corps tourné en rond, qui tire celui auquel une corde l'attache; foit enfin qu'il le preffe fimplement comme une pierre pofée fur une table.

§. 525.

§. 525. Toute Force motrice produit une pression ; mais la pression de la force morte est détruite à tout moment, & celle de la force vive ne l'est pas.

§. 526. Les obstacles sur lesquels les forces pressantes agissent, peuvent être ou invincibles, ou de nature à céder.

§. 527. Quand les obstacles sont invincibles, l'action de la force qui tend à les déplacer, est à tout moment détruite par ces obstacles, & à tout moment reproduite par l'effort continuel que fait la force pressante pour vaincre cette résistance. Ainsi, les petits degrés que la force pressante imprime à l'obstacle qui retient son action, périssent en naissant, & naissent en périssant ; & c'est dans cette réciprocation constante, dans ce retour de production & de destruction que consiste l'effet de la pesanteur d'un corps, lorsqu'il est retenu par un obstacle invincible ; & c'est cette pression aussi-tôt détruite, que produite, qu'on appelle *force morte.*

§. 528. Quoique les forces mortes ne produisent aucun effet, elles peuvent cependant être considérées comme actives ou comme passives.

§. 529. La Force morte que je considère

comme active, est la force que les corps ont
pour tenir quelque puissance en équilibre.

En quoi
consistent
les forces
mortes.
§. 530. La Force morte que je considére comme passive, est celle que reçoit un corps sans
mouvement, lorsqu'il est sollicité de se mouvoir, & qu'il reste cependant en repos.

Quel est
leur effet.
§. 531. Lorsque la force morte est détruite
par un obstacle invincible, son effet est le même, soit que son action dure un moment, soit
qu'elle soit continuée des millions d'années ;
car dans l'un & dans l'autre cas, elle ne produit aucun effet réel ; mais elle tend seulement,
à chaque instant, à en produire un : ainsi, quelque long-tems que la pression contre un obstacle invincible puisse être continuée, la force
qui la produit, ne s'épuise jamais.

§. 532. Dès que l'action de la Force morte sur
un obstacle invincible cesse, son effet, qui est
la pression du corps qui lui résiste, cesse aussi,
& son effet ne survit jamais à son action.

Toute pression se consume pendant qu'elle
agit, & son effet, dans un moment, ne dépend
point de son effet dans un autre, de sorte qu'elle
est toujours détruite dans un instant infiniment
petit, soit par la pression contraire d'un obstacle
invincible, soit en communiquant ou en détrui-
sant de la force.

On appelle résistance ce qui détruit la pression ;

fion, & c'eft pour cela que la réaction eft tou-jours égale à l'action, ce qui veut dire feule-ment que la réfiftance eft égale à la preffion qu'elle détruit.

§. 533. Un obftacle invincible pour une force, ne l'eft pas pour une autre, fi cette force eft fu-périeure à la premiere.

§. 534. Lorfque les obftacles fur lefquels la force motrice agit, ne font pas invincibles, l'ac-tion de cette force fur ces obftacles eft de les faire fortir de leur place, & alors les petits de-grés de mouvement, que cette force commu-nique, à chaque inftant infiniment petit, au corps fur qui elle agit, s'y accumulent, & s'y confer-vent, & cette force oblige le corps à changer de place ; & dans ce cas la *force morte* fe chan-ge en *force vive*.

Quand l'obftacle céde, les forces pref-fantes ou *forces mor-tes*, devien-nent forces vives.

§. 535. On voit déja que la force morte & la force vive différent entr'elles effentiellement, puifque l'une ne produit aucun effet, & que l'autre produit un effet réel, qui eft le dépla-cement de l'obftacle : ainfi, ces deux efpéces de force ne peuvent pas plus être comparées qu'une ligne & une furface : ce font des quan-tités hétérogénes, & entre lefquelles il y a l'infini.

Je parlerai des forces vives dans le Chapi-tre 21. Je n'examine ici que l'effet de la fimple preffion.

C c 2 §. 536.

§. 536. Dans les corps en repos on eſtime là
force qu'ils ont pour tenir quelque puiſſance en
équilibre, par le produit de leur maſſe ou de
leur matiére propre multipliée par leur vîteſſe
virtuèlle ou élémentaire, c'eſt-à-dire, par la vîteſſe initiale qu'ils auroient, ſi cette puiſſance,
qui les retient, venoit à faire quelque mouvement.

§. 537. Le corps eſt quelque tems à acquérir
la force motrice ; car tout effet ſuppoſe un tems
dans lequel il s'opére.

§. 538. La puiſſance qui agit ſur le corps, &
qui lui communique la force motrice, reſte appliquée à ce corps, juſqu'à ce qu'il ait acquis
cette force qu'elle lui communique.

La puiſſance motrice reſte appliquée au corps,
& parcourt avec lui un certain eſpace dans le
premier inſtant, dans lequel la puiſſance tranſ-
porte l'obſtacle.

§. 539. Dans ce premier inſtant, dans lequel
la puiſſance motrice reſte appliquée au corps
ſur qui elle agit, l'intenſité de cette puiſſance
eſt le produit de la maſſe par la vîteſſe initiale;
car tant que le corps preſſé n'a pas encore acquis tout ſon mouvement la puiſſance qui lui
communique le mouvement, eſt alors une force
morte.

§. 540.

Les puissances peuvent différer entr'elles selon la grandeur des masses qu'elles peuvent transporter, & selon l'espace infiniment petit qu'elles peuvent parcourir avec elles en tems égal ; & c'est ce qu'on appelle *l'intensité des puissances.*

§. 540. On ne peut point connoître la gran-. deur d'une seule puissance : il faut comparer l'action momentanée de deux puissances qui agissent sur des masses égales ou inégales, & qui les poussent avec un increment de vîtesse plus ou moins grand, afin de pouvoir connoître en quelle raison ces puissances agissent ; car toutes nos connoissances ne sont que comparatives.

De la comparaison des puissances.

§. 541. Si dans un espace égal, les puissances déplacent des masses inégales, leurs intensités seront comme les masses deplacées, multipliées par leurs vîtesses initiales.

§. 542. Si les masses deplacées sont égales & les espaces inégaux, les intensités seront comme les espaces.

§. 543. Si les masses & les espaces sont inégales, les intensités des puissances seront comme ces masses, & ces espaces, c'est-à-dire, en raison composée des deux.

§. 544. Les maffes déplacées font toujours en raifon directe de la grandeur des puiffances, & en raifon inverfe des efpaces.

§. 545. Ainfi, les intenfités des puiffances font égales, fi les efpaces parcourus font en raifon réciproque des maffes déplacées. Par exemple, fi les maffes déplacées font 8. & 6. & les efpaces parcourus 3. & 4. refpectivement, l'intenfité de chacune de ces deux puiffances fera 24. car dans ce cas, la premiere maffe eft à la feconde, comme la vîteffe initiale de la feconde eft à la vîteffe initiale de la premiere :: ainfi, le produit des efpaces parcourus, & des maffes déplacées, multipliés l'un par l'autre, repréfente l'intenfité des puiffances qui communiquent la force motrice.

§. 546. Les puiffances égales qui agiffent dans une direction directement oppofée, fe fervent l'une à l'autre d'un obftacle invincible, & détruifent mutuellement l'effet l'une de l'autre ; ainfi, toute puiffance oppofée peut être confidérée comme un obftacle invincible, par rapport à la puiffance qu'elle contrebalance ; & tout obftacle invincible peut être confidéré comme une puiffance égale à la puiffance dont il arrête l'effet.

§. 547. Dans l'équilibre des puiffances, les forces

forces mortes sont en raison composée des masses, & de leur vîtesse virtuelle.

Ainsi, quand 10. livres paroissent en équilibre avec 2. livres, comme dans une romaine, ce n'est en effet qu'une illusion; car ce n'est pas entre 2. & 10. qu'est l'équilibre, mais entre 2. & 10. disposées de façon, que les deux livres, auroient 5. fois plus de vîtesse que les 10. si elles venoient à se mouvoir, ce qui rétablit l'équilibre.

L'équilibre est donc un repos causé par l'opposition & l'égalité de deux ou de plusieurs forces.

§. 548. Deux forces ne peuvent être en équilibre, & se détruire mutuellement, que lorsqu'elles feroient parcourir à la même masse des espaces égaux en tems égaux, si elle venoit à céder à leur action, dans le premier moment quelle y céderoit, car ces forces pourroient déranger les mêmes masses, quoiqu'elles ne pussent pas les transporter également loin en tems égal; & si une de ces puissances, par exemple, pouvoit faire parcourir au même corps un espace infiniment petit, double de l'espace infiniment petit que l'autre puissance lui feroit parcourir dans un même tems, l'intensité de cette puissance seroit double de celle de l'autre puissance; car lorsque les masses sont égales, les puissances sont comme les espaces. (§. 542.)

§. 549. Les puissances égales & opposées se détruisent mutuellement, & alors leur destruction est le seul effet qu'elles produisent.

Lorsque deux puissances sont en équilibre, elles sont égales.

§. 550. Afin que deux puissances puissent être en équilibre, il faut que leurs directions se réunissent en un point, & concourent dans la même ligne, sans quoi elles ne seroient point opposées, ou bien elles ne le seroient qu'en partie.

§. 551. Si deux puissances agissent sur le même corps dans une direction contraire, & avec des forces inégales, la force de la puissance plus foible sera détruite, ainsi qu'une égale partie de la force de la puissance supérieure, ensorte que la plus forte puissance poussera la plus foible devant elle avec la force qui lui restera ; & l'effet produit sera égal à la force restée à la puissance supérieure.

§. 552. Si les directions opposées de deux puissances égales en tout, se réunissent sur un même obstacle, ni ces puissances, ni cet obstacle ne sortiront de leur place ; & ces puissances détruiront mutuellement l'effet l'une de l'autre, tant qu'elles continueront à presser cet obstacle dans une direction opposée.

§. 553.

§. 553. Afin que les trois puissances ABC. dont les directions se réunissent au point D. soient en équilibre, il faut que leurs intensités soient entr'elles comme les trois lignes DG. GE. ED. parallèles aux directions des trois puissances ABC. lesquelles forment entr'elles le triangle DGE. ou DEF. car si la puissance B. en tirant le point D. lui eût donné la vîtesse DG. & que la puissance C. lui eût donné la vîtesse DF $=$ GE. le point D. eût parcouru la diagonale DE. du parallélogramme GDFE.

Donc afin que la puissance A. tienne le point D. en repos, & contrebalance les puissances C. & B. il faut qu'elle puisse donner au corps B. la vîtesse ED. car alors la force vers DE. sera égale aux deux forces vers DG. & vers DF $=$ GE. puisque les forces sont entr'elles comme les vîtesses qu'elles communiqueroient au même corps (257.) Les côtés du triangle DGE. expriment donc en quelle raison ces trois puissances qui se tiennent en équilibre, sont entr'elles.

§. 554. Une puissance est en équilibre avec 4. 5. ou un nombre quelconque de puissances, lorsque toutes les puissances qui la contrebalancent, peuvent être renfermées dans une seule puissance, dont l'intensité soit égale à l'intensité de la puissance contrebalancée, & si de plus elles concourent avec elle dans la même ligne.

Soit ce point A. tiré par les cinq puissances
D.

Planche II.

Fig. 69.

En quel proportion les puissances qui sont en équilibre, doivent être entr'elles.

Fig. 68.

D. E. F. G. B. enforte que la puiſſance B. ſoit en équilibre avec les quatre autres puiſſances D. E. F. G. Si ces cinq puiſſances ſont reſpective-ment proportionnelles aux lignes AD. AE. AF. AG. AB. ayant formé le triangle ADC. ou le parallelogramme ADCE. les puiſſances AE. AD. ſeront renfermées dans la ſeule puiſſance AC. qui agira dans la direction AC. ainſi les puiſſan-ces AD. AE. AC. ſeront en équilibre par la §. précédente.

Fig. 70.

Les puiſſances AG. AF. étant enſuite renfer-mées de la même façon dans la puiſſance Ah. ces deux nouvelles puiſſances AC. & Ah. ſe-ront réduites par le même moyen à la ſeule puiſſance Ab. qui ſe trouvera égale & directe-ment oppoſée à AB. puiſqu'elle ſera dans la même ligne, & qu'elle repréſente les forces AE. AD. AF. & AG. qui étoient en équilibre avec AB.

L'action de toute puiſſance peut ſe ré-ſoudre en deux au-tres puiſ-ſances.

Fig. 70.

§. 555. Il ſuit de la §. 553. que l'action de toute puiſſance peut ſe réſoudre en l'action de deux ou. de pluſieurs puiſſances ; & cela d'une infinité de maniéres différentes, à cauſe de la quantité infinie de triangles qui peuvent avoir le même côté. (§. 281.)

Ainſi, on peut conſidérer l'effet opéré par pluſieurs puiſſances, comme étant l'effet d'une ſeule force qui leur eſt égale, & au contraire.

Preuve

§. 556. C'eſt ſur tout dans la combinaiſon de l'action

l'action des forces preſſantes que l'on trouve l'accompliſſement de la troiſiéme Loi du mouvement, par laquelle la réaction eſt toujours égale à l'action (§. 258.) car les forces preſſantes n'agiſſent jamais ſans une réſiſtance égale, ſoit que l'obſtacle céde, ſoit qu'il réſiſte invinciblement.

Ainſi, dans l'équilibre où ſe tiennent deux ou pluſieurs puiſſances, quoiqu'elles ſe preſſent l'une l'autre, & que la moindre augmentation de force les pût faire ſortir de leur place, cependant elles y reſtent toutes, tant que les efforts qu'elles s'oppoſent mutuellement, ſont égaux.

de l'égalité de l'action & de la réaction par l'équilibre des puiſſances

CHAPITRE

CHAPITRE XXI.

De la Force des Corps.

§. 557.

VOUS avez vû dans le Chapitre premier, que le principe de la continuité, fondé sur celui de la raison suffisante, ne souffre point de saut dans la nature, & qu'un corps ne sçauroit passer d'un état à un autre, sans passer par tous les degrés qui sont entre deux ; ainsi, par cette Loi un corps qui est en repos, ne sçauroit passer subitement au mouvement, il faut qu'il y aille successivement, & comme par nuances, en acquerant l'un après l'autre tous les degrés de mouvement qui sont

entre

Un corps ne peut passer subitement du mouvement au repos, ni du repos au mouvement.

entre le repos, & le mouvement qu'il doit acquérir.

§. 558. Un corps qui eſt en mouvement, poſ-
ſéde une certaine force qui augmente, lorſque
la vîteſſe de ce corps augmente, & qui diminue, lorſque la vîteſſe diminue. Donc puiſque
l'on vient de voir qu'un corps ne reçoit point
ſa vîteſſe totale tout d'un coup; mais qu'il l'acquert par gradation, la force qui accompagne
cette vîteſſe, paſſe auſſi ſucceſſivement de la
cauſe preſſante, dans le corps qu'elle met en
mouvement.

§. 559. Ainſi, il ſe preſente naturellement
deux façons de conſidérer la force des corps,
la premiere, lorſque la force eſt encore naiſſan-
te, ou prête à naître, & la ſeconde, lorſque la
force eſt déja née dans le corps, c'eſt-à-dire,
lorſque le corps eſt dans l'état d'un mouvement
actuel, & fini.

§. 560. Lorſque la force eſt encore dans ſa
naiſſance, elle eſt l'effet de la preſſion d'une
cauſe étrangére ſur le corps qui la reçoit, cette preſſion imprime au corps un élement de
mouvement, s'il peut céder, & obéir à la
cauſe qui le ſollicite, & ſi le corps eſt retenu
par un obſtacle invincible, qui ne lui permette
point d'acquérir de la vîteſſe, & d'accumuler en
lui les degrés de force, que la cauſe qui agit ſur

Les corps acquerent la force ſucceſſive-ment comme la vîteſſe.

Deux façons de conſidérer la force des corps.

Toute preſſion produit ou une tendance au mouve-ment ou une vîteſſe infiniment petite.

lui

lui, peut lui donner, cette cause lui communique simplement une tendance au mouvement ; de cette espéce, est la force de la gravité, quand son action est retenue.

Tout le monde convient que c'est cette force qui fait descendre les corps vers la terre ; or un corps qui est sur une table, ou suspendu à un fil, ne sçauroit descendre vers la terre, parce que la résistance de la table, ou du fil l'en empêche, cependant il presse la table, & il tend le fil, & il montre par-là sa tendance au mouvement, qui ne peut avoir d'effet, tandis que ces obstacles qu'il ne sçauroit vaincre, s'y opposent. La pression du corps pesant est donc sans effet dans ces deux cas, ou plûtôt les effets qu'elle produit, c'est-à-dire, la tension du fil, & la pression de la table, sont *des effets non nuisibles* ; qui n'épuisent point la cause pressante : ainsi, la cause pressante ne perd rien alors de sa force parce qu'elle ne la déploye point ; mais elle tend simplement à la déployer, & *cette force* demeureroit éternellement en elle sans s'altérer, si les obstacles restoient toujours invincibles. L'on appelle cette force que la cause pressante déploye sans succès, *force morte.*

Ce qu'on appelle force morte.

§. 561. Lorsqu'on ôte l'obstacle invincible qui empêchoit l'effet de la cause pressante, & qu'on lui donne la liberté de se déployer, & de transferer de la force dans le corps pressé ; aussi-tôt le corps céde, & ne renvoye plus les pressions

De l'élement de la force vive.

preſſions de cette cauſe, mais il les reçoit & les accumule dans lui, & alors ces preſſions qui n'étoient que de ſimples efforts, une force morte, deviennent une force vive, mais une force vive infiniment petite, l'élément de la force vive, ſon commencement qui ne peut devenir une force vive finie, que lorſqu'elle eſt répetée une infinité de fois, & accumulée par une infinité de preſſions ſucceſſives dans le corps qui reçoit le mouvement, & comme cette force infiniment petite qui eſt l'élément de la force vive, eſt l'effet de la preſſion qui étoit une force morte, lorſque ce corps étoit encore retenu, & qu'il ne pouvoit point recevoir le mouvement, & que ces deux forces, c'eſt-à-dire, la force morte & l'élément de la vive ont une même meſure qui eſt la maſſe du corps multipliée par la vîteſſe infiniment petite que la preſſion lui communique, à chaque inſtant infiniment petit, on les confond ordinairement, & on le peut faire ſans erreur ; mais j'aime cependant mieux les diſtinguer ici, parce qu'il y a une différence réelle entre elles ; car dans le premier cas les degrés de force infiniment petits ſont détruits à tout moment, au lieu que dans le ſecond, ils s'accumulent dans le corps qui reçoit le mouvement.

La meſure de la force morte eſt le produit de la maſſe par la vîteſſe initiale.

§. 562. Lorſque la preſſion imprime au corps qui lui céde, le premier degré de force, ou l'élément de la force vive, cet élement eſt proportionnel

La meſure de cet élement de viteſſe eſt

que celle
de la force
morte.

portionnel au petit espace que la pression fait
parcourir au corps dans un petit tems donné,
ou à la vîtesse infiniment petite qu'elle lui
communique dans ce petit tems, & une pression
qui feroit parcourir au même corps un espace
double, en même tems, seroit double, (§. 541.) &
comme cette pression, qui produit dans lepre-
mier moment un élément de force vive lorfque l'obstacle céde infiniment peu, est la même qui produisoit une force morte, lorsque
cet obstacle ne cedoit point du tout à son effort,
on connoît la quantité de la pression qu'un
obstacle invincible détruit, par rapport à une
autre pression à laquelle l'obstacle céde infiniment peu dans un tems infiniment petit, par
l'espace, que cette pression, qui agit contre un
obstacle invincible, feroit parcourir à cet obstacle dans un tems donné, si la force qu'elle
communique au corps sur qui elle agit, devenoit vive de morte qu'elle étoit auparavant,
comparé à l'espace, que l'autre pression à laquelle
l'obstacle céde infiniment peu, fait parcourir
dans le même tems à un corps égal en masse
au premier, en considérant toujours les effets
dans un instant infiniment petit.

Comment
en connoît
l'effort des
Machines,
& ce qu'el-
les peuvent
produire
d'effets.

§. 563. C'est de cette maniére qu'on mesure
les efforts des Machines, par les petits espaces
que les masses pressées parcoureroient, si on
leur donnoît la liberté de céder aux efforts qui
les pressent, & en examinant le rapport que
ces petits espaces ont entre eux.   La

La force des Machines est du genre des forces mortes, de même que la force de tous les corps qui tendent à un mouvement actuel, mais qui n'y sont point encore, & on doit estimer leur rapport, lorsqu'on les compare entr'elles par le produit de leur masse dans leurs vitesses initiales, lesquelles sont toujours proportionnelles à l'effort que ces corps font pour se mouvoir.

Ainsi, soient les deux bras d'une Romaine M.E. N. E. chargés à leurs extrémités de deux poids M. & N. qui s'y tiennent en équilibre : on sçaura le rapport de ces forces, si on considère ce qui arriveroit si l'un des bras obéissoit à l'effort du corps qui le presse, on voit qu'alors le bras ME. viendroit en m E. & le bras N.E. en n E. & que par conséquent le corps M. décriroit le petit arc M m. pendant que le corps N. décriroit le petit arc N n. dans le même tems, leurs efforts seront donc comme ces petits espaces M m. N n. multipliés par leurs masses; car ces petits espaces sont comme leur vîtesse initiale : mais les efforts sont égaux par la supposition, ainsi, la masse M. est à la masse N. comme l'espace N u. est à l'espace M m, c'està-dire, que les masses sont en raison renversée des espaces par la proposition seize du sixiéme Livre d'Euclide; mais comme les triangles M m E. N n E. sont semblables, leurs côtés sont proportionnels (Euclide Prop. 4. Liv. 6.) Ainsi, N n. M m. = N E. M E. c'est à-dire, les espaces

parcourus

parcourus font entr'eux comme la longueur des bras de la Romaine, mettant donc à la place de la raifon des petits efpaces Nn. à Mm.

la raifon de la longueur des bras NE. ME. qui lui eft égal, on aura M : N—NE : ME. c'eft-à-dire, que les poids M. & N. font en raifon réciproque de la longueur des bras de la Romaine, ce qui eft la propofition fondamentale de la Statique.

Fig. 71.

Exemple tiré de la propofition fondamentale de l'Hydroftatique.

Fig. 72.

§. 564. On démontrera de la même maniére la propofition fondamentale de l'Hydroftatique, que les fluides font en équilibre, lorfque leurs furfaces font à une hauteur égale dans les vafes, & les tuyaux qui les contiennent; car fuppofons que dans le vafe AT. la furperficie AB. foit dix fois plus grande que celle du tuyau CD. & que cette fuperficie defcende en a b. il eft clair que la fuperficie CD. du tuyau communiquant montera en c d. d'autant plus haut que la furperficie du vafe eft plus grande que celle du tube : or fi ces deux quantités d'eau doivent être en équilibre, il eft néceffaire que les produits de leurs maffes multipliés dans leurs vîteffes initiales foient égaux; or puifque la vîteffe initiale de l'eau du tube eft 10. tandis que celle du vafe eft 1. il faut que la maffe dans le tube foit auffi 10. fois plus petite, & par conféquent que les hauteurs des fluides foient égales, puifque la furface CD. eft feulement la dixiéme partie de la furface AB.

§. 565.

§. 565. De cette maniére on parvient toujours à déterminer le rapport de toutes sortes
de puiſſances, qui ſe tiennent en équilibre au
moyen de leurs vîteſſes initiales, & toute la
Statique, tant des fluides que des ſolides, eſt
compriſe ſous cette régle.

Tous les Mathématiciens conviennent de
ce principe, ils meſurent toujours le rapport
des efforts ou des forces mortes par les produits des maſſes multipliés par les vîteſſes initiales, & perſonne ne s'eſt jamais aviſé de révoquer cette vérité en doute; mais il n'en eſt
pas de même de la force vive, c'eſt-à-dire,
de la force qui réſide dans un corps qui eſt
dans un mouvement actuel, & qui a une vîteſſe finie, c'eſt-à-dire, une vîteſſe infiniment
plus grande que cette vîteſſe initiale dont je
viens de parler.

§. 566. Sans entrer encore dans la diſcuſſion
de la meſure de cette force vive, on s'apperçoit aiſément qu'elle eſt d'un ᵉ ᵉ genre que
la force morte, qu'elle doit être infiniment
plus grande que ſon élement, & qu'elle doit
lui être comme une ligne eſt à un point, ou
comme une ſurface eſt à une ligne.

M. de Leibnits qui a découvert le premier
la véritable meſure de la force vive, a diſtingué avec beaucoup de ſoin ces deux forces, &
il a ſi bien expliqué leurs différences qu'il eût

M. de Leibnits eſt l'inventeur des forces vives.

Acta E-

rud. An-
née 1686.
& fuiv.

Il faut di-
ftinguer a-
vec foin la
force vive
de fon éle-
ment.

été impoffible de s'y méprendre, & de les confondre, fi au lieu de fe révolter contre cette découverte, on l'avoit examinée.

§. 567. On a vû (§. 560.) qu'une preffion imprime au corps qui lui céde, une vîteffe initiale, & une force infiniment petite, & que cette force infiniment petite paffe dans le corps fur qui la caufe preffante agit; à cette preffion fuccéde une autre preffion, & à celle-ci encore une autre, & ainfi de fuite jufqu'à ce que le corps ayant reçu fucceffivement une infinité de preffions toutes efficaces, & qu'il conferve toutes, ce corps fe meuve avec une vîteffe finie, & qu'il ait acquis une force, qui eft la fomme de toutes ces preffions accumulées & affemblées dans lui.

Fig. 73.

Or perfonne ne peut nier que de trois reffors AB. CD. EF. également forts, & également tendus, chacun poffède la même force, & que je puis mettre l'un à la place de l'autre, fans alterer l'effet qui doit réfulter de la force de ces reffors; ainfi, fi un corps a acquis toute la force qui réfidoit dans le reffort AB. & qu'un autre corps ait acquis toute la force qui réfidoit dans les deux autres reffors égaux CD. EF. ce fecond corps aura deux fois plus de force que le premier, & un corps qui auroit la force de trois de ces reffors égaux & femblables, auroit trois fois plus de force, que celui qui n'auroit que la force d'un de ces reffors, & ainfi de fuite.

Rien

Rien ne paroît plus évident que cette propofition, & fi on vouloit la nier, je ne fçais plus
ce qu'il y auroit de fur dans les connoiffances humaines, ni fur quel principe on pourroit
bâtir en Philofophie; il vaudroit autant, ce me
femble, renoncer à toute recherche.

La gravité preffe uniformement les corps
graves à chaque inftant, & dans tous les points
où ils fe trouvent pendant leur chute vers la
terre; je puis donc confidérer la gravité, quant
à fes effets, comme un reffort infini NR. qui
preffe également un corps A. dans tout l'efpace
AB. & qui le fuit en le preffant toujours également, & en accélérant continuellement fon
mouvement vers B. par les nouvelles preffions
qu'il lui imprime dans tous les points qui font
entre A. & B. Or fi on exprime la preffion que
le corps éprouve en A. par la ligne A m, celle
qu'il reçoit dans le moment le plus proche a.
par la ligne a n, la preffion fuivante par b p. &
ainfi de fuite jufqu'en B. où le corps fe trouve
actuellement, on voit que toutes ces lignes
A m, a n, b p. &c. font le rectangle Ab. & que
la force vive acquife en B. doit être repréfentée
par ce rectangle, puifqu'elle eft compofée de
la fomme de toutes les preffions reçûes pendant le tems A B. lefquelles preffions les lignes
A m, a n, b p, B b. repréfentent : ainfi, la force
vive du corps A. arrivée au point B. fera à celle
d'un corps R. qui feroit defcendu de A. en R.
comme le rectangle Ab. au rectangle A L. c'eft-

Fig. 74.

Les forces vives des corps font comme le quarré des viteffes. Preuves de cette véri-té par la chute des corps.

à-dire,

à-dire, comme les espaces A B. A R. car les rectangles qui ont la même hauteur, sont entr'eux comme leurs bases (Euclide Livre 6, Prop. premiere.)

Les forces que les corps ont reçuës en A. & en R. doivent être nécessairement comme ces lignes AB. AR. car par la §. précédente, les forces vives doivent être entre elles comme le nombre des ressorts égaux, & semblables qui se sont détendus, & qui ont communiqué leurs forces aux corps en mouvement : or le nombre de ces ressorts est évidemment ici comme les espaces AB. AR. puisque dans un espace double il y a deux fois plus de ressorts que dans un espace sous double. Donc les forces vives des corps que la gravité fait descendre, doivent être entre elles comme les espaces AB. AR.

Fig. 74.

On a vû au chap. 13. qu'il est démontré par la théorie de Galilée que les espaces que la gravité fait parcourir aux corps qui tombent vers la terre, sont comme les quarrés des vîtesses : donc les forces vives que les corps acquerent en tombant, sont aussi comme les quarrés de leurs vîtesses, puisque ces forces sont comme les espaces.

Combien cette découverte fut combatue dans les commencemens.

Cette assertion parut d'abord une espece d'Hérésie Physique. D'*où viendroit ce quarré*, disoit-on ? mais on voit qu'il est aisé par ce qui vient d'être dit dans les sections précédentes, de le déduire de l'accumulation de toutes les pressions fions qui ont agi fur le corps dans un tems infini.

§. 568. Toutes les expériences ont confirmé depuis cette découverte , dont on a l'obliga- tion à M. de Leibnits, & elles ont fait voir que dans tous les cas , la force des corps qui font dans un mouvement actuel , & fini, eft pro- portionnelle aux quarrés de leurs vîteffes multi- pliées dans leur maffe, & cette eftimation des forces eft devenue un des principes les plus fé- conds de la Méchanique.

Les Philofophes font d'accord fur les expé- riences qui prouvent cette eftimation des for- ces vives, & ils conviennent tous, que les ma- tiéres déplacées , les refforts tendus, les fibres aplaties , les forces communiquées , &c. que tous les effets des corps en mouvement enfin, font toujours comme le quarré de leur vîteffe multipliée par leur maffe.

Il fembleroit dabord qu'il ne devroit y avoir aucune difpute fur cette matiére ; car puifque de l'aveu de tout le monde, toute force eft égale à fon effet pleinement exécuté, & que des expériences non conteftées prouvent que tous les effets des corps en mouvement, font comme les quarrés de leurs vîteffes multipliées par leurs maffes, il paroît indifpenfable de con- clure que les forces de ces corps font auffi comme le quarré de leurs vîteffes.

Dd4   §. 569.

Objection contre les forces vives tirées de la confidération du tems.

§. 569. Les adverfaires des forces vives ont crû pouvoir fe dérober à cette conclufion par la confidération du tems , lequel, difent-ils , doit toujours être la mefure commune de deux forces que l'on compare ; or les corps qui avec des vîteffes doubles font des effets quadruples , ne les font que dans un tems double : donc , conclue-t'on , leur force n'eft que double en tems égal , c'eft-à-dire , en raifon de la fimple vîteffe , & non du quarré de cette vîteffe.

Reponfe à cette Objection.

Il me femble qu'il y a une reponfe bien fimple à cette Objection ; car pouvoir produ re plus d'effets , & agir pendant plus de tems , c'eft là ce que j'appelle , & ce que je crois que tout le monde doit appeller, *avoir plus de force;* & la mefure totale de cette force doit être ce que le corps peut faire , depuis le tems qu'il commence à fe mouvoir, jufqu'à celui où il aura épuifé toute fa force , quelque foit le tems qu'il y employe , & le tems ne doit pas plus entrer dans cette confidération que dans la mefure de la richeffe d'un homme , qui doit avoir été toujours la même , foit qu'il ait dépenfé fon bien dans un jour , ou dans un an , ou dans cent ans.

§. 570. La queftion de la force des corps ne doit pas rouler fur une force métaphifique fans emploi & fans réfiftance, car je ne fçais quelle eft la force de celui qui ne fe bat point ; fi donc

donc rien ne refiste à la force d'un corps, s'il se meut seulement avec fa mafle & fa vîtefle, je ne le connois que comme *vîte*, & je ne puis découvrir quelle eft fa force, ni ce que c'eft.

Mais fi ce corps vient à rencontrer d'autres corps qu'il fait mouvoir, des refforts qu'il tend, des mafles qu'il tranfporte, qu'il déplace, ou qu'il comprime, alors je le connois comme *fort*, & je puis eftimer fa force par la quantité d'effets qu'il produit en la confumant, & je ne puis craindre de me tromper en eftimant cette force, par les effets qui l'ont confumée.

Le tems eft à confidérer dans les occafions, dans lefquelles pendant un plus long-tems il peut y avoir un plus grand effet produit, comme dans le mouvement uniforme ; car alors l'efpace total parcouru qui eft le feul effet produit, fera plus ou moins grand, felon que le mouvement du corps fera continué plus ou moins de tems ; mais un corps qui a eû la force de fermer un tel nombre de refforts, ou de remonter à une telle hauteur, ne fermera jamais une plus grande quantité de refforts femblables, & ne remontera jamais plus haut, quelque tems qu'il y employe.

En quelles circonftances le tems eft à confidérer.

Si avec un tems plus long le corps pouvoit produire un plus grand effet, comme, par exemple, de remonter à une plus grande hauteur que celle dont il eft tombé, alors l'effet feroit plus grand que fa caufe, & le mouvement perpétuel méchanique feroit poffible ; car il ne feroit

Le mouvement perpétuel méchanique feroit poffible, fi dans un tems plus

roit

long, la même force pouvoit produire plus d'effets.

roit question que d'employer un tems d'une longueur suffisante; mais tout le monde regarde le mouvement perpétuel méchanique comme impossible ; donc quand il s'agit d'estimer la force d'un corps, les obstacles surmontés sont seuls à compter.

§. 571. Ainsi, la force détruite est toujours égale à l'effet qu'elle a produit, quelque soit le tems dans lequel elle l'a produit ; car si ce tems a été plus court, & la résistance égale, le corps aura consumé plus de force, & surmonté par conséquent une plus grande partie de cette résistance à chaque instant , & si le tems a été plus long, il sera arrivé tout au contraire ; mais dans l'un & l'autre cas, il y a eu la même force dépensée & la même quantité d'effets produits, ensorte que pour surmonter une résistance qui est 100. il faut toujours cent degrés de force, quelque tems que l'on mette à la surmonter.

Absurdités qui s'ensuivroient de la considération du tems dans l'estimation des forces.

§. 572. Je demanderai , de plus, aux personnes qui appuyent tant sur cette distinction du tems , si un corps, qui en vertu d'une double vîtesse produit des effets quadruples pendant un tems double , n'agit pas dans le second tems par sa force, si ce n'est pas sa force qui le fait agir alors, si ce n'est pas enfin sa force qu'il consume dans ce second tems comme dans le premier.

Ii

Il faut bien qu'ils repondent que *oui* , or un corps avec une vîteſſe *deux* fermera trois reſſorts dans la premiere ſeconde , tandis qu'un corps dont la vîteſſe eſt ſous-double de la ſienne , n'en fermera qu'un , & dans la deuxiéme ſeconde , le corps qui avoit la vîteſſe *deux* fermera un quatriéme reſſort , tandis que celui dont la vîteſſe étoit un , reſtera dans un parfait repos ; or , je demande comment il peut reſter quelque force dans la deuxiéme ſeconde , au corps qui avoit *deux* de vîteſſe , s'il n'a eu en commençant à ſe mouvoir qu'une force double du corps qui avoit *un* de vîteſſe , puiſque dans la premiere ſeconde il a depenſé le triple de force , & produit le triple d'effets ſemblables ; il ne lui devroit aſſurément rien reſter , puiſque même il a plus depenſé dans la premiere ſeconde qu'il n'étoit cenſé avoir : il faut donc convenir que l'effet quadruple que le corps qui avoit *deux* de vîteſſe , a produit en deux ſecondes , a été produit par une force quadruple , ou bien il faudra dire que l'effet a été plus grand que ſa cauſe , ce qui eſt abſurde.

Si l'on admettoit que la force ſupérieure , qui ferme quatre reſſorts , ne fût que double de la force inférieure , qui s'eſt conſumée en fermant un reſſort ſeulement , il s'enſuivroit que le corps qui a *deux* de vîteſſe , ne conſume dans le premier inſtant que la même force du corps qui a *un* de vîteſſe , quoiqu'il dérange dans ce premier inſtant le triple d'obſtacles égaux , & que par conſéquent

conséquent un homme qui au bout d'une lieue
seroit tombé de lassitude, auroit cependant eu
la même force que celui qui ne se seroit lassé
qu'après avoir parcouru trois lieues dans le même tems : il faut avoüer que ce sont là des
assertions un peu étrangéres.

Il est donc bien difficile de se résoudre à estimer les forces autrement que par les effets,
dans lesquels elles se font consumées, puisque
si elles avoient été plus grandes que ces effets,
elles ne se seroient point consumées en les pro-
duisant, & que si elles avoient été moindres,
elles ne les auroient point produits.

On refuse
d'admettre
les forces
vives en
convenant
des expé-
riences qui
les établis-
sent.

§. 573. Les forces vives sont peut-être le
seul point de Physique, sur lequel on dispute
encore en convenant des expériences qui le
prouvent ; car si vous demandez à ceux qui les
combattent quels seront sur des obstacles égaux
les effets de deux corps égaux en masse, mais
dont les vîtesses sont 4. & 3. ils vous repon-
dront que l'un fera un effet, comme 16. & l'autre comme 9. or, l'on sent aisément que quelque distinction, & quelque modification qu'ils
apportent ensuite à cet aveu que la force de
la vérité leur arrache, il reste toujours certain
que l'effet étant quadruple, il a fallu une force
quadruple pour le produire.

§. 574. Il seroit inutile de vous rapporter ici
toutes les expériences qui prouvent cette vérité,

té , vous les verrez un jour dans l'excellent
Mémoire que M. Bernoulli a présenté à l'A-
cadémie des Sciences en 1724. & en 1726.
& que l'on trouve dans le Recueil des Piéces
qui ont remporté, ou merité les Prix qu'elle dif-
tribue , & vous en avez déja vû une partie dans
le Mémoire que M. de Mairan a donné en 1728.
à l'Académie contre les forces vives , & que
nous avons lû ensemble , & dans lequel ce fameux Procès est exposé avec beaucoup de clarté, & d'éloquence.

Comme cet ouvrage me paroît être ce que
l'on a fait de plus ingénieux contre les forces
vives , je m'arrêterai à vous en rappeller ici
quelques endroits, & à les réfuter.

M. de Mairan dit , n°. 38. & 40. de son Mémoire: » Qu'il ne faut pas estimer la force des
» corps par les espaces parcourus par le mobile
» dans le mouvement retardé , ni par les obsta-
» cles surmontés, les ressorts fermés, &c. mais
» par les espaces non parcourus, par les parties
» de matiéres non déplacées, les ressorts non
» fermés, ou non aplatis ; or dit-il , ces espa-
» ces , ces parties de matiére , & ces ressorts
» sont comme la simple vîtesse. Donc , &c.

Un des exemples qu'il apporte, est celui d'un
corps qui remonte par la force acquise en tombant à la même hauteur d'où il étoit tombé, &
qui surmonte en remontant les obstacles de la
pesanteur. » Car un corps tombé de la hau-
» teur 4. & qui a acquis 2. de vîtesse en tom-
                                                      » bant,

Examen
de quelques
endroits du
Mémoire
de M. de
Mairan ,
contre les
forces vi-
ves.

» bant, parcoureroit en remontant par un mou-
» vement uniforme, & avec cette vîtesse 2. un
» espace 4. dans la premiere seconde ; mais la
» pesanteur qui le retire en en-bas, lui faisant
» perdre dans cette premiere seconde 1. de
» force & 1. de vîtesse, il ne parcourt que
» 3. dans la première seconde, de même dans
» la deuxiéme seconde où il lui reste encore 1.
» de vîtesse & 1. de force, & où il parcoureroit 2.
» par un mouvement uniforme, il ne parcourt
» qu'un, parce que la pesanteur lui fait encore
» perdre *un*, quelles sont donc les pertes de ce
» corps, *un*, dans la premiere seconde, & *un*
» dans la deuxiéme? ce corps qui avoit 2. de vîtes-
» se, a donc perdu 2. de force, ses forces étoient
» donc comme ses vîtesses, conclud M. de Mai-
» ran, & non comme le quarré de ses vîtesses.

Num. 39.
& 44.

Mais pour sentir le vice de ce raisonnement,
il suffit de considérer (comme dans la §. 567.)
l'action de la pesanteur comme une suite infinie de ressorts égaux, qui communiquent leur
force aux corps en descendant, & que le corps
referme en remontant ; car alors on verra que
les pertes d'un corps qui remonte, sont comme
le nombre des ressorts fermés, c'est-à-dire,
comme les espaces parcourus, & non pas comme les espaces non parcourus.

Dans les obstacles surmontés comme les dé-
placemens de matiére, les ressorts fermés, &c.
on ne peut réduire, même par voix d'hipothése ou de supposition, le mouvement retardé en
uniforme,

uniforme , comme M. de Mairan l'avance dans
ſon Mémoire , & quelque eſtime que j'aie pour
ce Philoſophe , j'oſe aſſurer que lorſqu'il dit
n°. 40. 41. & 42. *qu'un corps , qui par un*
mouvement retardé , ferme trois reſſorts dans la
premiere ſeconde , & 1. dans la deuxiéme , en fer-
meroit 4. dans cette premiere ſeconde , & 2. dans
la deuxiéme par un mouvement uniforme , & une
force conſtante , il dit , je ne crains point de
l'avancer , une choſe entiérement impoſſible ;
car il eſt auſſi impoſſible qu'un corps avec la
force néceſſaire pour fermer 4. reſſorts en ferme 6. (quelque ſuppoſition que l'on faſſe)
qu'il eſt impoſſible que 2. & 2. faſſent 6. car
ſi on ſuppoſe avec M. de Mairan que le corps
n'auroit conſumé aucune partie de ſa force
pour fermer 4. reſſorts dans la premiere ſeconde d'un mouvement uniforme , je dis que
ces 4. reſſorts ne ſeroient point fermés , ou
qu'ils le ſeroient par quelqu'autre agent ; que
ſi on ſuppoſe au contraire , qu'ayant épuiſé une
partie de ſa force à fermer ces trois premiers
reſſorts dans la premiere ſeconde , & n'ayant
plus que la force capable de luï faire fermer
un reſſort dans la deuxiéme ſeconde , le corps,
reprendroit une partie de ſa force pour en fermer deux dans cette deuxiéme ſeconde par un
mouvement uniforme , (car il faut faire l'une
ou l'autre de ces ſuppoſitions) on ſuppoſe vi-
ſiblement dans le dernier cas, que le corps a renouvellé ſa force , ce qui ſort entiérement de

la

la queſtion ; ainſi, il n'eſt point vrai que la
force totale d'un corps ſoit repréſentée, par ce
qu'elle eût fait, ſi elle ne ſe fût point cōnſu-
mée ; car elle ne pouvoit jamais faire un effet
plus grand que celui qui l'a détruite, & elle
ne contenoit en puiſſance que ce qu'elle a déployé dans l'effet produit : ainſi ce raiſonne-
ment très-ſubtile, & qui pourroit d'abord ſé-
duire, ne porte que ſur ce faux principe, que
la quantité de mouvement & la quantité de la
force ſont une même choſe, & que la force peut
être ſuppoſée uniforme comme le mouvement,
quoiqu'elle ait ſurmonté une partie des obſta-
les qui doivent la conſumer : mais c'eſt ce qui eſt
entiérement faux, & ce qui ne peut être admis,
même par ſuppoſition ; car ſuppoſer en même
tems qu'une force reſte la même, & que cependant elle a produit une partie des effets qui doivent la conſumer, c'eſt ſuppoſer en même tems
les contradictoires : ainſi, la meſure de la force
des corps dans les mouvemens retardés, *n'eſt*
point les parties de matiére non déplacées, les
reſſorts non tendus ; les eſpaces non parcourus
en remontant ; mais, les eſpaces parcourus en
remontant, les parties de matiére déplacées, &
les reſſorts tendus.

M. de Mairan dit encore n°. 33. que, ” de
” même qu'une force n'eſt pas infinie, parce
” que le mouvement uniforme qu'elle produi-
” roit dans un eſpace non réſiſtant, ne ceſſeroit
” jamais, il ne s'enſuit pas non plus à la rigueur,
　　　　　　　　　　　　　　　　　” que

» que la force motrice de ce même corps en
» soit plus grande, parce qu'elle dure plus long-
» tems. Mais on voit aisément que dans le mouvement uniforme supposé éternel, il n'y a nulle
destruction de force, au lieu que lorsque la force
motrice pendant un tems double a dérangé
des obstacles quadruples, il y a eû une dé-
pense réelle de force, laquelle n'a pû se faire
sans un fond de force quadruple, & qu'ainsi,
ces deux cas ne peuvent se comparer.

Je me flatte que M. de Mairan regardera les
remarques que je viens de faire sur son Mémoire, comme une preuve du cas que je fais
de cet ouvrage ; j'avoue qu'il a dit tout ce que
l'on pouvoit dire en faveur d'une mauvaise
cause : ainsi, plus ces raisonnemens sont sédui-
sans, plus je me suis crû obligé de vous faire
sentir qu'ils ne portent aucune atteinte à la
doctrine des forces vives.

§. 575. Cette doctrine peut être confirmée par
un raisonnement fort simple, & que tout le
monde fait naturellement quand l'occasion s'en
présente : que deux voyageurs marchent également vîte, & que l'un marche pendant une
heure, & fasse une lieue, & l'autre deux lieues
pendant deux heures, tout le monde convient
que le second a fait le double du chemin du
premier, & que la force qu'il a employé à faire
deux lieues, est double de celle que le premier
a employé pour faire une lieue : or, supposant

Raisonne-ment très-sensible qui prouve les forces vives.

maintenant qu'un troisième voyageur fasse ces deux lieues en une heure, c'est-à-dire, qu'il marche avec une vîtesse double, il est encore évident que le troisième voyageur, qui fait deux lieues dans une heure, employe deux fois autant de force que celui qui fait ces deux lieues en deux heures : car on sçait que plus un courier doit marcher vîte, & faire le même chemin en moins de tems, plus il lui faut de force, ce que tout courier sent si bien qu'il n'y en a point qui ne veuille être d'autant mieux payé, qu'il va plus vîte ; or puisque le troisième voyageur employe deux fois plus de force que le second, & que le second en employe deux fois plus que le premier, il est évident que le voyageur qui marche avec une double vîtesse pendant le même tems, employe quatre fois plus, & que par conséquent les forces que ces voyageurs auront dépensées, seront comme le quarré de leurs vîtesses.

§. 476. Les ennemis des forces vives trouvent le moyen d'éluder la plûpart des expériences qui les prouvent, parce qu'ils ne peuvent les nier ; ils rejettent, par exemple, toutes celles que l'on fait sur les enfoncemens des corps dans des matières molles, & il est vrai qu'il se mêle toujours inévitablement dans ces expériences, & dans les exemples que l'on tire des créatures animales, des circonstances étrangéres qui éternisent les disputes.

§. 477.

§. 577. Mais M. Herman rapporte un cas qui ne laisse lieu à aucun subterfuge, & dans lequel on ne peut disputer que la force du corps n'ait été quadruple en vertu d'une double vîtesse; ce cas est celui dans lequel une boule A. qui a *un* de masse, par exemple, & *deux* de vîtesse, frappe successivement sur un plan horisontal, supposé parfaitement poli, une boule B. en repos, qui a 3. de masse, & une boule C. qui a 1. de masse; car ce corps A. donnera un degré de vîtesse à la boule B. dont la masse est 3. & il donnera le degré de vîtesse qui lui reste à la boule C. qu'il rencontre ensuite, & dont la masse est *un*, c'est-à-dire, égale à la sienne, & ce corps A. ayant alors perdu toute sa vîtesse restera en repos.

Or, examinons quelle est la force des corps B. & C. ausquels le corps A. a communiqué toute sa force, & toute sa vîtesse, certainement la masse du corps B. étant 3. & sa vîtesse *un*, sa force sera *trois* de l'aveu même de ceux qui refusent d'admettre les forces vives, le corps C. dont la vîtesse est *un*, & la masse *un*, aura aussi *un* de force: donc le corps A. aura communiqué la force *trois* au corps B. & la force *un* au corps C.: donc le corps A. avec 2. de vîtesses a donné 4. de force: donc il avoit cette force; car s'il ne l'avoit pas eû, il n'auroit pû la donner: donc la force du corps A. qui avoit 2. de vîtesse & *un* de masse, étoit 4. c'est-à-

Ee 2　　dire,

Académie de Petersbourg, Tome premier.

Expérience décisive de M. Herman en faveur des forces vives.

Fig. 75.

Fig. 75.

dire, comme le quarré de cette vîtesse multiplié par sa masse.

§. 578. Il y a un rapport admirable entre
la façon dont le corps A. perd sa force par le
choc dans cette expérience, & celle dont un
corps, qui remonte par la force acquise en descendant, perd la sienne par les coups redou-
blés de la gravité; car un corps qui avec la vîtesse 2. remontera à la hauteur 4. perd *un* de
vîtesse, quand il a remonté à la hauteur *trois*,
de même que la boule A. perd *un* de vîtesse, en
mettant en mouvement la boule B, dont la
masse est *trois*; & le corps qui remonte, perd
le deuxiéme degré de vîtesse qui lui reste, en
remontant de la hauteur 3. à la hauteur 4. c'est-
à-dire, en parcourant un espace sous-triple du
premier, de même que le corps A. perd le degré de vîtesse, qui lui reste, en frappant le corps
C. sous-triple du corps B. Ainsi, la même chose arrive, soit que la force des corps leur soit
communiquée par l'impulsion, soit qu'elle soit
l'effet de leur gravité.

Fig. 75.

§. 579. Quoique dans cette expérience de
M. Herman, un corps avec deux de vîtesse ait
communiqué 4. degrés de force à des corps
égaux à lui qui peuvent exercer cette force,
& la communiquer à d'autres corps, ce qui
ne laisse aucun lieu aux prétextes que l'on allégue contre la plûpart des autres expériences
qui prouvent les forces vives, cependant la difficulté

Cependant
la difficul-
té du tems
reste tou-
jours dans
cette expé-
rience.

ficulté du tems (fi c'en eft une) refte toujours
dans cette expérience, puifque la boule A. n'a
communiqué fa force aux boules B. & C. que
fucceffivement, auffi tous les adverfaires des
forces vives , & M. Papin qui les combattit
contre M. de Leibnits leur inventeur, & M.
Jurin qui s'eft déclaré en dernier lieu contre
cette opinion, ont-ils toujours défié M. de
Leibnits, & les partifans des forces vives de
leur faire voir un cas dans lequel une vîteffe
double produifit un effet quadruple dans le
même temps, dans lequel une vîteffe fimple produit un effet fimple, jufques là même qu'ils ont tous promis d'admette les forces
vives, fi on pouvoit leur trouver un tel cas
dans la nature: voici comme s'exprime M. Jurin. *Id fi facere dignati fuerint me ipfis difci-*
pulum , parum id quidem eft , at multos egregios
viros aufim promittere. *

§. 580. Comme les loix du mouvement ne
permettent pas , lorfqu'un corps en choque un
feul autre, de tranfporter toute la force de ce
corps dans un autre de maffe quadruple par un
feul coup, M. de Leibnits pour fatisfaire à cet
efpéce de défi eut recours au levier, par le
moyen duquel il vint à bout de tranfporter

---

* Et s'ils peuvent trouver un tel effet dans la nature , je
leur promets, non feulement d'être leur difciple, ce qui feroit
peu de chofe; mais de leur en procurer de beaucoup plus dignes
que moi.

par-

par un seul coup toute la force d'un corps dans un autre de masse quadruple, auquel il communiquoit la moitié de sa vîtesse, mais la considération du levier donna, encore lieu à des exceptions qui rendirent cette expérience de M. de Leibnits infructueuse pour la conversion de ses adversaires : ainsi, l'objection tirée de la considération du tems subsistoit toujours.

Expérience qui détruit entierement l'objection tirée du tems

§. 581. Mais on a renversé entierement cette objection en trouvant le cas que les adversaires des forces vives croyoient introuvable, ce cas est celui dans lequel un corps A. suspendu librement dans l'air, & dont la vîtesse est *deux*, & la masse supposée *un*, choque en même tems sous un angle de 60. degrés, *deux* corps B. & B. dont la masse de chacun est *deux*; car dans ce cas le corps choquant A. demeure en repos après le choc, & les corps B. & B. partagent entr'eux sa vîtesse, & se meuvent

Fig. 76.

chacun avec un degré de vîtesse : or ces corps B. & B. dont la masse est *deux*, & qui ont reçu chacun un degré de vîtesse ont chacun *deux* de force, quelque parti que l'on prenne :

Fig. 76.

donc le corps A. avec une vîtesse 2. a communiqué une force 4. dans un seul & même tems, ce qui est précisément le cas exigé par les adversaires des forces vives; ainsi, cette expérience fait tomber entierement l'objection tirée de la considération du tems, dont les ennemis des forces vives ont fait jusqu'à présent tant de bruit.

§. 582.

§. 582. De plus, la force est toujours la même, soit qu'elle ait été communiquée dans un
petit tems ou dans un grand tems ; le tems dans
lequel les ressorts communiquent leur force,
par exemple, dépend des circonstances dans lesquelles ils se déployent; car il y a des circonstances dans lesquelles la force d'un ressort peut se
transmettre dans un même corps plus vîte que
dans d'autres circonstances, cependant la force que ce ressort lui communique, est toujours
la même : ainsi, quatre ressorts égaux com-
muniqueront la même force au même corps,
soit qu'ils la lui communiquent en une, en
deux, ou en trois minutes, comme dans les Fig.
77. 78. & 79. & ce tems pourroit être varié à
l'infini, selon qu'on laisseroit à ces ressorts plus
ou moins de liberté d'agir, quoique la force
communiquée fût toujours la même ; ainsi, le
tems n'a rien à faire dans la communication
du mouvement.

§. 583. On fait encore une objection contre les forces vives, qui paroît d'abord assez
forte ; elle est tirée de la considération de ce
qui arrive à 2. corps qui se choquent avec des
vîtesses qui sont en raison inverse de leur masse,
car si ces corps sont sans ressorts sensibles, ils
resteront en repos après le choc ; or il sembleroit d'abord que le corps, qui a le plus de
vîtesse ayant plus de force dans la doctrine des

Autre preuve ti-rée du tems dans le-quel les ressorts communi-quent leur force.

Fig. 77. 78. & 79.

Autre objection contre les forces vi-ves.

E e 4   forces

forces vives, devroit pousser l'autre corps devant lui.

Reponse. Mais pour entendre comment deux corps avec des forces inégales peuvent cependant rester en repos après le choc, considérons un *Fig. 80.* ressort R. qui se détend en même tems des deux côtés, & qui pousse de part & d'autre des corps de masse inégale, l'inertie de ces corps étant le seul obstacle, qu'ils opposent à la détence du ressort, & cette inertie étant proportionnelle à leur masse, les vîtesses que le ressort commu- *Mac-Lau- rin Piéces des Prix de l'Acadé- mie.* niquera à ces corps, feront en raison inverse de leur masse; & par conséquent ils auront des quantités égales de mouvement, mais leurs forces ne seront pas égales, comme M. Ju- *Bernoulli Piéces des Prix. Disc. sur le Mou- vement.* rin & quelques autres voudroient l'inferer, ces forces seront entr'elles comme la longueur CB. & la longueur CA. c'est-à-dire, comme le nombre des ressorts qui ont agi sur eux; ainsi, leurs forces seront inégales, & se trouveront entre elles, comme le quarré de la vîtesse de ces corps multiplié par leur masse.

Or, lorsque le ressort R. s'est détendu jusqu'à un certain point, si ces corps retournoient vers lui avec les vîtesses qu'il leur a communiquées en se détendant, on voit aisément que chacun de ces corps auroit précisément la force nécessaire, pour remettre les parties du ressort qui ont agi contre lui dans leur premier état de compression, & qu'ils employeroient à fermer ce ressort des forces inégales, puisqu'en

se

se détendant il leur avoit communiqué des forces inégales, qu'ils ont confumées à le fermer, & fi le reffort étoit arrêté dans fon état de compreffion, lorfque ces corps viennent de le refermer, les deux corps, dont toute la force a été employée à le fermer, refteroient alors en repos.

Or, quand deux corps qui ne font point élaftiques, fe rencontrent avec des vîteffes qui font en raifon inverfe de leurs maffes, ils font l'un fur l'autre le même effet que l'on vient de voir, que le corps A. & le corps B. auroient fait fur les parties du reffort R. pour le fermer, & il eft aifé de voir par cet exemple comment les corps peuvent confumer des forces inégales dans l'enfoncement de leurs parties, & refter en repos après le choc.

Fig. 20.

§. 584. M. de s'Gravefande a imaginé une expérience qui confirme merveilleufement cette théorie, il affermit dans la Machine de Mariotte une boule de terre glaife, & la fit choquer fucceffivement par une boule de cuivre, dont la maffe étoit trois & la vîteffe *un*, & par une autre boule de même métal dont la vîteffe étoit 3. & la maffe *un*, & il arriva que l'enfoncement fait par la boule *un*, dont la vîteffe étoit *trois*, fut toujours beauconp plus grand que celui que faifoit la boule 3. avec la vîteffe *un*, ce qui marque l'inégalité des forces; mais quand ces deux boules avec les mêmes vîteffes

Expérience qui confirme cette reponfe.

que

que ci devant choquoient en même tems, la
boule de terre glaise suspendue librement à
un fil, alors la boule de terre glaise n'étoit
point ébranlée, & les deux boules de cuivre restoient en repos & également enfoncées
dans la terre glaise, & ces enfoncemens égaux
ayant été mesurés, ils se trouverent plus grands
que l'enfoncement que la boule *trois* avec la vîtesse *un* avoit fait, lorsqu'elle avoit frappé seule
la boule de terre glaise affermie, & moindre
que celui qui y avoit été fait par la boule 1. avec
la vîtesse 3.car la boule 3. avoit employé sa force
à enfoncer la terre glaise, & son enfoncement
avoit été augmenté par l'effort de la boule 1. qui
a pressé la boule de terre glaise contre la boule 3.
ce qui a diminué l'enfoncement de cette boule
un; ainsi, les corps mous qui se rencontrent
avec des vîtesses en raison inverse de leurs
masses, restent en repos après le choc, parce
qu'ils employent leurs forces à enfoncer mutuellement leurs parties; car ce n'est pas un simple repos qui joint ces parties, mais une véritable force, & pour aplatir un corps & enfoncer ses parties, il faut surmonter cette force
qu'on appelle *cohérence*, & il ne se consume
dans le choc que la force qui est employée à
enfoncer ces parties.

§. 585. Le raisonnement le plus spécieux que
l'on ait fait contre les forces vives, est celui
de M. Jurin rapporté dans les *Transactions
Philosophiques.* Il

Il suppose un corps placé sur un plan mobile, que l'on fait mouvoir en ligne droite avec la vîtesse *un*, par exemple, il est sûr qu'un corps posé sur ce plan, & dont on suppose que la masse est *un*, acquiert la vîtesse *un*, & par conséquent la force *un* par le mouvement du plan.

Il suppose ensuite, qu'un ressort capable de donner à ce même corps la vîtesse *un*, soit assujetti sur ce plan, & vienne à se détendre & à pousser ce corps dans la même direction dans laquelle il se meut déja avec le plan, ce ressort en se détendant communiquera un dégré de vîtesse à ce corps; & par conséquent un degré de force: or dit M. Jurin, quelle sera la force totale de ce corps ? elle sera *deux*, mais sa vîtesse sera aussi *deux*, donc la force de ce corps sera comme sa simple vîtesse multipliée par sa masse, & non comme le quarré de cette vîtesse.

Voici en quoi consiste le vice de ce raisonnement: supposons pour plus de facilité, au lieu du plan mobile de M. Jurin un bateau, AB. qui avance sur une riviere dans la direction BC. & avec la vîtesse *un*, & le corps P. transporté avec le bateau; ce corps acquert la même vîtesse que le bateau: ainsi, sa vîtesse est *un*. Si l'on attache dans ce bateau un ressort capable de donner à ce corps P. un degré de vîtesse, ce ressort, qui communiquoit au corps P. hors du bateau la vîtesse *un*, ne la lui communiquera

Fig. 11.

En quoi consiste le vice de ce raisonnement.

plus

plus, lorſqu'il ſera tranſporté dans le bateau ; car l'appui contre lequel le reſſort s'appuye dans le bateau, n'étant pas un appui inébranlable, & le bateau cédant à l'effort, que le reſſort fait vers A. ce reſſort ſe détend en même tems des deux côtés, & il faut alors avoir égard à la réaction ; ainſi, ce reſſort ne communiquera pas au corps P. la vîteſſe *un* dans le bateau, mais il lui communiquera cette vîteſſe moins quelque choſe, & cette différence ſera plus ou moins grande, ſelon la proportion qui ſe trouvera entre la maſſe du bateau AB. & celle du corps P. & la même quantité de force vive, qui étoit dans le bateau AB. dans le reſſort R. & dans le corps P. avant que le reſſort R. ſe fût détendu, ſe retrouvera après ſa détente dans le bateau & dans le corps pris enſemble. Ainſi, ce cas que M. Jurin défie tous les Philoſophes de concilier avec la doctrine des forces vives, n'eſt fondé que ſur cette fauſſe ſuppoſition que le reſſort R. communiquera au corps P. tranſporté ſur un plan mobile ou dans un bateau, la même force qu'il lui communiqueroit, ſi le reſſort étoit appuyé contre un obſtacle inébranlable & en repos, mais c'eſt ce qui n'eſt point, & ce qui ne peut point être, que dans le ſeul cas où la maſſe du vaiſſeau ſeroit infinie par rapport à celle du corps.

Fig. 31.

§. 586. Quoique l'autorité ne doive point être comptée lorſqu'il s'agit de la vérité, cependant je me crois obligé de vous dire que

M.

M. Newton n'admettoit point les forces vives, car le nom de M. Newton vaut presque une objection : ce Philosophe examine dans la derniére Question de son Optique le mouvement d'un bâton infléxible AB. aux deux bouts duquel on a attaché les corps A. & B. & il suppose que que le centre de gravité de ce bâton AB. qu'il ne considére que comme une ligne, se meuve le long de la droite C D. tandis que les corps A. & B. tournent sans cesse autour de ce centre, il arrive que lorsque la ligne AB. est perpendiculaire à CD. (comme dans la Figure 82.) la vîtesse du corps A. est nulle, & celle du corps B. est *deux* ; ainsi, le mouvement de ces corps est alors *deux* : mais quand cette ligne AB. est coïncidente ou presque coïncidente avec la ligne C D. (comme dans la Figure 83.) alors la somme des mouvemens des corps A. & B. devient 4. M. Newton conclut de cette considération, & de celle de l'inertie de la matiére que le mouvement va sans cesse en diminuant, dans l'Univers ; & qu'enfin notre Systême aura besoin quelque jour d'être reformé par son Auteur ; & cette conclusion étoit une suite nécessaire de l'inertie de la matiére, & de l'opinion dans laquélle étoit M. Newton, que la quantité de la force étoit égale à la quantité du mouvement ; mais quand on prend pour force le produit de la masse par le quarré de la vîtesse, il est aisé de prouver que la force vive demeure toujours la même, quoique la

quantité

portionnelle à leur quantité de mouvement.

Fig. 82.

Fig. 82.

Fig. 82 & 83.

Phenoméne inexplicable sans la doctrine des forces vives, & qui a fait conclure à M. Newton que la force étoit variable dans l'Univers.

Fig. 82 & 83.

quantité du mouvement varie peut être à chaque inftant dans l'Univers , & que dans tous
les cas , & fpécialement dans celui que je viens
de citer d'après M. Newton , la force vive demeure inébranlable ; quelque foit la pofition de
la ligne A.B. par rapport à la ligne C D. que
parcourt fon centre de gravité. Ainfi les miracles continuels qui réfultent de la pofition
de cette ligne A B. n'ont plus lieu dans la doctrine des forces vives.

§. 587. La force des corps en mouvement
étant proportionnelle à leur maffe & au quarré
de leurs viteffes , il s'enfuit qu'en augmentant
également la viteffe & la maffe d'un corps,
on augmente fa force inégalement.

Différence de nos Machines de guerre & de celles des Anciens.

Les Anciens avoient fait des machines pour
rompre les murs dont la maffe étoit immenfe ,
& qui avec une très-petite viteffe faifoient un
très-grand effet: nous nous fervons d'une in-
duftrie toute contraire dans les nôtres ; car la
poudre fait un très - grand effet en augmentant la viteffe d'une très - petite maffe ; &
une des raifons de la fupériorité de nos Machines fur celles des Anciens, c'eft que la force
des corps augmentant en raifon du quarré de
la viteffe , & feulement en raifon directe de la
maffe , cette forte d'augmentation fait un bien
plus grand effet.

§. 588. On a vû dans ce Chapitre que toutes
les

les expériences concourent à prouver les forces vives, mais la Méthaphysique parle presque aussi fortement que la Physique en leur faveur.

Descartes en donnant des Loix du mouvement fausses, s'étoit égaré en suivant un beau principe, celui de la conservation d'une égale quantité de force dans l'Univers; ce grand Philosophe pensoit que le *semel jussit*, *semper paret*, * de Seneque, étoit plus convenable à la Puissance & à la Sagesse du Créateur, que d'être obligé de renouveller sans cesse le mouvement qu'il avoit une fois imprimé à son Ouvrage comme le pensoit M. Newton.

Cette idée si belle, si vrai-semblable, si digne de la grandeur de la Sagesse de l'Auteur de la Nature, ne peut cependant se soutenir, quand on fait la force des corps égale à leur quantité de mouvement: car indépendamment du cas que j'ai rapporté d'après M. Newton à la §. 586. & dans lequel il se fait une production & un anéantissement continuel de mouvement par le seul changement de position; Messieurs Hughens, Wren & autres ont démontré, que l'on peut augmenter ou diminuer le mouvement à l'infini dans le choc des corps, en plaçant les corps, qui se choquent d'une cer-

* Il a commandé une fois, & il obéit toujours à ce qu'il a ordonné.

taine

taine maniére, & en leur donnant de certaines maffes.

Mais M. de Leibnits par fa nouvelle eftimation des forces, a accordé la raifon Métaphifique trouvée par Defcartes & qu'il n'appliquoit pas bien & les effets Phyfiques découverts en partie depuis Defcartes ; car en diftinguant, comme a fait M. de Leibnits, la quantité du mouvement & la quantité de la force des corps en mouvement, & en faifant cette force proportionnelle au produit de la maffe par le quarré de la vîteffe, on trouve que quoique le mouvement varie à chaque inftant dans l'Univers, la même quantité de force vive s'y conferve cependant toujours ; car la force ne fe détruit point fans un effet qui la détruife, & cet effet ne peut être que le même degré de force communiqué à un autre corps, puifque celui qui prend, ôte toujours à celui à qui il prend, autant de force qu'il en retient pour lui ; ainfi, la production du moindre degré de force dans un corps, emporte néceffairement la perte d'un égal degré de force dans un autre corps & réciproquement : ainfi, la force ne fçauroit périr en tout, ni en partie, qu'elle ne fe retrouve dans l'effet qu'elle a produit, & l'on peut tirer de-là toutes les Loix du mouvement.

Or, cette confervation des forces feroit une raifon Métaphyfique très-forte, toutes chofes d'ailleurs égales, pour déterminer & eftimer la

la force des corps en mouvement par le quarré de leurs vîteſſes; car ce n'eſt pas le produit
de la maſſe par la vîteſſe qui ſe trouve, quand
on pourſuit la force dans ſes effets, mais le
produit de la maſſe par le quarré de la vîteſſe;
or, que le mouvement périſſe & renaiſſe, il n'y
a rien là de contraire aux bons principes,
pourvû que la force qui le produit, reſte la même; car vous avez vû au Chapitre 8. que la
vîteſſe eſt un mode de la force motrice : or
quand la vîteſſe devient plus ou moins grande; il n'y a rien de ſubſtantiel créé, ou an-
nihilé, la force motrice qui étoit dans les
corps, eſt ſeulement modifiée par la variation
de la vîteſſe, & cette force elle-même, qui
eſt quelque choſe de réel, & qui dure comme
la matiére, ne ſçauroit être détruite, ni produite de nouveau; car il eſt aiſé de faire voir
géometriquement que dans tout ce qui ſe paſſe
entre des corps à reſſort de quelque maniére
qu'ils ſe choquent, la même quantité de force
ſe conſerve inaltérable, ſi l'on prend pour force
le produit du quarré de la vîteſſe par la maſſe,
mais ſi les forces des corps en mouvement
n'euſſent pas été dans cette raiſon, la même
quantité des forces vives, qui ſont la ſource
du mouvement dans l'Univers, ne ſe ſeroit pas
conſervée.

§. 589. Il eſt vrai qu'il n'y a que dans les
corps à reſſort, dans leſquels la force des corps

Tome I.   * Ff   en

ves eſt une
raiſon très-
forte en
leur faveur

De l'em-
ploi de la
force dans

le choc des corps à res-sort.

en mouvement puisse se poursuivre & se cal-culer toute entiére , parce qu'après le choc ces corps se restituent dans le même état où ils étoient auparavant, & l'on peut trouver l'em-ploi de leurs forces dans d'autres corps qu'ils ont mis en mouvement, ou dont ils ont au-gmenté le mouvement sans altérer leur figure.

Et dans le choc des corps qui n'ont point de ressort.

§. 590. Quant à ce qui se passe entre des corps incapables de restitution, c'est là un de ces cas où il n'est pas aisé de suivre la force vi-ve, parce qu'elle a été consumée à déplacer les parties des corps , à surmonter leur cohérence, à rompre leur contexture, à tendre peut être des ressorts qui sont entre leurs parties , & que sçait-on à quoi ? Mais ce qui est de bien certain c'est que la force ne périt point, elle peut à la vérité paroître perduc , mais on la retrouveroit toujours dans les effets qu'elle a produits , si l'on pouvoit toujours appercevoir ces effets.

TABLE
DES MATIERES
Contenuës en cet Ouvrage.

A

C

DES MATIERES

TABLE

TABLE DES MATIÈRES.

Fin de la Table des Matières.

Figures des Chapitres 1. 2. et 3.

Fig. 1

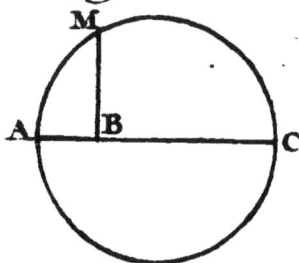

Fig. 2

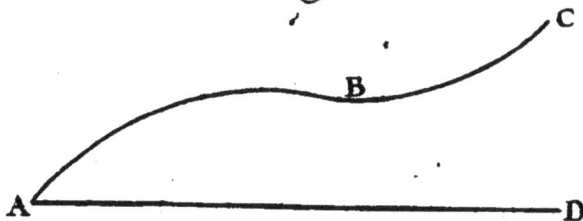

Fig. 3.

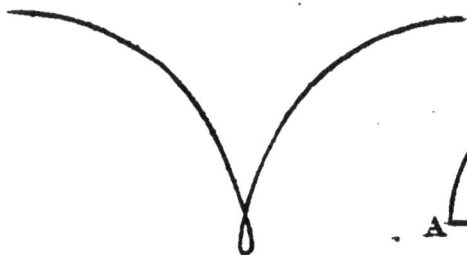

Fig. 4

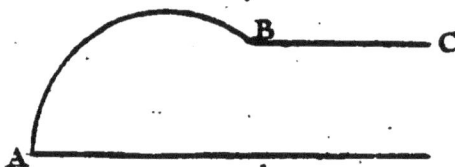

Fig. 5 num. 1.º

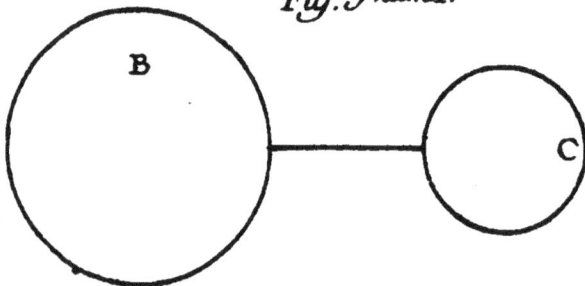

Fig. 5 num. 2.º

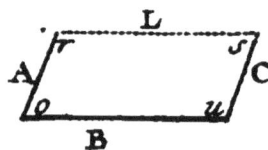

Figures du chap. neuvième.

Fig. 6

Fig. 7

Fig. 8

Fig. 9

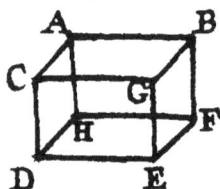

Fig. 10

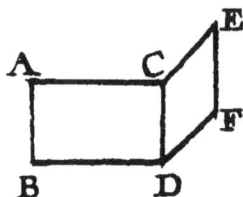

Figures du chapitre dix.

Fig. 11

A

Fig. 12

B

Fig. 13

D

Fig. 14

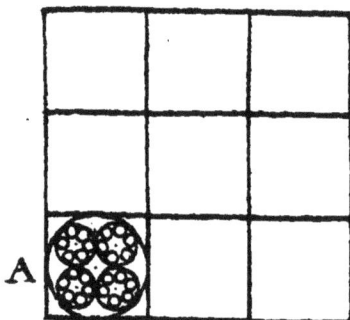

A

Fig. 15

Fig. 16

A

Fig. 17

B

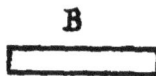

Fig. 18

Figures du chapitre douze.

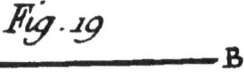

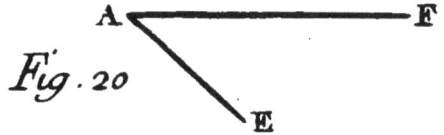

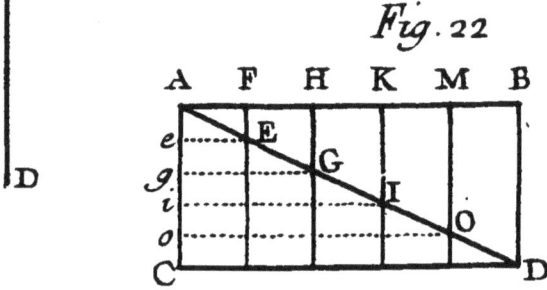

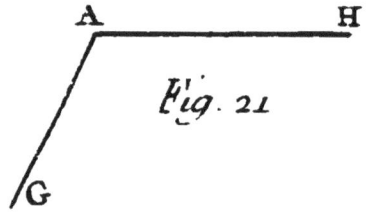

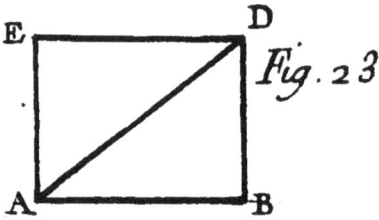

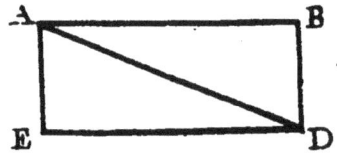

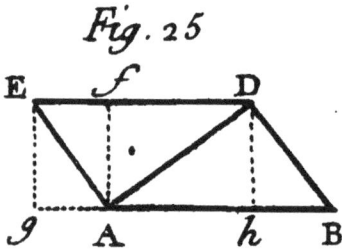

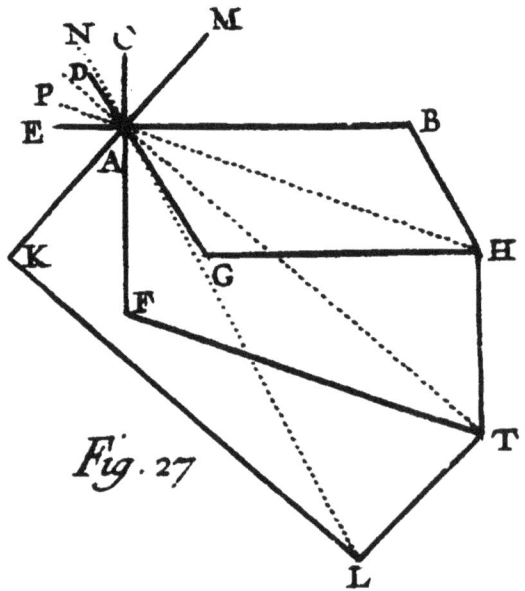

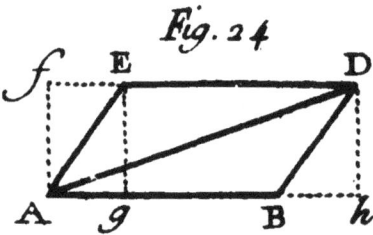

Fig. 19

Fig. 20

Fig. 21

Fig. 22

Fig. 26

Fig. 23

Fig. 25

Fig. 24

Fig. 27

Planche 4.

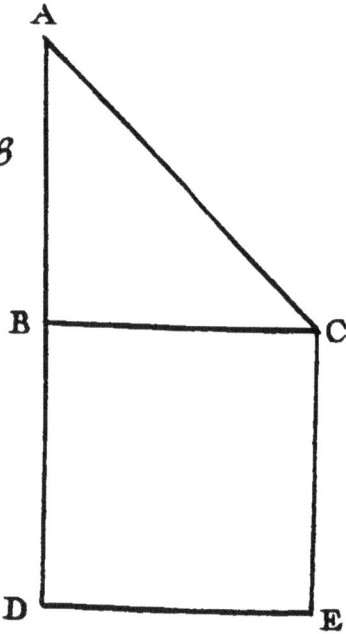

Fig. 28

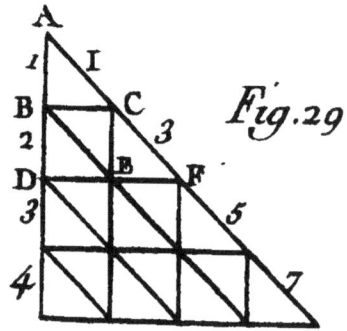

Fig. 29

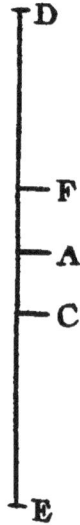

Fig. 31

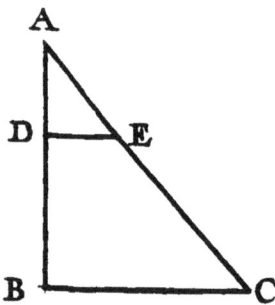

Fig. 30

Fig. du Ch. 16.

Fig.32

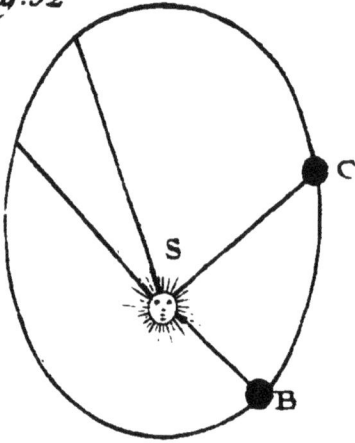

Fig.33

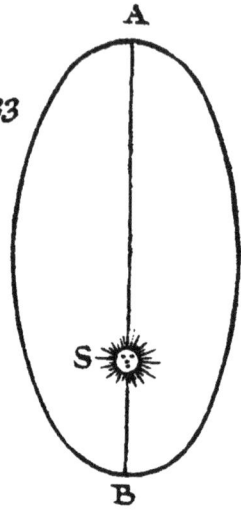

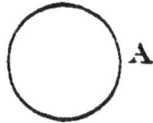

Fig.36

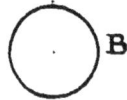

Fig.35

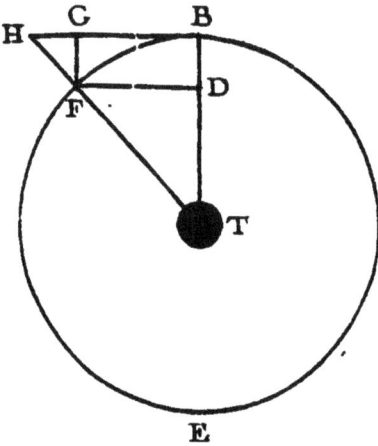

Fig.34

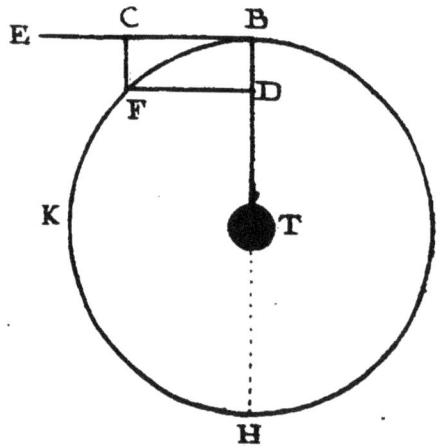

Pl. 6

Fig. 37
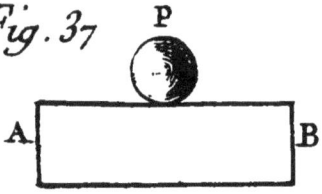

Fig. 39
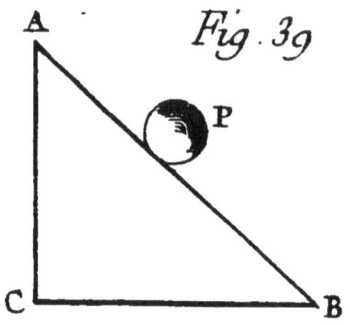

Fig. 38
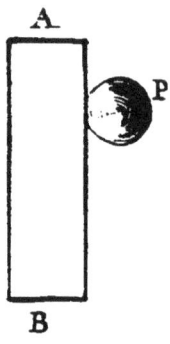

Fig. 40
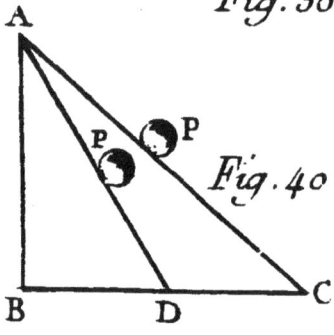

Fig. 42
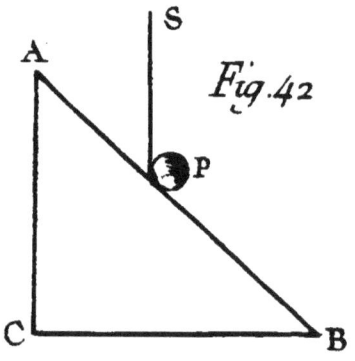

Fig. 41
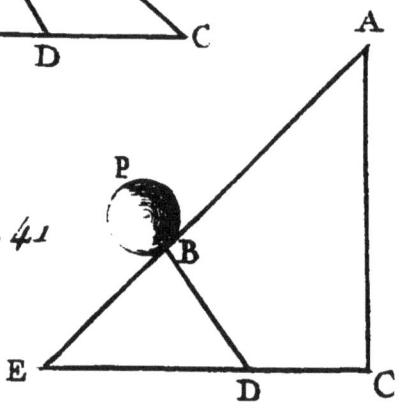

Fig. 45
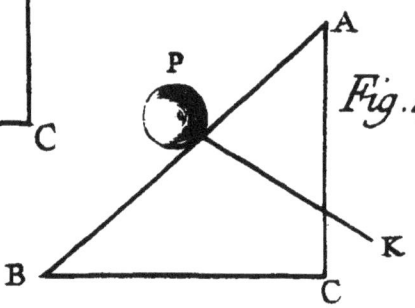

Fig. 43
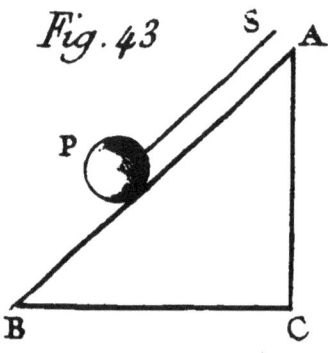

Fig. 44
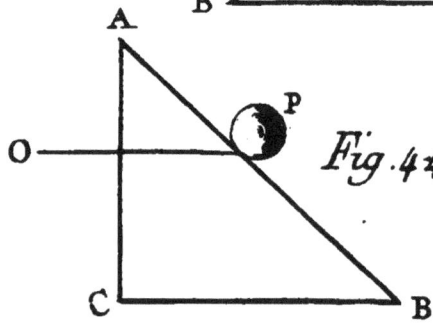

Fig. 46

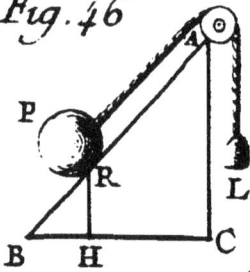

Fig. 47

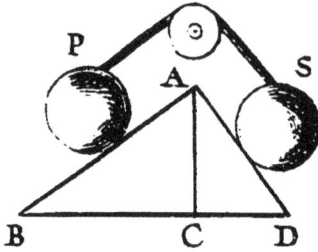

Fig. 48

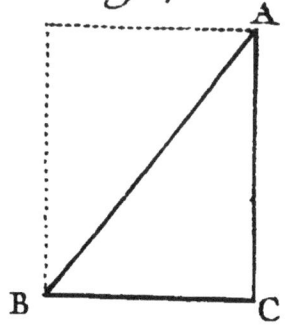

Fig. 49

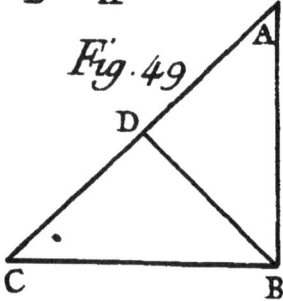

Fig. 50

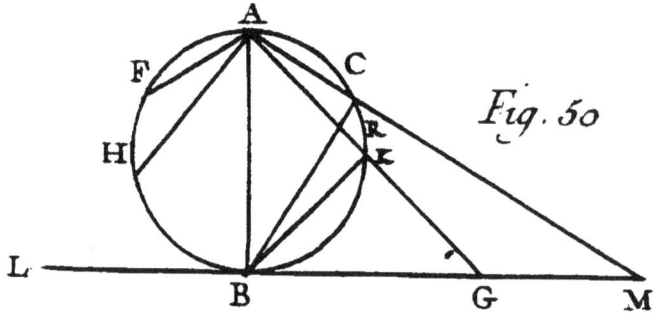

Fig. 51

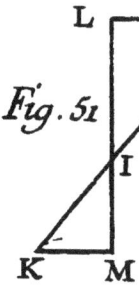

Fig. 52

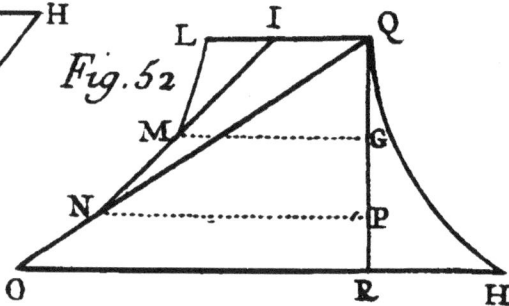

Fig. 53

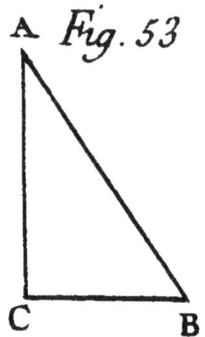

Fig. 55

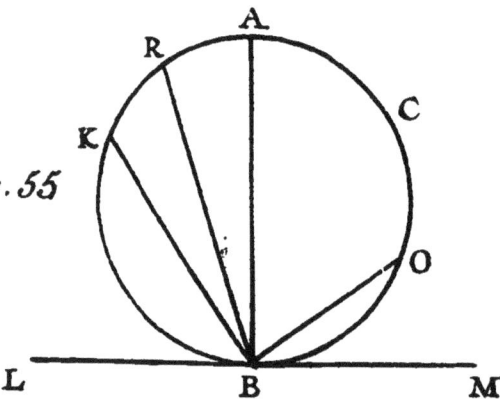

Fig. 54

Planche 8.

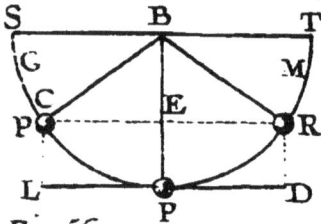

Fig. 56

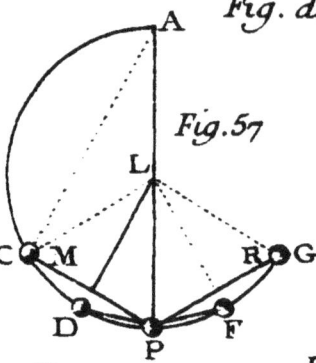

Fig. 57

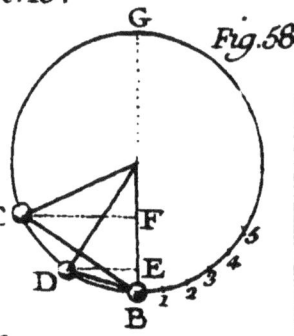

Fig. 58

Fig. 59

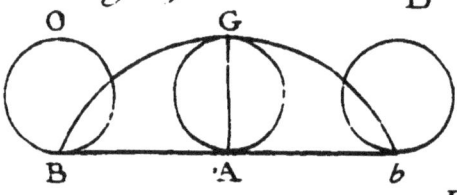

Fig. 61

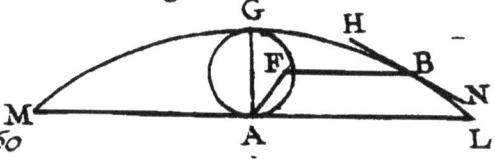

Fig. 60

Fig. 63

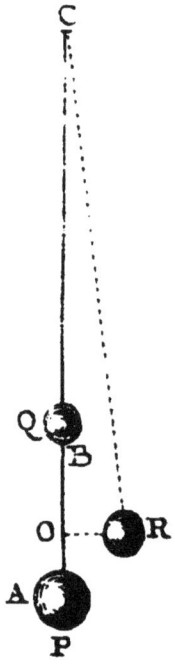

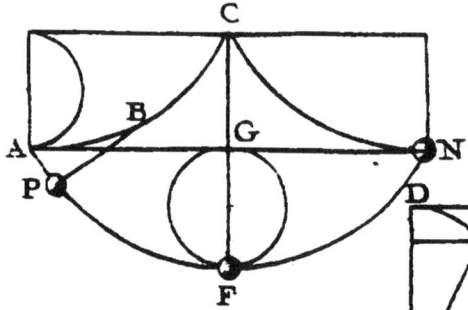

Fig. 62

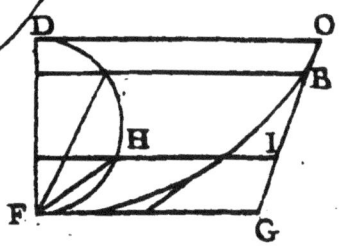

Fig. 63

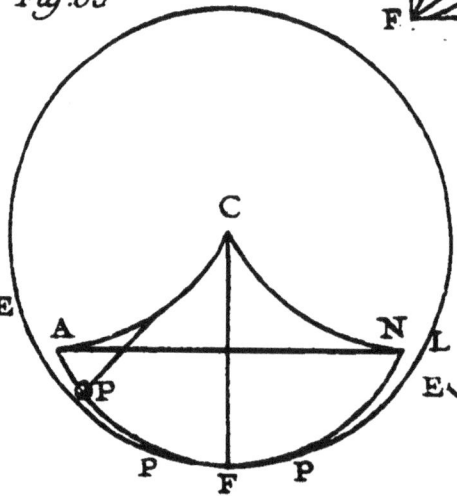

Fig. 64

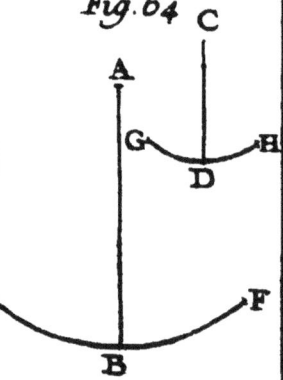

Pl. 9.

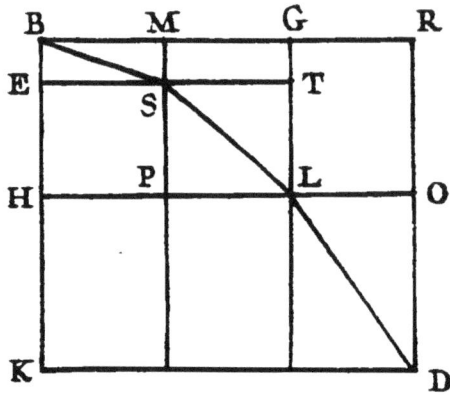

Fig. 66

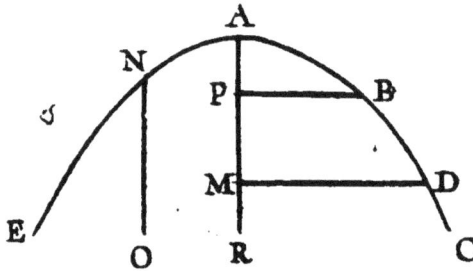

Fig. 67

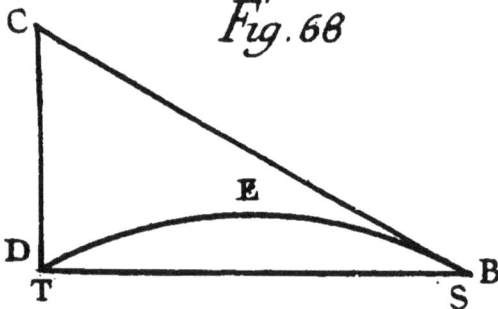

Fig. 68

Figures des chapitres 20. et 21.

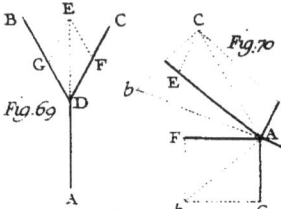

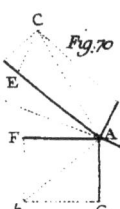

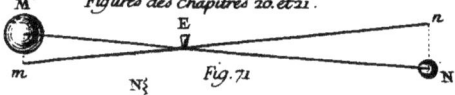

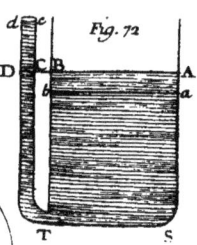

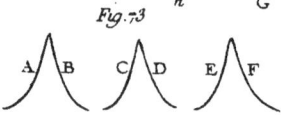

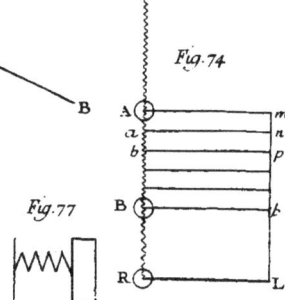

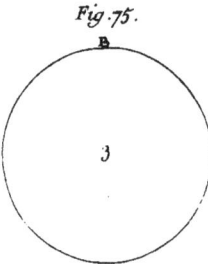

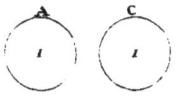

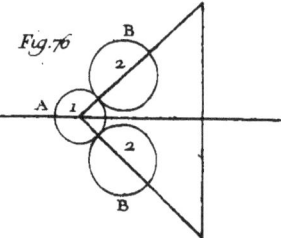

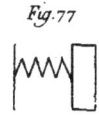

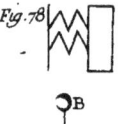

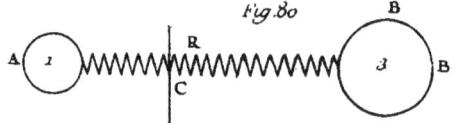

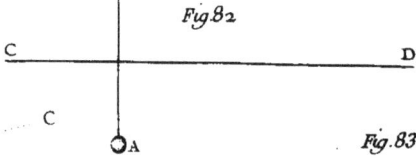

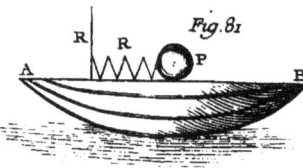

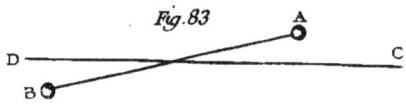

Fig. 69
Fig. 70
Fig. 71
Fig. 72
Fig. 73
Fig. 74
Fig. 75
Fig. 76
Fig. 77
Fig. 78
Fig. 79
Fig. 80
Fig. 81
Fig. 82
Fig. 83

Planche 11.

APPROBATION.

J'Ai lu, par ordre de Monseigneur le Chancelier, un Manuscrit qui a pour titre : *Institutions de Physique*, cet Ouvrage dans lequel en a exposé les principes de la Philosophie de Mr. Leibnits & ceux de M. Newton, est écrit avec beaucoup de clarté, & je n'y ai rien trouvé qui puisse en empêcher l'Impression. A Paris ce 1er Septembre 1738. *Signé*, PITOT.

PRIVILÉGE DU ROY.

LOUIS, par la grace de Dieu, Roi de France & de Navarre : A nos amés & féaux Conseillers les Gens tenans nos Cours de Parlement, Maîtres des Requêtes ordinaires de notre Hôtel, Grand Conseil, Prévôt de Paris, Baillifs, Sénéchaux, leurs Lieutenans Civils & autres nos Justiciers qu'il appartiendra, SALUT. Notre bien amé LAURENT-FRANÇOIS PRAULT fils, Libraire à Paris, Nous ayant fait remontrer qu'il souhaiteroit faire imprimer & donner au Public un Manuscrit qui a pour titre, *Institutions de Physique* : S'il nous plaisoit lui accorder nos Lettres de Privilége sur ce nécessaires ; offrant pour cet effet de le faire imprimer en bon papier & beaux caractéres, suivant la feuille imprimée & attachée pour modéle sous le contre-scel des Présentes. A ces CAUSES, voulant traiter favorablement ledit Exposant, Nous lui

lui avons permis & permettons par ces Présentes, de faire imprimer ledit Ouvrage ci-dessus spécifié en un ou plusieurs Volumes, conjointement ou séparement, & autant de fois que bon lui semblera, & de le vendre, faire vendre & débiter par tout notre Royaume pendant le temps de six années consécutives, à compter du jour de la date desdites Présentes ; Faisons défenses à toutes sortes de personnes de quelque qualité & condition qu'elles soient, d'en introduire d'impression étrangère dans aucun lieu de notre obéissance ; comme aussi à tous Libraires, Imprimeurs & autres, d'imprimer, faire imprimer, vendre, faire vendre, débiter, ni contrefaire ledit Ouvrage ci-dessus exposé, en tout ni en partie, ni d'en faire aucuns Extraits sous quelque prétexte que ce soit d'augmentation, correction, changement de titre, même de traduction étrangère ou autrement, sans la permission expresse & par écrit dudit Exposant ou de ceux qui auront droit de lui, à peine de confiscation des Exemplaires contrefaits, de trois mille livres d'amende contre chacun des contrevenans, dont un tiers à nous, un tiers à l'Hôtel Dieu de Paris, l'autre tiers audit Exposant, & de tous dépens, dommages & intérêts, à la charge que ces Présentes seront enregistrées tout au long sur le Registre de la Communauté des Libraires & Imprimeurs de Paris, dans trois mois de la date d'icelles, que l'impression de cet Ouvrage sera faite dans notre

tre Royaume & nos ailleurs ; & que l'Impetrant se conformera, en tout aux Réglemens de la Librairie, & notamment à celui du dixiéme Avril mil sept cent vingt-cinq, & qu'avant que de l'exposer en vente, le Manuscrit ou Imprimé qui aura servi de Copie à l'impression dudit Ouvrage, sera remis dans le même état où l'Approbation y aura été donnée, ès mains de notre très-cher & féal Chevalier le Sieur Daguesseau, Chancelier de France, Commandeur de nos Ordres ; & qu'il en sera ensuite remis deux Exemplaires dans notre Bibliotheque Publique, un dans notre Château du Louvre, & un dans celle de notredit très-cher & féal Chevalier le Sieur Daguesseau, Chancelier de France, Commandeur de nos Ordres ; le tout à peine de nullité des Présentes ; du contenu desquelles vous mandons & enjoignons de faire jouir l'Exposant ou ses ayans cause pleinement & paisiblement, sans souffrir qu'il leur soit fait aucun trouble ou empêchement : Voulons que la Copie desdites Présentes, qui sera imprimée tout au long au commencement ou à la fin dudit Ouvrage, soit tenue pour dûement signifiée, & qu'aux Copies collationnées par l'un de nos amés & féaux Conseillers & Secretaires, foi soit ajoûtée comme à l'Original ; commandons au premier notre Huissier ou Sergent de faire pour l'exécution d'icelles tous Actes requis & nécessaires sans demander autre permission, & nonobstant Clameur de Haro, Charte Normande & Lettres à

ce

ce contraires : Car tel est notre plaisir, donné à Paris le quatorziéme jour d'Avril, l'An de grace mil sept cent quarante, & de notre Régne le vingt-cinquiéme. Par le Roy en son Conseil.

Signé, STINSON.

Régistré sur le Régistre dix de la Chambre Royale des Libraires & Imprimeurs de Paris Nº. 357. Fol. 346. conformément aux anciens Reglemens, confirmés par celui du 28. Février 1723. A Paris le 21. Avril 1740.

Signé, SAUGRAIN, Syndic.

CATALOGUE

DES LIVRES QUI SE VENDENT
à Paris chez PRAULT fils, Libraire,
Quay de Conty, vis-à-vis la defcente du
Pont-neuf, à la Charité, 1740.

De Monfieur DE VOLTAIRE.

LA Henriade, Poëme, derniere édition, confidérable-
ment augmentée & corrigée, 1737. in-8°.
Elemens de la Philofophie de Newton, feconde édition,
marquée de Londres, in-8°. *figures*.
La Vie de Moliere, avec des Jugemens fur fes Ouvrages,
1739. in-12.
Oedipe, *Tragedie*, in-8°.
Herode & Marianne, *Tragedie*, in-8°.
Brutus, *Tragedie*, in-8°.
L'Indifcret, *Comedie*, in-8°.
L'Enfant Prodigue, *Comedie*, in-8°.

De Monfieur DE CREBILLON fils.

Lettres de la Marquife de M**, au Comte de R**, nouvelle
édition, à laquelle on a joint le Silphe, du même Auteur,
2. vol. in-12.
Les Egaremens du Cœur & de l'Efprit, ou les Mémoires de
M. de Meilcourt, 1738. 3. *Parties*, in-12.

De Monfieur l'Abbé PREVOST.

Le Philofophe Anglois, ou la vie de M. de Clevand, nouvelle édition, 8. vol. in-12. les trois derniers volumes fe
vendent féparément.

Mémoires & Avantures d'un homme de qualité qui s'est retiré du monde, 1732. 7. vol. in-12. le septième se vend séparément.

De Monsieur DE MARIVAUX.

La Vie de Marianne, ou les Avantures de Madame la Comtesse de M***. 8. Parties in-12. elles se vendent séparément.

Le Paysan parvenu ou les Mémoires de M***. 1736. cinq Parties in-12. elles se vendent séparément.

Le Spectateur François, 1728. 2. vol. in-12.

De Monsieur DE MONCRIF, de l'Académie Françoise.

Essay sur la nécessité & sur les moyens de plaire, seconde édition, 1738. in-12.

Les Ames rivales, histoire fabuleuse, & le Temple de Gnide, nouvelle édition, 1732. in-12.

De différens Auteurs.

Histoire de la Poësie Françoise, avec une défense de la Poësie, par M. l'Abbé MASSIEU, de l'Académie Françoise, 1739. in-12.

Les Oeuvres de M l'Abbé DE PONS, contenant divers excellens Ouvrages de belles Lettres, 1738. in-12.

Remarques de Vaugelas sur la Langue Françoise, avec les Notes de Thomas Corneille, nouvelle édition, augmentée de celle de M. Patru, 1738. 3. vol. in-12.

Dictionnaire Italien, Latin, & François, par M. l'Abbé ANTONINI, 1738. in-4°. le Tome second contenant le Dictionnaire François Italien, sous presse.

Le Siége de Calais, nouvelle Historique, 1739. in-12. troisième édition.

La Paysanne parvenuë, ou les Mémoires de Madame la Marquise de L. V. par M. le Chevalier DE MOUY, 1738. douze Parties, in-12. figures.

Le Diable Boiteux, par M. LE SAGE, nouvelle édition 1737. 2. vol. in-12. figures.

Les Oeuvres de Madame de Villedieu, nouvelle édition, 11. vol. in-12 sous presse.

Institutions de Physique, 1740. in-8°. figures.

Mémoires de M. DU GUAY-TROUIN, 1740. in-4°.

Histoire des Incas du Pérou, nouvelle Traduction de l'Espagnol de GARCILLASSO DE LA VEGA, ornée de *Cartes* & de *Figures*, 1739. 2 vol. in-8°. *sous presse.*

La Vie du Pape Sixte-cinq, traduit de l'Italien de Gregorio Leti, 1737. 2 vol. in-12. *figures.*

Traité de Musique Theorique & Pratique, *par* M. RAMEAU, 1737. in-8°. *figures.*

Ouvrages imprimés à Trevoux.

LE Dictionnaire critique & historique, de M. BAYLE, 1734. 5 vol in-fol.

Oeuvres diverses *du même*, édition augmentée de plusieurs Ouvrages de cet Auteur qui n'ont point encore paru, 1737. 4 vol. in-fol. *On trouve du tome quatriéme séparément.*

Du Droit de la Nature & des Gens, *par* PUFFENDORF, avec les Commentaires de M. DE BARBEYRAC, 1739. 3 vol. in-4°.

Les Devoirs de l'homme & du Citoyen par le même 2. vol. in-12. 1740.

Histoire des Révolutions d'Angleterre, depuis le commencement de la Monarchie, *par le P.* DORLEANS, 1737. 4. vol. in-12. *figures.*

Les interests presens des Puissances de l'Europe, *par* M. ROUSSET, 1737. 17. vol. in-12.

L'Histoire d'Angleterre, *par* M. RAPIN THOIRAS, tomes 11. 12. & 13. 1737. in-4°.

Memoires de M. le Maréchal DE VILLARS, derniere édition, 1735. 3 vol. in-12.

Memoires de M. le Maréchal Duc DE BERWICK, 1738. 2. vol. in-12.

Les Essais de Michel, Sieur DE MONTAGNE, nouvelle édition, 1739. 6 vol. in-12.

Lettres galantes de Madame DU NOYER, nouvelle édition, à laquelle on a joint les Memoires, 1738. 6 vol. in-12.

Les Poësies de M. l'Abbé de Chaulieu, & du Marquis de la Farre, nouvelle édition, 2. vol. in-8°. 1739.

THEATRES.

Le Théatre François, ou Recüeil des meilleures Pièces de l'ancien Théatre, 1737. 12. vol. in-12.

Les Oeuvres de Racine, dern. Edit. 1736. 2. vol. in-12. *figures.*

Le Théatre de Quinault, nouvelle édition, 1739. 5. vol. in-12.
Oeuvres de Campiftron, nouvelle édition, 1739. 2. vol.
Le Théatre de M. de Montfleury, pere & fils, nouvelle
édition, 1739. 3. vol. in-12.
Oeuvres de Champmeflé, 1735. 2. vol. in-12.
Oeuvres de Renard, derniere édition, 1732. 5. vol. in-12.
Théatre de Legrand, deniere édition, 1731. 4. vol. in-12.
Oeuvres de M. de Crebillon, derniere édition, 1735. 2. vol.
in-12.
Oeuvres de Théatre de M. Nericault Deftouches, 1736. 3.
vol. in-12.
Le Théatre François & Italien de M. de Boifly, 6. vol. in-8°.
La Bibliotheque des Théatres, 1733. in-8°.
Le Théatre de M. Piron, un volume in-8°. contenant,
   Les Fils ingrats, *Comedie.*
   Califtenes, *Tragedie.*
   Guftave, *Tragedie.*
   Les Courfes de Tempé, *Paftorale.*
   La Métromanie, *Comedie.*

Toutes ces Pieces fe vendent féparemens.

Le nouveau Théatre François, ou Recueil des meilleures
   Piéces repréfentées depuis quelques années, 1739. 3. vol.
   in-8°. contenant,

Tome premier.

Sabinus, *Tragedie.*
Abenfaid, *Tragedie.*
Les Amans déguifés, *Comedie.*
Pharamond, *Tragedie.*
Le Retour de Mars, *Comedie.*

Tome fecond.

Teglis, *Tragedie.*
Childeric, *Tragedie.*

Les Caractéres de Thalie,
   Comedie.
Lifimachus, *Tragedie.*
Le Fat puni, *Comedie.*

Tome troifiéme.

Médus, *Tragedie.*
Le Somnambule, *Comedie.*
Mahomet II. *Tragedie.*
Bajazet premier, *Tragedie.*

Toutes ces Piéces fe vendent féparemens.

BIBLIOTHÈQUE NATIONALE

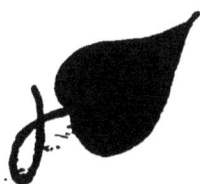

CHÂTEAU
de
SABLÉ
1986

,

www.ingramcontent.com/pod-product-compliance
Lightning Source LLC
Chambersburg PA
CBHW060919220326
41599CB00020B/3024